高等职业院校“十三五”课程改革优秀成果规划教材

机械制造技术

主编　杨化书　秦园园
主审　田晓峰　侯建斌

北京理工大学出版社
BEIJING INSTITUTE OF TECHNOLOGY PRESS

图书在版编目（CIP）数据

机械制造技术/杨化书，秦园园主编．—北京：北京理工大学出版社，2016.10（2016.11 重印）

ISBN 978－7－5682－3174－9

Ⅰ.①机…　Ⅱ.①杨…②秦…　Ⅲ.①机械制造工艺　Ⅳ.①TH16

中国版本图书馆 CIP 数据核字（2016）第 236539 号

出版发行／北京理工大学出版社有限责任公司
社　　址／北京市海淀区中关村南大街 5 号
邮　　编／100081
电　　话／（010）68914775（总编室）
（010）82562903（教材售后服务热线）
（010）68948351（其他图书服务热线）
网　　址／http：//www.bitpress.com.cn
经　　销／全国各地新华书店
印　　刷／三河市天利华印刷装订有限公司
开　　本／787 毫米×1092 毫米　1/16
印　　张／11.5
字　　数／267 千字
版　　次／2016 年 10 月第 1 版　2016 年 11 月第 2 次印刷
定　　价／28.00 元

责任编辑／封　雪
文案编辑／封　雪
责任校对／周瑞红
责任印制／马振武

前　言

为了适应新形势下高等职业教育人才培养的需求，编者在总结专业教学实践和工程实践经验的基础上，根据深化职业教育人才培养模式改革的基本要求，职业教育五个对接——专业与产业、职业岗位对接，专业课程内容与职业标准对接，教学过程与生产过程对接，学历证书与职业资格证书对接，职业教育与终身学习对接的需要，同时，秉承郑州城市职业学院“校企合作、工学结合”的办学理念及机电一体化专业人才培养方案指导思想编写了本教材。

本教材始终贯穿的基本思想是：写一本让学生、技术人员容易读懂的教材。在保证知识内容阐述严谨完整的情况下，追求叙述直白、易懂。力求使教师容易教、学生容易学，便于学生获得实用性强的知识。

与其他同类教材相比，本教材具有以下特点：

1. 采用项目化教学模式。本教材认真贯彻“少而精”的原则，努力使理论联系实际，以较少的篇幅传递较多信息，以使读者易于理解和掌握。

2. 课堂操作示范。将切削理论、材料、夹具等知识融入案例中进行讲解。

3. 强调应用性和能力培养。本教材注重培养学生在实际生产中的应用能力，达到校企合作、工学结合的目的。内容定位紧扣以能力为本位，以就业为指导的职业教学目标。

4. 反映发展、顺应形势。新的教育形势发展需要加强教学效果与效率，以适应时代发展。

本教材编写分工如下：项目一、项目七由郑州城市职业学院李德玲编写，项目二由郑州城市职业学院杨化书编写，项目三、项目六由郑州城市职业学院秦园园编写，项目四由郑州城市职业学院庞晓霞编写，项目五由郑州城市职业学院常灿光编写。本教材由杨化书、秦园园担任主编，金牌山模具有限公司田晓峰、侯建斌担任主审。本教材在编写过程中，还征求了其他教师的意见和建议，在此深表感谢!

由于编者水平有限、经验不足，教材中难免存在不足和疏漏之处，敬请读者批评指正，并将意见和建议反馈给我们，以便修订时改进。

编　者

目　录

项目一　绪　　论

在人类社会的发展历程中，制造技术不断地发展，从人类使用天然工具到制造工具，从简单的手工制造到数控机床的出现，人们一直在为寻找更有效、更迅捷的制造技术而努力。机械制造技术是研究产品设计、生产、加工制造、销售使用、维修服务乃至回收再生的整个过程的工程学科，是以提高质量、效益、竞争力为目标，包含物质流、信息流和能量流的完整的系统工程。

1. 机械制造工业在国民经济中的地位与作用

机械制造工业是国民经济最重要的部门之一，它担负着向国民经济的各个部门提供机械设备的任务，是一个国家经济实力和科学技术发展水平的重要标志，因而世界各国均把发展机械制造工业作为振兴和发展国民经济的战略重点之一。

在我国，机械制造工业特别是装备制造业处于制造工业的中心地位，是国民经济持续发展的基础，是工业化、现代化建设的发动机和动力源，是参与国际竞争取胜的法宝，是技术进步的主要舞台，是提高人均收入的财源，是国际安全的保障，是发展现代文明的物质基础。

2. 机械制造技术的特点

（1）机械制造技术是驾驭生产过程的系统工程。先进制造技术特别强调计算机技术、信息技术、传感技术、自动化技术、新材料技术和现代系统管理技术在产品设计、制造和生产组织管理、销售及售后服务等方面的应用。它要不断吸收各种高新技术成果并与传统制造技术相结合，使制造技术成为能驾驭生产过程的物质流、能量流和信息流的系统工程。

（2）机械制造技术是市场竞争要素的统一体。市场竞争的核心是如何提高生产率。随着市场全球化的进一步发展，20 世纪 80 年代以后，制造业要赢得市场竞争的主要矛盾已经从提高劳动生产率转变为以时间为核心的时间、成本和质量的三要素的矛盾。先进制造技术把这三个矛盾有机结合起来，使三者达到了统一。

（3）机械制造技术是一个综合性技术。先进制造技术应用的目标是为了提高企业竞争和促进国家经济和综合实力的增长。因此，它并不限于制造过程本身，它涉及产品从市场调研、产品开发及工艺设计、生产准备、加工制造到售后服务等产品寿命周期的所有内容，并将它们结合成一个有机的整体，以便提高制造业的综合经济效益和社会效益。

（4）机械制造技术是一个全球性技术。20 世纪 80 年代以来，随着全球市场的形成，发达国家通过金融、经济、科技手段争夺市场，倾销产品，输出资本，使得市场竞争变得越来越激烈，为适应这种激烈的市场竞争，一个国家的先进制造技术应具有世界先进水平，应能支持该国制造业在全球市场的竞争力。

3. 我国机械制造技术发展的现状分析

目前，我国机械制造工业还远远落后于世界工业发达国家，我国制造业的工业增加值仅为美国的22.14%，日本的35.34%。科技仍处于较低水平，附加值高和技术含量大的产品生产能力不足，需大量进口，缺乏能够支持结构调整和产业技术升级的技术能力，传统的机械制造技术与国际先进水平相比，仍存在很大差距。

近十几年来，我国大力推广应用CIMS技术。在全国范围内，部署了CIMS的若干研究项目，诸如CIMS软件工程与标准化、开放式系统结构与发展战略、CIMS总体与集成技术、产品设计自动化、工艺设计自动化、柔性制造技术、管理与决策信息系统、质量保证技术、网络与数据库技术以及系统理论和方法等专题。各项研究均取得了丰硕成果，获得不同程度的进展。但大部分大型机械制造企业和绝大部分中小型机械制造企业主要限于CAD和管理信息系统，基础自动化还十分薄弱，数控机床由于编程复杂，还没有真正发挥作用。加工中心无论是数量还是利用率都很低。可编程控制器的使用并不普及，工业机器人的应用还很有限。因此，做好基础自动化的工作仍是我国制造企业一项十分紧迫而艰巨的任务。我们在看到国际上制造业发展趋势的同时，还要立足于我国的实际情况，扎扎实实地把基础自动化工作搞上去，才能在稳步前进的基础上开展制造业自动化系统的研究与应用。

我国已加入WTO，机械制造业面临着巨大的挑战与新的机遇，因此，从事机械制造的技术人员应该不断地进行知识更新，拓宽技能和掌握高新技术，勇于实践，为我国机械制造业的发展奠定基础。

复习与思考题

1－1　机械制造工业在国民经济中的地位与作用是什么？

1－2　机械制造技术的特点是什么？

1－3　我国机械制造技术的发展现状如何？

项目二　机械制造工艺过程

任务一　基本概念

一、生产过程和工艺过程

1. 生产过程

机械产品的生产过程是指将原材料转变为成品的所有劳动过程。这里所指的成品可以是一台机器、一个部件，也可以是某种零件。对于机械制造而言，生产过程包括：

（1）原材料、半成品和成品的运输和保存。

（2）生产和技术准备工作，如产品的开发和设计、工艺及工艺装备的设计与制造、各种生产资料的准备以及生产组织。

（3）毛坯的制造过程，如铸造、锻造和冲压等。

（4）零件的机械加工、焊接、热处理和其他表面处理。

（5）部件或产品的装配过程。这一过程包括组装、部装和总装等。

（6）产品的检验、调试、油漆和包装等。

机械由很多零件组成，它的生产过程一般比较复杂，为了便于组织生产和提高劳动生产率，现代机械工业的发展趋势是组织专业化生产，即机器的生产往往不是在一个工厂内单独完成的，而是由许多工厂和车间联合起来共同完成的。例如，汽车的生产过程就是包括玻璃、电气设备、仪表、轮胎、发动机等协作工厂以及汽车总装厂等单位的劳动过程的总和。

生产过程可以指整个机器的制造过程，也可以指某一部件或零件的制造过程。一个工厂将进厂的原材料制成该厂产品的过程即为该厂的生产过程，它又可以分为若干个车间的生产过程。某一车间的成品可能是另一车间的原材料。

2. 工艺过程

在生产过程中，直接改变原材料或毛坯的形状、尺寸、性能以及相互位置关系，使之成为成品的过程，称为工艺过程。工艺过程主要包括毛坯的制造（铸造、锻造、冲压等）、热处理、机械加工和装配。

机械加工工艺过程是指用机械加工的方法直接改变毛坯的形状、尺寸和表面质量，使之成为零件或部件的生产过程。同样，将加工好的零件装配成机器使之达到所要求的装配精度并获得预定技术性能的工艺过程，称为装配工艺过程。本书所称工艺过程均指机械加工工艺过程，以下简称为工艺过程。

二、工艺过程的组成

在机械加工工艺过程中，针对零件的结构特点和技术要求，要采用不同的加工方法和装备，按照一定的顺序集中进行加工，才能完成由毛坯到零件的过程。组成机械加工工艺过程的基本单元是工序。工序又由安装、工位、工步和走刀等组成。

1. 工序

一个或一组工人，在一个工作地点对同一个或同时对几个工件进行加工所连续完成的那部分工艺过程，称之为工序。由定义可知，判别是否为同一工序的主要依据是：工作地点是否变动和加工是否连续。

生产规模不同，加工条件不同，其工艺过程及工序的划分也不同。图 2－1 所示的阶梯轴，根据加工是否连续和变换机床的情况，小批量生产时，可划分为表 2－1 所示的三道工序；大批大量生产时，则可划分为表 2－2 所示的五道工序；单件生产时，甚至可以划分为表 2－3 所示的两道工序。

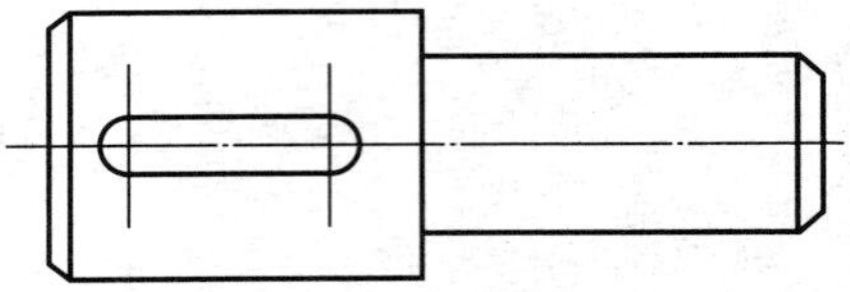

图 2－1　阶梯轴

表 2－1　小批量生产的工艺过程

工序号	工序内容	设备
1	车一端面，钻中心孔；掉头车另一端面，钻中心孔	车床
2	车大端外圆及倒角；车小端外圆及倒角	车床
3	铣键槽；去毛刺	铣床

表 2－2　大批大量生产的工艺过程

工序号	工序内容	设备
1	铣端面，钻中心孔	中心孔机床
2	车大端外圆及倒角	车床
3	车小端外圆及倒角	车床
4	铣键槽	立式铣床
5	去毛刺	钳工

表 2－3　单件生产的工艺过程

工序号	工序内容	设备
1	车一端面，钻中心孔；车另一端面，钻中心孔；车大端外圆及倒角；车小端外圆及倒角	车床
2	铣键槽；去毛刺	铣床

2. 安装

在加工前，应先使工件在机床上或夹具中占有正确的位置，这一过程称为定位；工件定位后，将其固定，使其在加工过程中保持定位位置不变的操作称为夹紧；将工件在机床或夹具中每定位、夹紧一次所完成的那一部分工序内容称为安装。一道工序中，工件可能被安装一次或多次。

3. 工位

为了完成一定的工序内容，一次安装工件后，工件与夹具或设备的可动部分一起相对刀具或设备的固定部分所占据的每一个位置称为工位。为了减少由于多次安装带来的误差和时间损失，加工中常采用回转工作台、回转夹具或移动夹具，使工件在一次安装中，先后处于几个不同的位置进行加工，称为多工位加工。图 2-2 所示为一利用回转工作台，在一次安装中依次完成装卸工件、钻孔、扩孔、铰孔四个工位加工的例子。采用多工位加工方法，既可以减少安装次数，提高加工精度，并减轻工人的劳动强度；又可以使各工位的加工与工件的装卸同时进行，提高劳动生产率。

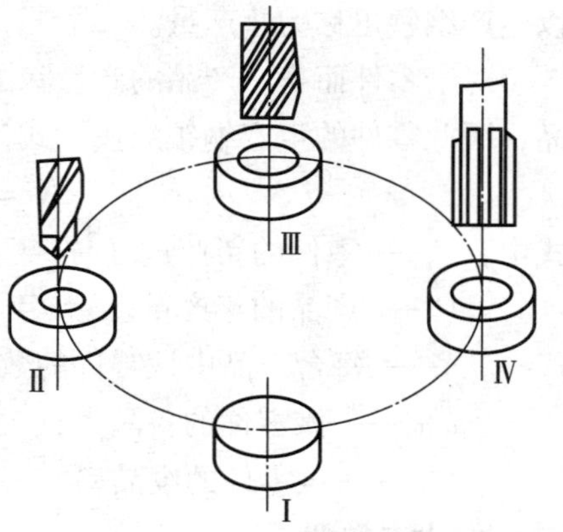

图 2-2　多工位加工

工位Ⅰ—装卸工件；工位Ⅱ—钻孔；工位Ⅲ—扩孔；工位Ⅳ—铰孔

4. 工步

工序又可分成若干工步。加工表面不变、切削刀具不变、切削用量中的进给量和切削速度基本保持不变的情况下所连续完成的那部分工序内容，称为工步。以上三个不变因素中只要有一个因素改变，即成为新的工步。一道工序包括一个或几个工步。

为简化工艺文件，对于那些连续进行的几个相同的工步，通常可看作一个工步。为了提高生产率，常将几个待加工表面用几把刀具同时加工，这种由刀具合并起来的工步，称为复合工步（见图 2-3）。图 2-4 所示为立轴转塔车床回转刀架一次转位完成的工位内容，应属于一个工步。复合工步在工艺规程中也写作一个工步。

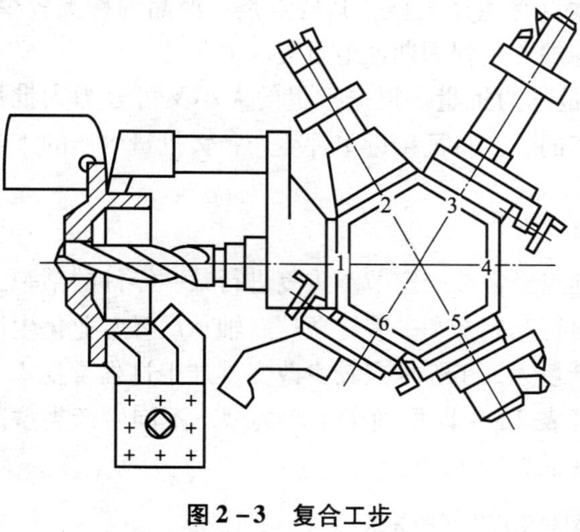

图 2-3　复合工步

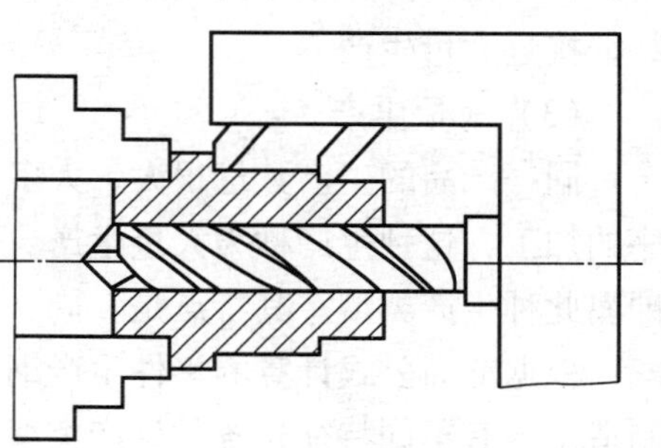

图 2-4　立轴转塔车床回转刀架

5. 走刀

在一个工步中，若需切去的金属层很厚，可分为几次切削，则每进行一次切削就是一次走刀。一个工步可以包括一次或几次走刀。

三、生产纲领和生产类型

1. 生产纲领

生产纲领是指企业在计划期内应当生产的产品产量和进度计划。计划期通常为 1 年，所以生产纲领也称为年产量。

对于零件而言，产品的产量除了制造机器所需要的数量之外，还要包括一定的备品和废品，因此零件的生产纲领应按下式计算：

$$N = Qn(1 + a\%)(1 + b\%) \qquad (2-1)$$

式中：N——零件的年产量（件/年）；

Q——产品的年产量（台/年）；

n——每台产品中该零件的数量（件/台）；

$a\%$——该零件的备品率；

$b\%$——该零件的废品率。

2. 生产类型

生产类型是指企业生产专业化程度的分类。人们按照产品的生产纲领、投入生产的批量，可将生产分为：单件生产、批量生产和大量生产三种类型。

（1）单件生产。

单个生产不同结构和尺寸的产品，很少重复甚至不重复，这种生产称为单件生产。例如，新产品试制、维修车间的配件制造和重型机械制造等都属此种生产类型。其特点是：生产的产品种类较多，而同一产品的产量很小，工作地点的加工对象经常改变。

（2）批量生产。

一年中分批轮流制造几种不同的产品，每种产品均有一定的数量，工作地点的加工对象周期性地重复，这种生产称为批量生产。例如，一些通用机械厂、某些农业机械厂、陶瓷机械厂、造纸机械厂、烟草机械厂等的生产即属这种生产类型。其特点是：产品的种类较少，有一定的生产数量，加工对象周期性地改变，加工过程周期性地重复。

同一产品（或零件）每批投入生产的数量称为批量。根据批量的大小又可分为大批量生产、中批量生产和小批量生产。小批量生产的工艺特征接近单件生产，大批量生产的工艺特征接近大量生产。

（3）大量生产。

同一产品的生产数量很大，大多数工作地点经常按一定节奏重复进行某一零件的某一工序的加工，这种生产称为大量生产。例如，自行车制造和一些链条厂、轴承厂等专业化生产即属此种生产类型。其特点是：同一产品的产量大，工作地点较少改变，加工过程重复。

根据前面公式计算的零件生产纲领，参考表 2－4 即可确定生产类型。不同生产类型的制造工艺有不同特征，各种生产类型的工艺特征见表 2－5。

表 2－4　生产类型和生产纲领的关系

生产类型		生产纲领/(件·年$^{-1}$或台·年$^{-1}$)		
		重型（30kg 以上）	中型（4～30kg）	轻型（4kg 以下）
单件生产		5 以下	10 以下	100 以下
批量生产	小批量生产	5～100	10～200	100～500
	中批量生产	100～300	200～500	500～5 000
	大批量生产	300～1 000	500～5 000	5 000～50 000
大量生产		1 000 以上	5 000 以上	50 000 以上

表 2－5　各种生产类型的工艺特点

工艺特点	单件生产	批量生产	大量生产
毛坯的制造方法	铸件用木模手工造型，锻件用自由锻	铸件用金属模造型，部分锻件用模锻	铸件广泛用金属模机器造型，锻件用模锻
零件互换性	无须互换、互配零件可成对制造，广泛用修配法装配	大部分零件有互换性，少数用修配法装配	全部零件有互换性，某些要求精度高的配合，采用分组装配
机床设备及其布置	采用通用机床；按机床类别和规格采用“机群式”排列	部分采用通用机床，部分采用专用机床；按零件加工分“工段”排列	广泛采用生产率高的专用机床和自动机床；按流水线形式排列
夹具	很少用专用夹具，由划线和试切法达到设计要求	广泛采用专用夹具，部分用划线法进行加工	广泛用专用夹具，用调整法达到精度要求
刀具和量具	采用通用刀具和万能量具	较多采用专用刀具和专用量具	广泛采用高生产率的刀具和量具
对技术工人要求	需要技术熟练的工人	各工种需要一定熟练程度的技术工人	对机床调整工人技术要求高，对机床操作工人技术要求低
对工艺文件的要求	只有简单的工艺过程卡	有详细的工艺过程卡或工艺卡，零件的关键工序有详细的工序卡	有工艺过程卡、工艺卡和工序卡等详细的工艺文件

四、工艺规程

1. 工艺规程

规定产品或零部件制造工艺过程和操作方法等的工艺文件称为工艺规程。其中，规定零件机械加工工艺过程和操作方法等的工艺文件称为机械加工工艺规程。

工艺规程是在具体的生产条件下，最合理或较合理的工艺过程和操作方法，并按规定的形式书写成工艺文件，经审批后用来指导生产的。工艺规程包括各个工序的排列顺序，加工尺寸、公差及技术要求，工艺设备及工艺措施，切削用量及工时定额等内容。

2. 工艺规程的作用

（1）工艺规程是指导生产的主要技术文件。按照工艺规程进行生产，可以保证产品质量和提高生产效率。

（2）工艺规程是生产组织和管理工作的基本依据。在产品投产前可以根据工艺规程进行原材料和毛坯的供应、机床负荷的调整、专用工艺装备的设计和制造、生产作业计划的编排、劳动力的组织以及生产成本的核算等。

（3）工艺规程是新建或扩建工厂或车间的基本技术文件。在新建或扩建工厂、车间时，只有根据工艺规程和生产纲领，才能准确确定生产所需机床的种类和数量，工厂或车间的面积，机床的平面布置，生产工人的工种、等级、数量以及各辅助部门的安排等。

（4）工艺规程是进行技术交流的重要文件。先进的工艺规程起着交流和推广先进经验的作用，能指导同类产品的生产，缩短工厂摸索和试制的过程。

工艺规程是经过逐级审批的，因而也是工厂生产中的工艺纪律，有关人员必须严格执行。但工艺规程也不是一成不变的，它应不断地反映工人的革新创造，及时地吸取国内外先进工艺技术，不断改进和完善，以便更好地指导生产。

3. 制定工艺规程的原则、主要依据和步骤

（1）制定工艺规程的原则。所制定的工艺规程应保证在一定的生产条件下，以最高的生产率、最低的成本，可靠地生产出符合要求的产品。为此，应尽量做到技术上先进，经济上合理，并且有良好的劳动条件。另外，还应该做到正确、统一、完整和清晰，所用的术语、符号、计量单位、编号等都要符合有关的标准。

（2）制定工艺规程的主要依据（原始资料）。

①产品的成套装配图和零件工作图；

②产品验收的质量标准；

③产品的生产纲领；

④现有生产条件和资料，包括毛坯的生产条件、工艺装备及专用设备的制造能力，有关机械加工车间的设备和工艺装备的条件；

⑤国内外同类产品的有关工艺资料等。

（3）制定工艺规程的步骤。

①分析研究产品的装配图和零件图；

②确定生产类型；

③确定毛坯的种类和尺寸；

④选择定位基准和主要表面加工方法、拟定零件加工工艺路线；

⑤确定工序尺寸及公差；

⑥选择机床、工艺装备及确定时间定额；

⑦填写工艺文件。

4. 工艺规程的格式

将工艺规程的内容填入一定格式的卡片，成为工艺文件。最常用的工艺文件的基本格式有工艺卡片和工序卡片两种。

（1）机械加工工艺过程卡片。以工序单位简要说明机械加工过程的一种工艺文件，主要用于单件小批量生产和中批量生产零件，大批大量生产可酌情自定。该卡片是生产管理方面的工艺文件。表 2 –6 所示为机械加工工艺过程卡片。

（2）机械加工工序卡片。它是在机械加工工艺过程卡片的基础上，按每道工序所编制的一种工艺文件，其主要内容包括工序简图，该工序中每个工步的加工内容、工艺参数、操作要求以及所用的设备和工艺装备等。工序卡片主要用于大量生产中的所有零件、中批量生产中的复杂产品的关键零件以及小批量生产中的关键工序。表 2 –7 所示为机械加工工序卡片。

表 2－6　机械加工工艺过程卡片

	机械加工工艺过程卡片	产品型号		零件图号			
		产品名称		零件名称		共　页	第　页

材料牌号		毛坯种类		毛坯外形尺寸		每毛坯件数		每台件数		备注	

工序号	工序名称	工序内容	车间	工段	设备	工艺装备	工时	
							准终	单件

										设计（日期）	校对（日期）	审核（日期）	标准化（日期）	会签（日期）
标记	处数	更改文件号	签字	日期	标记	处数	更改文件号	签字	日期					

表 2－7　机械加工工序卡片

	机械加工工序卡片	产品型号		零件图号			
		产品名称		零件名称		共　页	第　页

车间	工序号	工序名称	材料牌号
毛坯种类	毛坯外形尺寸	每毛坯可制件数	每台件数
设备名称	设备型号	设备编号	同时加工件数

夹具编号	夹具名称	切削液	
	粗铣N面夹具		
工位器具编号	工位器具名称	工序工时（分）	
		准终	单件

工步号	工步内容	工艺装备	主轴转速	切削速度	进给量	切削深度	进给次数	工步工时	
			$r \cdot min^{-1}$	$m \cdot min^{-1}$	$mm \cdot r^{-1}$	mm		机动	辅助

										设计（日期）	校对（日期）	审核（日期）	标准化（日期）	会签（日期）

任务二　机械零件的工艺分析

工艺分析的目的，一是审查零件的结构形状及尺寸精度、相互位置精度、表面粗糙度、材料及热处理等的技术要求是否合理，是否便于加工和装配；二是通过工艺分析，对零件的工艺要求有进一步的了解，以便制定出合理的工艺规程。

一、分析研究产品的零件图样和装配图样

在编制零件机械加工工艺规程前，首先应研究零件的工作图样和产品装配图样，熟悉该产品的用途、性能及工作条件，明确该零件在产品中的位置和作用；了解并研究各项技术条件制定的依据，找出其主要技术要求和技术关键，以便在拟定工艺规程时采用适当的措施加以保证。

如图 2 – 5 所示的汽车钢板弹簧吊耳，当在使用时，钢板弹簧与吊耳两侧面是不接触的，所以吊耳内侧的粗糙度可由原来的设计要求 $Ra3.2\mu m$ 建议改为 $Ra12.5\mu m$。这样在铣削时可只用粗铣不用精铣，减少铣削时间。

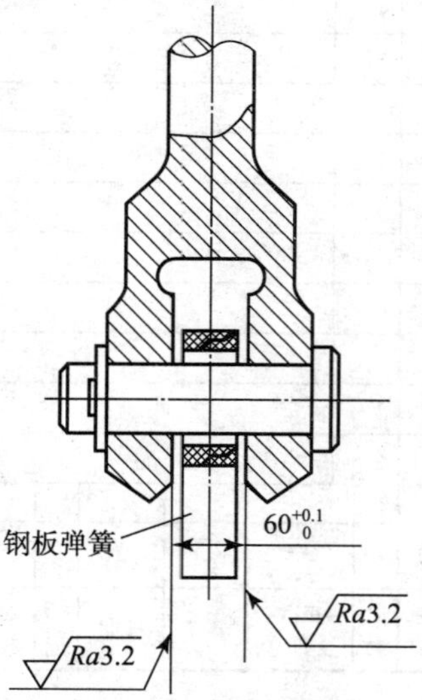

图 2 – 5　汽车钢板弹簧吊耳

二、结构工艺性分析

零件的结构工艺性是指所设计的零件在满足使用要求的前提下，制造的可行性和经济性。下面将从零件的机械加工和装配两个方面，对零件的结构工艺性进行分析。

1. 机械加工对零件结构的要求

（1）便于装夹。零件的结构应便于加工时的定位和夹紧，装夹次数要少。图 2 – 6（a）所示零件，拟用顶尖和鸡心夹头装夹，但该结构不便于装夹。若改为图 2 – 6（b）所示结构，则可以方便地装置夹头。

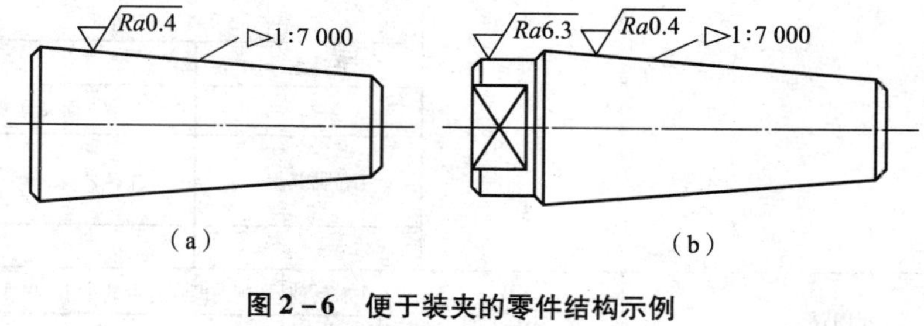

图 2 – 6　便于装夹的零件结构示例

（a）改正前；（b）改正后

（2）便于加工。零件的结构应尽量采用标准化数值，以便使用标准化刀具和量具进行加工。同时还应注意退刀和进刀，要易于保证加工精度要求，减少加工面积及难加工表面等。表 2 – 8 所示为便于加工的零件结构示例。

表 2 –8　零件机械加工工艺性示例

序号	工艺性不好的结构 A	工艺性好的结构 B	说明
1	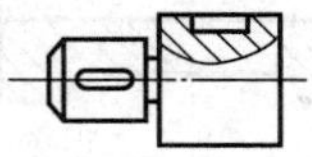	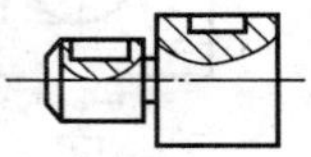	结构 B 键槽的尺寸、方位相同，则可在一次装夹中加工出全部键槽，以提高生产率
2	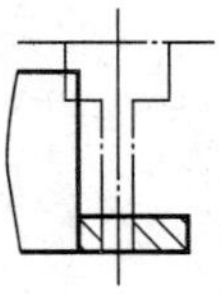	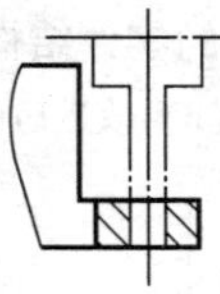	结构 A 的加工不便引进刀具
3	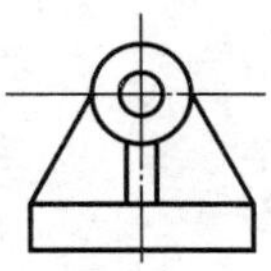	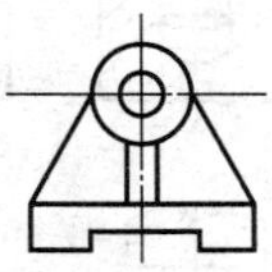	结构 B 的底面接触面积小，加工量小，稳定性好
4	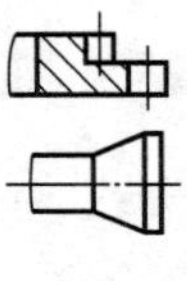	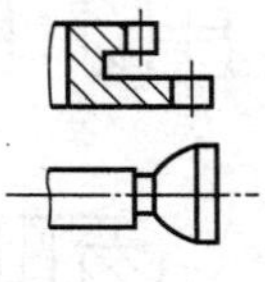	结构 B 有退刀槽保证了加工的可能性，减少刀具（砂轮）的磨损
5	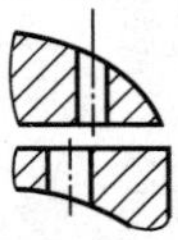	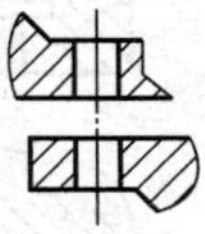	加工结构 A 上的孔钻头容易引偏或折断
6	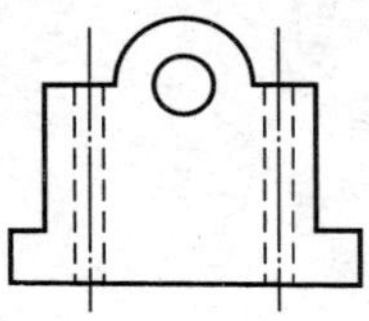	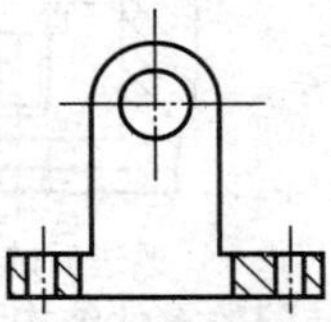	结构 B 避免了深孔加工，节约了零件材料，紧固连接稳定可靠
7	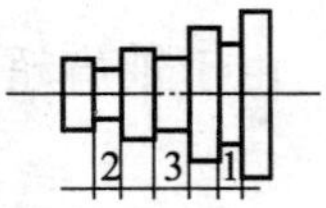	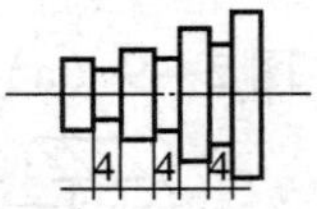	结构 B 凹槽尺寸相同，可减少刀具种类，减少换刀时间

（3）便于测量。设计零件结构时，还应考虑测量的可能性与方便性。如图 2 –7 所示，要求测量孔中心线与基准面 *A* 的平行度。如图 2 –7（a）所示的结构，由于底面凸台偏置一侧而使平行度难于测量。在图 2 –7（b）中增加一对称的工艺凸台，并使凸台位置居中，此时测量则大为方便。

2. 装配和维修对零件结构工艺性的要求

零件的结构应便于装配和维修时的拆装。如图 2 –8（a）所示左图结构无透气口，销钉孔内的空气难于排出，故销钉不易装入。改进后的结构如图 2 –8（a）右图所示。在图 2 –8（b）中为保证轴肩与支承面紧贴，可在轴肩处切槽或孔口处倒角。图 2 –8（c）为两个零件配合，由于同一方向只能有一个定位基面，故图 2 –8（c）左图不合理，而右图为合理的结构。在图 2 –8（d）中，左图螺钉装配空间太小，螺钉装不进。改进后的结构如图 2 –8（d）右图所示。

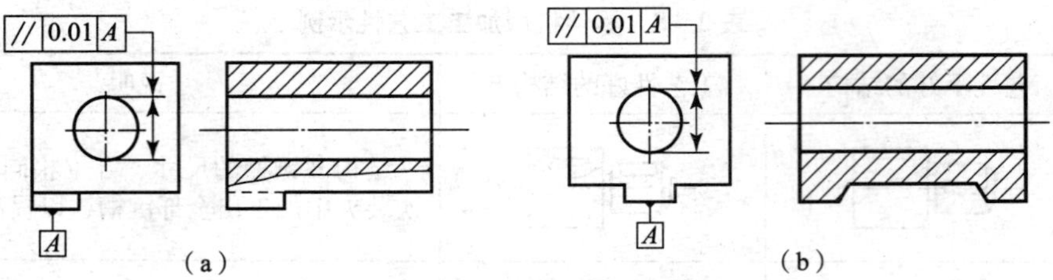

图 2 –7　便于测量的零件结构示例

（a）改进前的结构；（b）改进后的结构

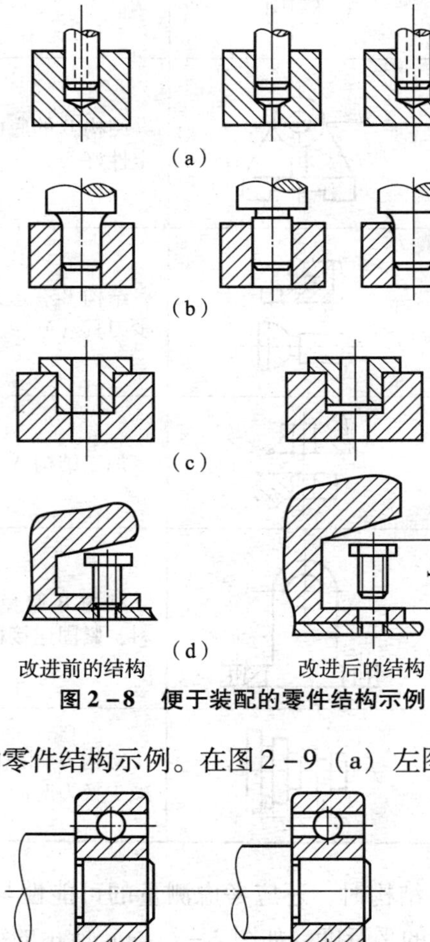

图 2 –8　便于装配的零件结构示例

图 2 –9 为便于拆装的零件结构示例。在图 2 –9（a）左图中，由于轴肩超过轴承内圈，

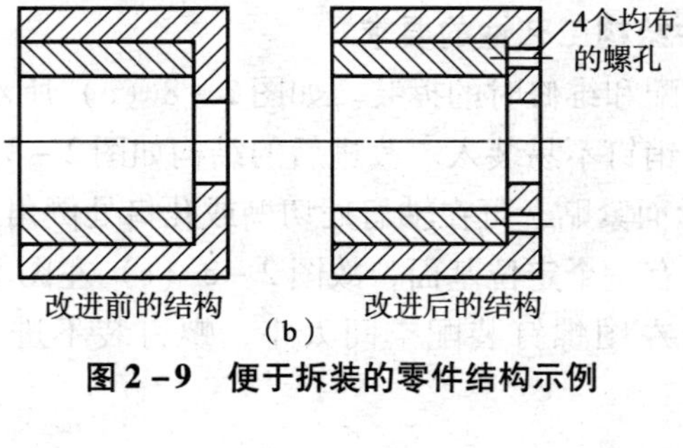

图 2 –9　便于拆装的零件结构示例

故轴承内圈无法拆卸。图2－9（b）所示为压入式衬套。若在外壳端面设计几个螺孔，如图2－9（b）右图所示，则可用螺钉将衬套顶出。

三、技术要求分析

零件的技术要求主要有：

（1）加工表面的形状精度（包括形状尺寸精度和形状公差）；

（2）主要加工表面之间的相互位置精度（包括距离尺寸精度和位置公差）；

（3）加工表面的粗糙度及其他方面的表面质量要求；

（4）热处理及其他要求。

通过对零件技术要求的分析，就可以区分主要表面和次要表面。对上述四个方面均要求较高的表面，即为主要表面，要采用各种工艺措施予以重点保证。在对零件的结构工艺性和技术要求进行分析后，对零件的加工工艺路线及加工方法就形成一个初步的轮廓，从而为下一步制定工艺规程做好准备。

若在工艺分析时发现零件的结构工艺性不好，技术要求不合理或存在其他问题时，就可对零件设计提出修改意见，并经设计人员同意和履行规定的批准手续后，由设计人员进行修改。

任务三　毛坯的选择

机械零件的制造包括毛坯成形和切削加工两个阶段。正确选择毛坯的类型和成形方法对于机械制造具有重要意义，毛坯成形对后续切削加工、对零件乃至产品的质量、使用性能、生产周期和成本等都有影响。

一、常见零件毛坯类型

机械零件的常用毛坯包括铸件、锻件、轧制型材、挤压件、冲压件、焊接件、粉末冶金件和注射成型件。

1. 铸件

形状较复杂的零件毛坯，宜采用铸造方法制造。目前生产中的铸件大多数是砂型铸造，少数尺寸较小的优质铸件可采用特种铸造，如金属型铸造、熔模铸造和压力铸造等。

2. 锻件

锻件适用于强度要求较高，形状比较简单的零件毛坯，锻造方法有自由锻和模锻。自由锻的加工余量大，锻件精度低，生产率不高，适用于单件小批量生产以及大型零件毛坯制造。模锻加工余量小，锻件精度高，生产率高，适用于中小型零件毛坯的大批量生产。

3. 型材

型材有热轧和冷拉两种。热轧型材的精度较低，适用于一般零件的毛坯。冷拉型材的精度较高，适用于对毛坯精度要求较高的中小型零件的毛坯制造，可用于自动机床加工。

4. 焊接件

焊接件是根据需要用焊接的方法将同类材料或不同的材料焊接在一起而成的毛坯件。焊接件制造简单，生产周期短，但变形较大，需经时效处理后才能进行机械加工。焊接方法适用于大型毛坯、结构复杂的毛坯制造。

5. 冷冲压件

适用于形状复杂的板料零件。

二、毛坯选择的原则

选择毛坯的基本任务是选定毛坯的制造方法及其制造精度。毛坯的选择不仅影响毛坯的制造工艺和费用，而且对零件的加工质量、加工方法、生产率及生产成本都有很大的影响，因此，选择毛坯要从毛坯的制造和机械加工两方面综合考虑，以求得最佳的技术经济效果。

在选择毛坯时应考虑下列因素。

1. 零件材料及力学性能要求

例如，材料为铸铁的零件，应选择铸造毛坯。对于重要的钢制零件，为获得良好的力学性能，应选用锻件毛坯；零件形状较简单及力学性能不太高时，可用型材毛坯；有色金属零件常用型材或铸造毛坯。

2. 零件的结构形状与大小

轴类零件毛坯，如直径和台阶相差不大，可用棒料；如各台阶尺寸相差较大，则宜选用锻件。大型零件毛坯多用砂型铸造或自由锻；中小型零件可用模锻件或特种铸造件。

3. 生产类型

大批大量生产时，应选用毛坯精度和生产率均较高的毛坯制造方法，如模锻、金属型机器造型铸造和精密铸造。单件小批量生产时，可采用木模手工造型铸造或自由锻造。

4. 现有生产条件

选择毛坯时，必须考虑现有生产条件，如现有毛坯制造的水平和设备情况、外协的可能性及经济性等。

5. 充分利用新工艺、新材料

为节约材料和能源，提高机械加工生产率，应充分考虑应用新工艺、新技术和新材料。例如，精铸、精锻、冷轧、冷挤压和粉末冶金等在机械中的应用日益广泛，这些方法可以大大减少机械加工量，节约材料，大大提高经济效益。

三、典型零件毛坯的选择

根据毛坯的选择原则，下面分别介绍轴杆类、盘套类和箱体机架类等典型零件的毛坯的选择方法。

1. 轴杆类零件的毛坯选择

轴杆类零件是机械产品中支撑传动件、承受载荷、传递扭矩和动力的常见典型零件。轴向（纵向）尺寸远大于径向（横向）尺寸。轴杆类零件指各种传动轴、机床主轴、丝杠、光杠、曲轴、偏心轴、凸轮轴、齿轮轴、连杆、摇臂、螺栓、销子等。

毛坯选择：轴类零件最常用的毛坯是型材和锻件。①对于光滑的或有阶梯但直径相差不大的一般轴，常用型材（即热轧或冷拉圆钢）作为毛坯。②对于直径相差较大的阶梯轴或要承受冲击载荷和脚边应力的重要轴，均采用锻件作为毛坯。生产批量较小时，采用自由锻件。生产批量较大时，采用模锻件。③对于结构形状复杂的大型轴类零件，其毛坯采用砂型铸造件、焊接结构件或铸－焊结构毛坯。

2. 盘套类零件的毛坯选择

结构特征：盘套类零件是指直径尺寸较大而长度尺寸相对较长的回转体零件（一般长度与直径之比小于1）。盘套类零件指各种齿轮、带轮、飞轮、联轴节、套环、轴承环、端盖及螺母、垫圈等。

毛坯选择：

（1）圆柱齿轮的毛坯选择。钢制齿轮的毛坯选择取决于齿轮的选材、结构形状、尺寸大小、使用条件及生产批量等因素。①尺寸较小且性能要求不高，可直接采用热轧棒料。②直径较大且性能要求高，一般都采用锻造毛坯。生产批量较小或尺寸较大的齿轮，采用自由锻造。生产批量较大的中小尺寸的齿轮，采用模锻造。③对于直径比较大、结构比较复杂的不便于锻造的齿轮，采用铸钢或焊接组合毛坯。

（2）带轮的毛坯选择。带轮是通过中间挠性件（各种带）传递运动和动力的，一般载荷比较平稳。毛坯选择：①中小带轮其毛坯一般采用砂型铸造。生产批量较小时用手工造型。生产批量较大时，采用机器造型。②结构尺寸较大的带轮，为减轻重量可采用钢板焊接毛坯。

（3）链轮的毛坯选择。链轮是通过链条作为中间挠性件传递动力和运动的，其工作过程中的载荷有一定的冲击，且链齿的磨损较快。毛坯选择：链轮的材料大多采用钢材，最常用的毛坯为锻件。①单件小批量生产时，采用自由锻造。②生产批量较大时使用模锻。③新产品试制或修配件，亦可使用型材。④对于齿数大于 50 的从动链轮也可采用强度高于 HT150 的铸铁，其毛坯可采用砂型铸造，造型方法视生产批量决定。

3. 箱体机架类零件的毛坯选择

箱体机架类零件是机器的基础件，其加工质量将对机器的精度、性能和使用寿命产生直接影响。箱体机架类零件指机身、齿轮箱、阀体、泵体、轴承座等。其结构形状一般比较复杂，且内部呈腔型，为满足减震和耐磨等方面的要求，其材料一般都采用铸铁。

毛坯选择：①为达到结构形状方面的要求，最常见的毛坯是砂型铸造的铸件。②在单件小批量生产时、新产品试制或结构尺寸很大时，也可采用钢板焊接。

任务四　工件的装夹

在机械加工过程中，为了保证加工精度，在加工前，应确定工件在机床上的位置，并固定好，以接受加工或检测。将工件在机床上或夹具中定位、夹紧的过程，称为装夹。定位是指确定工件在机床上或夹具中正确位置的过程。工件定位后将其固定，使其在加工中保持定位位置不变的操作，称为夹紧。工件的装夹过程就是工件在机床上或夹具中定位和夹紧的过程。工件在机床上装夹好以后，才能进行机械加工。装夹是否正确、稳定、迅速，对生产率和加工质量均有较大的影响，因此工件的装夹是制定工艺规程时需要认真考虑的问题之一。

一、基准及其分类

工件装夹时必须依据一定的基准，因此首先讨论一下基准的概念。

基准是零件上用以确定其他点、线、面位置所依据的那些点、线、面。根据作用不同，可将基准做如下的分类。

1. 设计基准

在零件图上用来确定其他点、线、面位置的基准，称为设计基准。由产品设计人员确定。如图 2－10 所示钻套零件，孔中心线是外圆与内孔径向圆跳动的设计基准，也是端面圆跳动的设计基准，端面 A 是端面 B、C 的设计基准。

2. 工艺基准

零件在加工和装配过程中所使用的基准。按用途的不同可分为以下四种。

（1）定位基准。加工时工件定位所用的基准即为定位基准。定位基准又可分为粗基准和精基准。粗基准是指没有经过机械加工的定位基准，而已经过机械加工的定位基准则为精基准。

（2）测量基准。用以检验已加工表面形状、尺寸及位置的基准，称为测量基准。

（3）工序基准。在工序简图上用来确定本工序加工表面加工后的尺寸、形状、位置的基准。

（4）装配基准。装配时用以确定零件在部件或成品中位置的基准，称为装配基准。如图 2－10 所示钻套零件上的 ϕ40h6 外圆柱面及端面 B 就是该钻套零件装在钻床夹具的钻模板上的孔中时的装配基准。

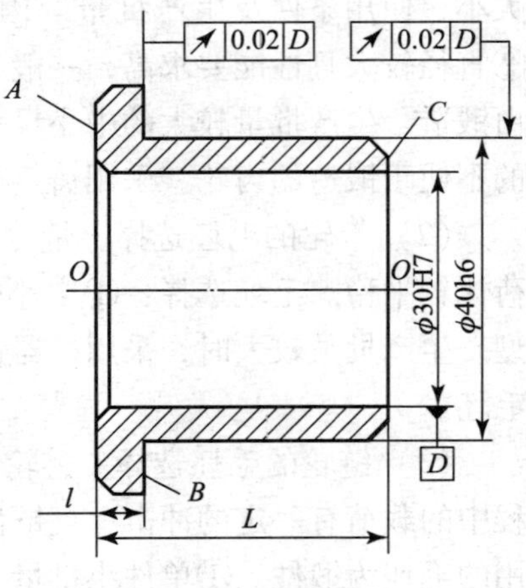

图 2－10　钻套

二、工件的装夹方式

工件装夹有找正装夹和用夹具装夹两种方法。找正装夹又分为直接找正装夹和划线找正装夹。

1. 直接找正装夹

用划针、千分表直接按工件表面找正工件的位置并夹紧，称为直接找正装夹。直接找正装夹效率低，对操作工人的技术水平要求高，但是如果用精密检具细心找正，可以获得很高的定位精度（0.010～0.005mm），多用于单件小批量生产或装夹精度要求特别高的场合。

2. 划线找正装夹

根据零件图要求在工件上划出中心线、对称线和待加工面的轮廓线、找正线，然后按找正线找正工件在机床上的位置并夹紧，这种方法就称为划线找正装夹。

与直接找正装夹方法相比，划线找正装夹方法增加了一道技术水平要求高且费工费事的划线工序，生产效率低；此外，由于所划线条自身就有一定的宽度，所以找正误差大（0.2～0.5mm）。划线找正装夹方法多用于单件小批量生产中难以用直接找正方法装夹的形状较为复杂的铸件或锻件。

3. 用夹具装夹

产量较大时，无论是直接找正装夹还是划线找正装夹，均不能满足生产率要求。这时，一般要求使用夹具来装夹工件。夹具需提前按照一定要求安装在机床上，工件按照要求装夹在夹具上，不需要找正就可进行加工。

使用夹具装夹工件，不仅可以保证装夹精度，而且可以提高装夹效率，减轻工人的劳动强度，对工人技术水平要求也不高。批量生产和大量生产中常采用夹具装夹工件。本书将在项目四中专门讨论机床夹具的有关内容。

任务五　定位基准的选择

机械加工过程中，定位基准的选择合理与否决定零件质量的好坏，对能否保证零件的尺寸精度和相互位置精度要求，以及对零件各表面间的加工顺序安排都有很大影响，当用夹具安装工件时，定位基准的选择还会影响到夹具结构的复杂程度。因此，定位基准的选择是一个很重要的工艺问题。任务四中已经讲到定位基准又分为粗基准和精基准，鉴于此接下来主要讨论粗基准和精基准的选择。

一、粗基准的选择原则

选择粗基准时，主要要求保证各加工面有足够的余量，使加工面与不加工面间的位置符合图样要求，并特别注意要尽快获得精基面。具体选择时应考虑下列原则。

（1）选择重要表面为粗基准。

为保证工件上重要表面的加工余量小而均匀，应选择该表面为粗基准。所谓重要表面一般是工件上加工精度以及表面质量要求较高的表面，如床身的导轨面，车床主轴箱的主轴孔，都是各自的重要表面。因此，加工床身和主轴箱时，应以导轨面或主轴孔为粗基准，如图 2－11 所示。

（2）选择不加工表面为粗基准。

为了保证加工面与不加工面间的位置要求，一般应选择不加工面为粗基准。如果工件上有多个不加工面，则应选其中与加工面位置要求较高的不加工面为粗基准，以便保证要求，使外形对称等。如图 2－12 所示的工件，毛坯孔与外圆之间偏心较大，应当选择不加工的外圆为粗基准，将工件装夹在三爪自定心卡盘中，把毛坯的同轴度误差在镗孔时切除，从而保证其壁厚均匀。

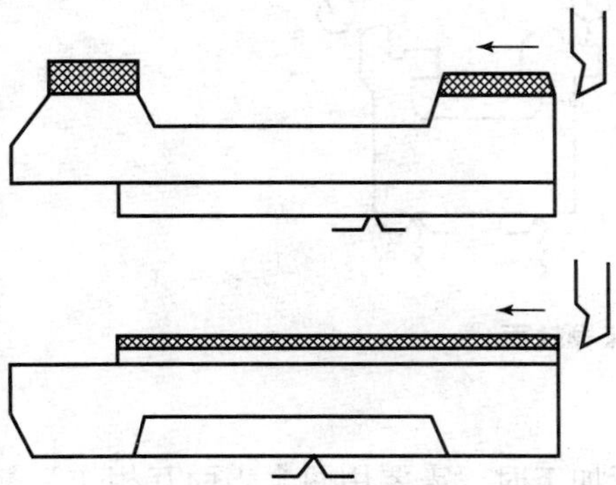

图 2－11　床身的加工

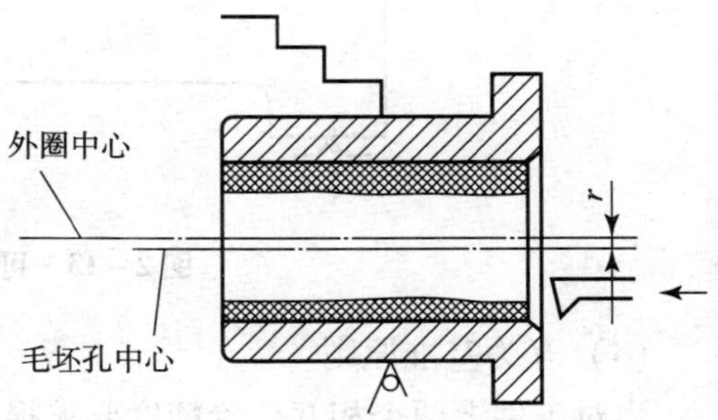

图 2－12　毛坯偏心的工件

（3）选择加工余量最小的表面为粗基准。

在没有要求保证重要表面加工余量均匀的情况下，如果零件上每个表面都要加工，则应选择其中加工余量最小的表面为粗基准，以避免该表面在加工时因余量不足而留下部分毛坯面，造成工件废品。

（4）选择较为平整光洁、加工面积较大的表面为粗基准。

粗基准虽然是毛坯表面，但是也应当尽量平整、光洁，没有飞边，以便工件定位可靠、夹紧方便。

（5）粗基准在同一尺寸方向上只能使用一次。

因为粗基准本身都是未经机械加工的毛坯面，其表面粗糙且精度低，若重复使用将产生较大的误差。

二、精基准的选择原则

（1）基准重合原则。

基准重合原则即选用设计基准作为定位基准，以避免定位基准与设计基准不重合而引起的基准不重合误差。

（2）基准统一原则。

应采用同一组基准定位加工零件上尽可能多的表面，这就是基准统一原则。这样做可以简化工艺规程的制定工作，减少夹具设计、制造工作量和成本，缩短生产准备周期；由于减少了基准转换，便于保证各加工表面的相互位置精度。例如，加工轴类零件时，采用两中心孔定位加工各外圆表面，就符合基准统一原则。箱体零件采用一面两孔定位，齿轮的齿坯和齿形加工多采用齿轮的内孔及一端面为定位基准，均属于基准统一原则。

（3）自为基准原则。

某些要求加工余量小而均匀的精加工工序，选择加工表面本身作为定位基准，称为自为基准原则。如图 2－13 所示，磨削车床导轨面，用可调支承床身零件，在导轨磨床上，用百分表找正导轨面相对机床运动方向的正确位置，然后加工导轨面以保证其余量均匀，满足对导轨面的质量要求。还有浮动镗刀镗孔、珩磨孔、拉孔、无心磨外圆等也都是自为基准的实例。

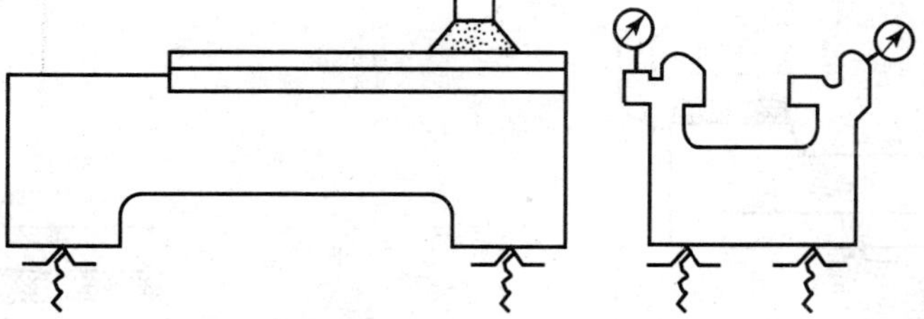

图 2－13　可调支承磨削车床导轨面

（4）互为基准原则。

当对工件上两个相互位置精度要求很高的表面进行加工时，需要用两个表面互相作为基准，反复进行加工，以保证位置精度要求。例如，要保证精密齿轮的齿圈跳动精度，在齿面淬硬后，先以齿面定位磨内孔，再以内孔定位磨齿面，从而保证位置精度。再如，车床主轴的前锥孔与主轴支承轴颈间有严格的同轴度要求，加工时就是先以轴颈外圆为定位基准加工锥孔，再以锥孔为定位基准加工外圆，如此反复多次，最终达到加工要求。这都是互为基准的典型实例。

（5）便于装夹原则。

所选精基准应保证工件安装可靠，夹具设计简单、操作方便。

实际上，无论精基准还是粗基准的选择，上述原则都不可能同时满足，有时还是互相矛盾的，因此，在选择时应根据具体情况进行分析，权衡利弊，保证其主要的要求。

任务六　工艺路线的拟定

制定机械零件的加工工艺规程时，工艺人员必须在充分研究的基础上，提出多种方案进行分析比较。因为工艺路线不但影响加工的质量和工作效率，而且会影响工人的劳动强度、设备投资、车间面积和生产成本等。

拟定工艺路线是制定工艺过程的总体布局。它的主要任务是针对各个表面的加工方法和加工方案，确定各个表面的加工顺序以及整个工艺过程中的工序数目等。

除了上一任务中讨论的如何选择定位基准外，在拟定工艺路线时还要考虑表面的加工方法、加工阶段的划分、工序的集中与分散和加工顺序这四个方面。

一、表面加工方法

1. 加工经济精度和表面粗糙度

实践证明，各种加工方法（如车、铣、刨、磨等）所能达到的加工精度和表面粗糙度是有一定的范围的。任何一种加工方法，如果由技术水平高的技术工人在精密完好的设备上仔细地慢慢操作，必会使得加工误差减小，可以得到较高的加工精度和较小的表面粗糙度，但是成本增加；反之亦然。此时，就引出加工经济精度的概念。加工经济精度是指在正常的加工条件下（采用符合质量标准的设备和工艺装备，使用标准技术等级的工人，不延长加工时间），一种加工方法所能保证的加工精度和表面粗糙度。表2－9～表2－11介绍了常见加工方法的加工经济精度和表面粗糙度，以供选择参考。

表2－9　外圆表面加工方案

序号	加工方案	尺寸公差等级	表面粗糙度 Ra 值/μm	适用范围
1	粗车	IT13～IT11	50～12.5	适用于加工各种金属（未淬火钢）
2	粗车—半精车	IT10～IT9	6.3～3.2	
3	粗车—半精车—精车	IT7～IT6	1.6～0.8	
4	粗车—半精车—磨削	IT7～IT6	0.8～0.4	适用于淬火钢、未淬火钢、铸铁等，不宜加工强度低、韧性大的有色金属
5	粗车—半精车—粗磨—精磨	IT6～IT5	0.4～0.2	
6	粗车—半精车—粗磨—精磨—高度磨削	IT5～IT3	0.1～0.008	
7	粗车—半精车—粗磨—精磨—研磨	IT5～IT3	0.1～0.008	
8	粗车—半精车—精车—研磨	IT6～IT5	0.4～0.025	适用于有色金属

表 2-10　内圆表面加工方案

序号	加工方案	尺寸公差等级	表面粗糙度 Ra 值/μm	适用范围
1	钻	IT13 ~ IT11	12.5	用于加工除淬火钢以外的各种金属的实心工件
2	钻—铰	IT9	3.2 ~ 1.6	同上，但孔径 < 10mm
3	钻—扩—铰	IT9 ~ IT8	3.2 ~ 1.6	同上，但孔径为 10mm ~ 80mm
4	钻—扩—粗铰—精铰	IT7	1.6 ~ 0.4	
5	钻—拉	IT9 ~ IT7	1.6 ~ 0.4	用于大批大量生产
6	（钻）—粗镗—半精镗	IT10 ~ IT9	6.3 ~ 3.2	用于除淬火钢以外的各种金属
7	（钻）—粗镗—半精镗—精镗	IT8 ~ IT7	1.6 ~ 0.8	
8	（钻）—粗镗—半精镗—磨	IT8 ~ IT7	0.8 ~ 0.4	用于淬火钢、不淬火钢和铸铁件。但不宜加工硬度低，韧性大的有色金属
9	（钻）—粗镗—半精镗—粗磨—精磨	IT7 ~ IT6	0.4 ~ 0.2	
10	粗镗—半精镗—精镗—珩磨	IT7 ~ IT6	0.4 ~ 0.025	
11	粗镗—半精镗—精镗—研磨	IT7 ~ IT6	0.4 ~ 0.025	用于钢件、铸铁件和有色金属件的加工

表 2-11　平面加工方案

序号	加工方案	尺寸公差等级	表面粗糙度 Ra 值/μm	适用范围
1	粗车—半精车	IT10 ~ IT9	6.3 ~ 3.2	用于加工回转体零件的端面
2	粗车—半精车—精车	IT7 ~ IT6	1.6 ~ 0.8	
3	粗车—半精车—磨削	IT9 ~ IT7	0.8 ~ 0.2	
4	粗铣（粗刨）—精铣（精刨）	IT9 ~ IT7	6.3 ~ 1.6	用于加工不淬火钢、铸铁、有色金属等材料
5	粗铣（粗刨）—精铣（精刨）—刮研	IT6 ~ IT5	0.8 ~ 0.1	
6	粗铣（粗刨）—精铣（精刨）—宽刀细刨	IT6	0.8 ~ 0.2	
7	粗铣（粗刨）—精铣（精刨）—磨削	IT6	0.8 ~ 0.2	用于加工不淬火钢、铸铁、有色金属等材料
8	粗铣（粗刨）—精铣（精刨）—粗磨—精磨	IT6 ~ IT5	0.4 ~ 0.1	
9	粗铣—精铣—磨削—研磨	IT5 ~ IT4	0.4 ~ 0.025	
10	拉削	IT9 ~ IT6	0.8 ~ 0.2	用于大批量生产除淬火钢以外的各种金属

2. 选择表面加工方法时应考虑的因素

从表 2－9～表 2－11 中可以看出，满足同一精度要求的加工方法有多种，所以在选择表面加工方法时还应考虑以下几个因素，才能最终确定零件表面的加工方法。

(1) 工件材料的性质。

如淬火钢的精加工要采用磨削，有色金属的精加工为避免磨削时堵塞砂轮，则要用高速精细车或精细镗（金钢镗）。

(2) 工件的形状和尺寸。

工件的形状和加工表面的尺寸大小不同，采用的加工方法和加工方案往往不同。例如，一般情况下，大孔常常采用粗镗—半精镗—精镗的方法，小孔常采用钻—扩—铰的方法。

(3) 与生产率、生产类型相适应。

一般地，大批大量生产应选择高生产率的和质量稳定的加工方法；而单件小批量生产则尽量选择通用设备来加工。

二、加工阶段的划分

为了保证零件的加工质量、生产效率和经济性，通常在安排工艺路线时，将其划分成几个阶段。对于一般精度零件，可划分成粗加工、半精加工和精加工三个阶段。对精度要求高和特别高的零件，还需安排精密加工（含光整加工）和超精密加工阶段。各阶段的主要任务分别如下。

(1) 粗加工阶段。

主要去除各加工表面的大部分余量，并加工出精基准。

(2) 半精加工阶段。

减少粗加工阶段留下的误差，使加工面达到一定的精度，为精加工做好准备，并完成一些精度要求不高表面的加工。

(3) 精加工阶段。

主要是保证零件的尺寸、形状、位置精度及表面粗糙度，这是相当关键的加工阶段。大多数表面至此加工完毕，少数需要进行精密加工或光整加工的表面也须在此阶段做好准备。

(4) 精密和超精密加工阶段。

精密和超精密加工采用一些高精度的加工方法，如精密磨削、珩磨、研磨、金刚石车削等，可进一步提高表面的尺寸、形状精度，降低表面粗糙度，最终达到图纸的精度要求。

加工阶段的划分有以下作用。

(1) 保证加工质量。

工件划分阶段后，因粗加工的加工余量很大，切削变形大，会出现较大的加工误差，这将通过半精加工和精加工逐步得到纠正，以保证加工质量。

(2) 合理使用设备。

划分加工阶段后，可以充分发挥粗、精加工设备的特点，避免以精干粗，做到合理使用设备。

(3) 便于安排热处理工序。

粗加工阶段前后，一般要安排去应力等预先热处理工序，精加工前则要安排淬火等最终热处理，最终热处理后工件的变形可以通过精加工工序予以消除。划分加工阶段后，便于热处理工序的安排，使冷热工序配合更好。

（4）便于及时发现毛坯缺陷。

毛坯的有些缺陷往往在加工后才暴露出来。粗、精加工分开后，粗加工阶段就可以及时发现和处理毛坯缺陷。同时精加工工序安排在最后，可以避免已加工好的表面在搬运和夹紧中受到损伤。

三、工序的集中与分散

当确定了工件上各表面的加工方法以后，安排加工工序的时候可以采取两种不同的原则：工序集中和工序分散原则。工序集中就是将工件的加工集中在少数几道工序内完成，每道工序的加工内容较多。工序分散就是将工件的加工分散在较多的工序内进行，每道工序的加工内容很少，最少时每道工序仅有一个简单的工步。

工序集中与分散的特点如下。

1. 工序集中的特点

（1）可以采用高效机床和工艺装备，生产率高。

（2）工件装夹次数减少，易于保证表面间相互位置精度，减少工序间的运输量。

（3）工序数目少，可以减少机床数量、操作工人数量和生产面积，简化生产。

（4）如果采用结构复杂的专用设备及工艺装备，则投资巨大，调整和维修复杂，生产准备工作量大，转换新产品比较费时。

2. 工序分散的特点

（1）设备及工艺装备比较简单，调整和维修方便，易适应产品更换。

（2）可采用最合理的切削用量，减少基本时间。

（3）设备数量多，操作工人多，占用生产面积大。

四、加工顺序的安排

1. 切削加工顺序的安排

切削加工时应遵循以下几个原则。

（1）先基准面后其他。

应首先安排被选作精基准的表面的加工，再以加工出的精基准为定位基准，安排其他表面的加工。该原则还有另外一层意思，是指精加工前应先修一下精基准。例如，精度要求高的轴类零件，第一道加工工序就是以外圆面为粗基准加工两端面及顶尖孔，再以顶尖孔定位完成各表面的粗加工；精加工开始前首先要修整顶尖孔，以提高轴在精加工时的定位精度，然后再安排各外圆面的精加工。

（2）先粗后精。

这是指先安排各表面粗加工，后安排精加工。

（3）先主后次。

主要表面一般指零件上的设计基准面和重要工作面。这些表面是决定零件质量的主要因素，对其进行加工是工艺过程的主要内容，因而在确定加工顺序时，要首先考虑加工主要表面的工序安排，以保证主要表面的加工精度。在安排好主要表面加工顺序后，常常从加工的方便与经济角度出发，安排次要表面的加工。此外，次要表面和主要表面之间往往有相互位置要求，常常要求在主要表面加工后，以主要表面定位进行加工。

（4）先面后孔。

这主要是对箱体和支架类零件的加工而言。一般这类零件上既有平面，又有孔或孔系，这时应先将平面（通常是装配基准）加工出来，再以平面为基准加工孔或孔系。此外，在毛坯面上钻孔或镗孔，容易使钻头引偏或打刀。此时也应先加工面，再加工孔，以避免上述情况的发生。

2. 热处理顺序的安排

为了提高工件的力学性能或改善工件的切削性能，消除内应力，应在工艺过程中加入热处理，合理地安排热处理顺序对整个工件的性能有至关重要的作用。常用的热处理有以下几种。

（1）退火与正火。

退火与正火的目的是消除组织的不均匀，提高加工性，高碳合金钢用退火降低硬度，低碳合金钢用正火提高硬度。

（2）调质。

调质是为了获得组织均匀细致的回火索氏体组织，使零件不仅具有一定的强度和硬度，而且还拥有良好的冲击韧性，综合机械性能好。

（3）淬火。

淬火是为了提高工件的硬度，满足零件最终的性能要求。

（4）渗碳。

对于低碳合金钢的零件，在要求表面硬度高，而内部韧性好的时候，常采用渗碳处理。一般是局部渗碳，因而需要对不需要渗碳的表面采取保护措施。

3. 辅助工序的安排

辅助工序的种类很多，包括工件的检验、去毛刺、清洗和防锈等，其中检验工序是主要的辅助工序，它对保证产品质量有着极重要的作用。

检验工序在粗加工结束后、重要工序的前后、工件在车间的转移前后、全部加工完成之后都应安排。另外，其他辅助工序的安排也应该重视。

任务七　加工余量和工艺尺寸链的确定

一、加工余量的确定

加工余量是指加工过程中从加工表面上所切去的金属层厚度。加工余量分为工序加工余量和加工总余量。工序加工余量是指相邻两工序的工序尺寸之差，即在一道工序中从某一加工表面切除的材料层厚度。

对于如图 2－14 所示的单边加工表面，其单边加工余量为

$$Z_1 = A_1 - A_2 \tag{2-2}$$

式中：A_1——前道工序的工序尺寸；

A_2——本道工序的工序尺寸。

对于对称表面，其加工余量是对称分布的，为双边加工余量，如图 2－15 所示。

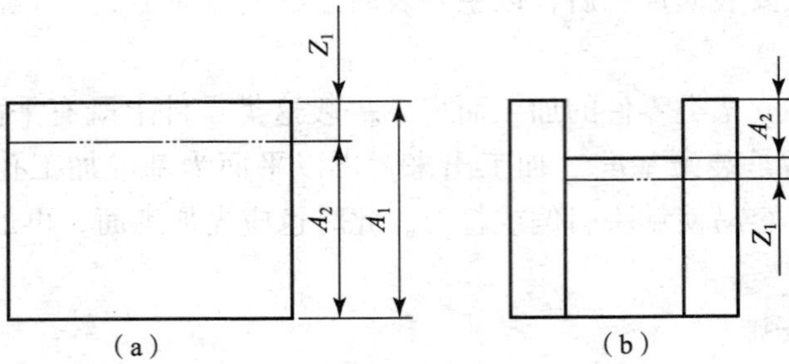

图 2-14　单边加工余量

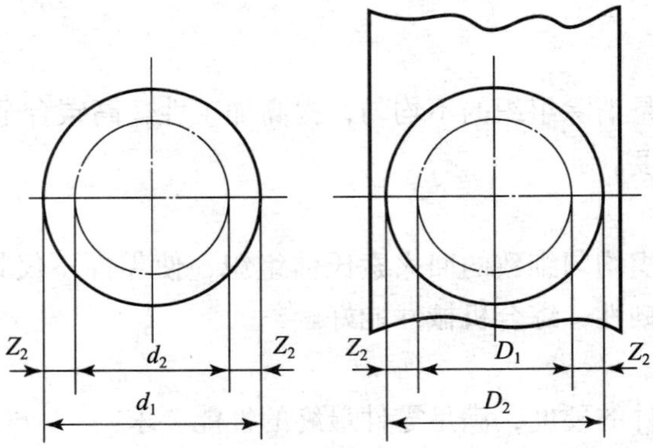

图 2-15　双边加工余量

对于轴

$$2Z_2 = d_1 - d_2 \tag{2-3}$$

对于孔

$$2Z_2 = D_2 - D_1 \tag{2-4}$$

式中：$2Z_2$——直径上的加工余量；

d_1，D_1——前道工序的工序尺寸（直径）；

d_2，D_2——本道工序的工序尺寸（直径）。

加工总余量是毛坯尺寸与零件图的设计尺寸之差，也称毛坯余量。加工总余量等于同一个加工表面的各道工序的余量之和，即：

$$Z_{总} = \sum_{i=1}^{n} Z_i \tag{2-5}$$

式中：$Z_{总}$——加工总余量；

Z_i——第 i 道工序加工余量；

n——该表面总加工的工序数。

图 2-16 是轴和孔的毛坯余量及各工序余量的分布情况。图中还给出了各工序尺寸及其公差、毛坯尺寸及其公差。这里，特别要注意的是：工序尺寸的公差带，一般规定在零件的“入体”方向，故对于被包容表面（轴），基本尺寸即为最大工序尺寸，如图 2-16（a）所示；而对于包容面（孔），基本尺寸是最小工序尺寸［见图 2-16（b）］。毛坯尺寸的公差采用双向标注。

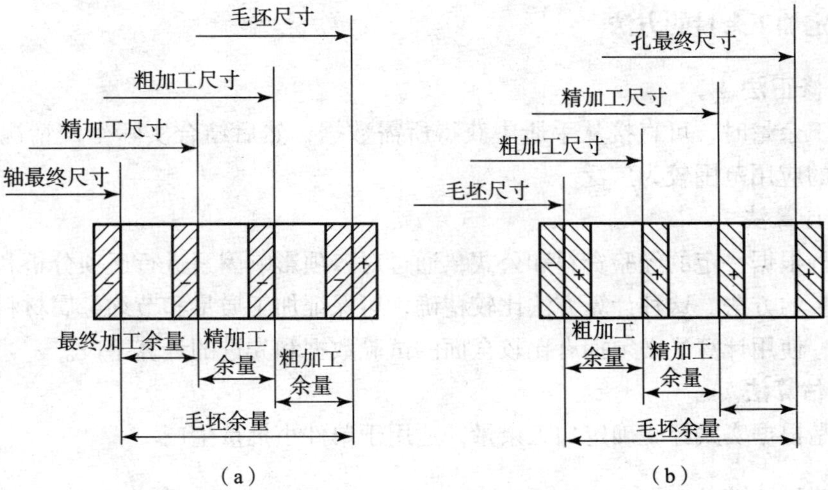

图 2－16　加工余量和加工尺寸的分布图

(a) 轴；(b) 孔

二、影响加工余量大小的因素

加工余量的大小对零件的加工质量和生产效率都有较大的影响。加工余量过大，会影响生产率。加工余量过小，不能保证加工质量，因此，应该合理确定加工余量的大小。影响加工余量大小的因素主要有：

(1) 前工序加工面（或毛坯）的表面质量。

(2) 前工序（或毛坯）的工序尺寸公差。

(3) 前工序的各表面相互位置的空间偏差。

(4) 本工序的安装误差，如定位误差和夹紧误差。

(5) 热处理后出现的变形。

由于毛坯尺寸和工序尺寸都有制造公差，总余量和工序余量都是变动的，因此，加工余量有基本余量、最大余量、最小余量三种情况。如图 2－17 所示的被包容面表面加工，基本余量是前工序和本工序基本尺寸之差；最小余量是前工序最小工序尺寸和本工序最大工序尺寸之差；最大余量是前工序最大工序尺寸和本工序尺寸之差。对于包容面则相反。

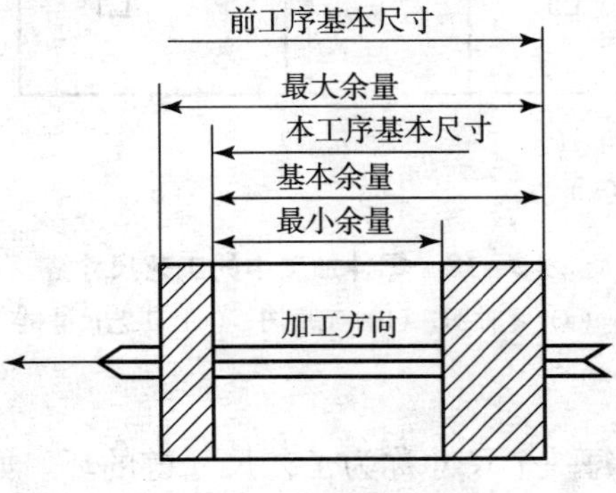

图 2－17　加工余量及其公差

三、确定加工余量的方法

1. 查表修正法

确定加工余量时，可直接从手册中获得所需数据，然后结合实际生产情况进行适当修正，此方法的应用范围较为广泛。

2. 分析计算法

它是一种根据一定的经验资料和公式，通过对各项影响因素进行逐项分析和综合计算来确定加工余量的方法。这种计算方法比较精确，对保证加工质量和节约金属材料都有重要的意义。但是，使用计算法必须拥有比较全面的试验数据和先进的计算手段。

3. 经验估算法

此方法是根据实践经验确定加工余量，适用于单件小批量生产。

四、工艺尺寸链

在零件的加工过程中，被加工表面以及各表面之间的尺寸都在不断地变化，这种变化无论是在一道工序内，还是在各工序之间都有一定的内在联系。运用工艺尺寸链理论去揭示这些尺寸间的相互关系，是合理确定工序尺寸及其公差的基础，已成为编制工艺规程时确定工艺尺寸的重要手段。

1. 工艺尺寸链的概念

如图2－18（a）所示零件，平面1、2已加工，要加工平面3，平面3的位置尺寸为A_2，其设计基准为平面2。当选择平面1为定位基准时，就出现了设计基准与定位基准不重合的情况。在采用调整法加工时，工艺人员需要在工序图2－18（b）上标注工序尺寸A_3，供对刀和检验时使用，以便直接控制工序尺寸A_3，间接保证零件的设计尺寸A_2。尺寸A_1、A_2、A_3首尾相连构成一封闭的尺寸组合。

在机械制造中称这种相互联系且按一定顺序排列的封闭尺寸组合为尺寸链。

如图2－18（c）所示，由工艺尺寸所组成的尺寸链称为工艺尺寸链。尺寸链的主要特征是封闭性，即组成尺寸链的有关尺寸按一定顺序首尾相连构成封闭图形，没有开口。

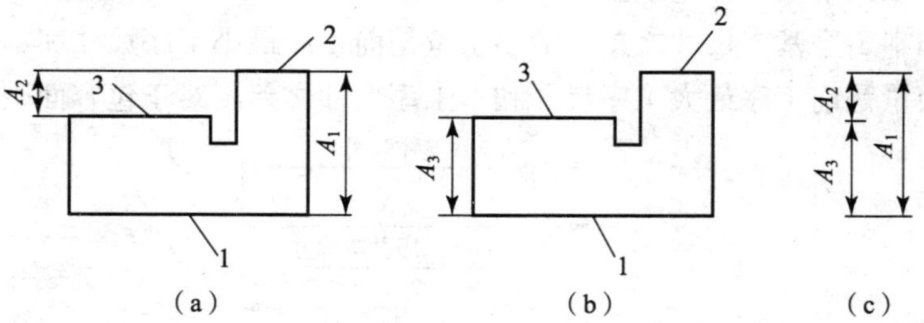

图2－18　零件加工中的工艺尺寸链

（a）零件图；（b）工序图；（c）工艺尺寸链

2. 工艺尺寸的组成

环：组成工艺尺寸链的每一个尺寸称为工艺尺寸链的环。如图2－18（c）所示的尺寸链有3个环。工艺尺寸链由一系列的环组成。环又分为以下几种类型。

（1）组成环。在加工过程或装配中相互联系并影响着，直接保证获得的尺寸称为组成环，用 A_i 表示，如图 2－18 中的 A_1、A_3。

（2）封闭环（终结环）。在加工或装配过程中最后形成的一环，它的大小通过各组成环间接保证而获得的尺寸，称为封闭环，用 A_0 表示。图 2－18（c）所示尺寸链中，A_2 是通过 A_1、A_3 间接保证而得到的尺寸，所以 A_2 就是图 2－18（c）所示尺寸链的封闭环。

（3）增环、减环。由于工艺尺寸链是由一个封闭环和若干个组成环构成的封闭图形，故尺寸链中组成环的尺寸变化必然会引起封闭环的尺寸变化。当某组成环增大（其他组成环保持不变），封闭环也随之增大时，则该组成环称为增环，如图 2－18（c）中的 A_1。当某组成环增大（其他组成环保持不变）封闭环反而减小，则该组成环为减环，如图 2－18（c）中的 A_3。

3. 增环、减环的判别方法

（1）直接按照增、减环的定义法进行判别。但是环数太多的尺寸链使用定义判别比较困难，因此一般很少采用。

（2）回路法。用箭头方法确定，即凡是箭头方向与封闭环箭头方向相反的组成环为增环，相同的组成环为减环。

如图 2－19 所示尺寸链，其中 A_0 为封闭环，通过回路法可确定，A_1、A_3、A_4、A_5 箭头走向与 A_0 相反，为增环；A_2、A_6 箭头走向与 A_0 相同，为减环。

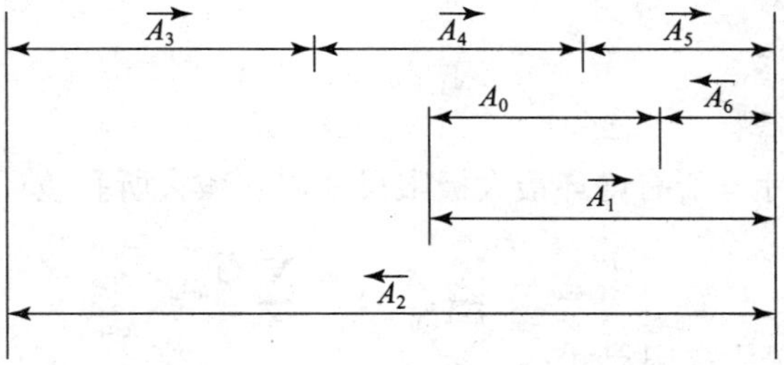

图 2－19　回路法确定增、减环

（3）串、并联法。与封闭环串联的尺寸是减环；与封闭环并联的尺寸是增环。如图 2－18（c）所示，尺寸链中 A_2（封闭环）与 A_1 为并联关系，所以 A_1 为增环；A_2 与 A_3 成串联关系，所以 A_3 为减环。

注：在进行增、减环的判别时，回路法适用于尺寸链环数较多、组成比较复杂且有相互重叠环的情况，如图 2－19 所示；而串、并联法适用于尺寸链组成比较简单、无相互重叠环的情况，如图 2－18（c）所示。

五、工艺尺寸链的计算公式

工艺尺寸链的计算方法有两种：极值法和概率法。生产中一般采用极值法（或称极大极小值法）。用极值法解尺寸链是以尺寸链各环均处于极值条件来求解封闭环尺寸与组成环尺寸之间关系的。用概率法解尺寸链则是运用概率论理论来求解封闭环尺寸与组成环尺寸之间关系的。

1. 极值法解尺寸链的计算公式

机械制造中的尺寸公差通常用基本尺寸（A）、上偏差（ES）、下偏差（EI）表示，还可以用最大极限尺寸（A_{max}）与最小极限尺寸（A_{min}）或基本尺寸（A）、中间偏差（Δ）与公差（T）表示，它们之间的关系如图 2－20 所示。

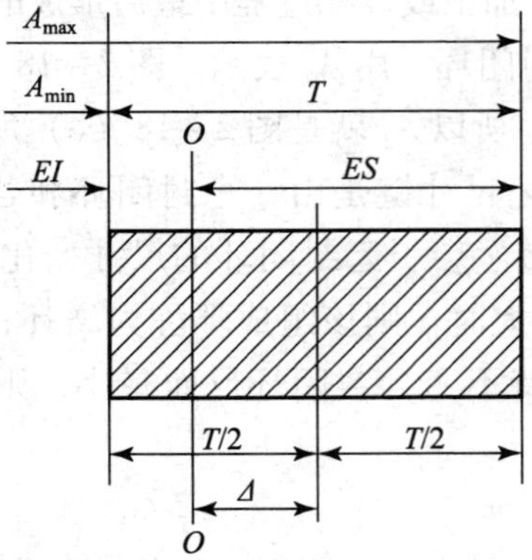

图 2－20　基本尺寸、极限偏差、公差与中间偏差的关系

（1）封闭环基本尺寸计算。封闭环基本尺寸为所有增环基本尺寸之和减去所有减环基本尺寸之和，即

$$A_0 = \sum_{i=1}^{m} \overrightarrow{A}_i - \sum_{i=1}^{n} \overleftarrow{A}_i \tag{2-6}$$

式中：m——增环数；

n——减环数。

（2）极限尺寸的计算。

封闭环最大极限尺寸＝所有增环最大极限尺寸之和减去所有减环最小极限尺寸之和，即

$$A_{0\max} = \sum_{i=1}^{m} \overrightarrow{A}_{i\max} - \sum_{i=1}^{n} \overleftarrow{A}_{i\min} \tag{2-7}$$

式中：$A_{0\max}$——封闭环最大极限尺寸；

$\overrightarrow{A}_{i\max}$——增环最大极限尺寸；

$\overleftarrow{A}_{i\min}$——减环最小极限尺寸。

封闭环最小极限尺寸＝所有增环最小极限尺寸之和减去所有减环最大极限尺寸之和，即

$$A_{0\min} = \sum_{i=1}^{m} \overrightarrow{A}_{i\min} - \sum_{i=1}^{n} \overleftarrow{A}_{i\max} \tag{2-8}$$

式中：$A_{0\min}$——封闭环最小极限尺寸；

$\overrightarrow{A}_{i\min}$——增环最小极限尺寸；

$\overleftarrow{A}_{i\max}$——减环最大极限尺寸。

（3）上下偏差的计算。

封闭环上偏差＝所有增环上偏差之和减去所有减环下偏差之和，即

$$ES_{A_0} = \sum_{i=1}^{m} ES_{\overrightarrow{A}_i} - \sum_{i=1}^{n} EI_{\overleftarrow{A}_i} \tag{2-9}$$

式中：ES_{A_0}——封闭环上偏差；

ES_{A_i}——增环上偏差；

EI_{A_i}——减环下偏差。

封闭环下偏差 = 所有增环下偏差之和减去所有减环上偏差之和，即

$$EI_{A_0} = \sum_{i=1}^{m} EI_{\vec{A}_i} - \sum_{i=1}^{n} ES_{\overleftarrow{A}_i} \quad (2-10)$$

式中：EI_{A_0}——封闭环下偏差；

EI_{A_i}——增环下偏差；

ES_{A_i}——减环上偏差。

（4）封闭环公差的计算。封闭环公差为各组成环公差之和，即

$$T_0 = \sum_{i=1}^{m} \vec{T}_i + \sum_{i=1}^{n} \overleftarrow{T}_i = \sum_{i=1}^{m+n} T_i \quad (2-11)$$

式中：T_0——封闭环公差。

（5）各环平均公差计算。各环平均公差 = 封闭环公差与各组成环数目总和之比，即

$$T_m = \frac{T_0}{m+n} \quad (2-12)$$

式中：T_m——平均公差。

2. 概率法解尺寸链的计算公式

概率法（统计法）的近似计算是假定各环分布曲线是对称分布于公差值的全部范围内（正态分布），所以有

封闭环公差

$$T_0 = \sqrt{\sum_{i=1}^{m+n} T_i^2} \quad (2-13)$$

各组成环的平均公差

$$T_m = \frac{T_0}{\sqrt{m+n}} \quad (2-14)$$

与极值法相比，概率计算法的各组成环的平均公差被放大了 $\sqrt{n-1}$倍，从而使零件加工精度降低，成本降低。

六、工艺尺寸链的应用及解算方法

在制定零件的加工工艺规程时，利用工艺尺寸链进行正确的分析和计算，对充分运用现有工装、优化工艺、提高生产率有着十分重要的意义。在成批、大量生产中，对尺寸链的分析计算，有助于确定合适的工序尺寸、公差和余量，减少废品；在机器设计中，常用尺寸链进行分析和计算，以确定合适的零件尺寸公差和技术条件；制定产品和部件的装配工艺、解决装配质量问题及验算部件的配合尺寸公差是否协调也经常需要应用尺寸链。总之，在零件加工过程及产品设计、制造、装配、维修过程中，尺寸链的计算及应用都是不可缺少的。

1. 工艺尺寸链的建立

（1）确定封闭环。在工艺尺寸链中，由于封闭环是加工过程中自然形成的尺寸，所以当零件的加工方案变化时，封闭环也会随之发生变化。如图 2－21 所示的零件，当分别采用两种加工方法时，尺寸链的封闭环将会发生变化。

以表面 3 为定位基准车削面 1，获得尺寸 A_3，再以表面 1 为测量基准车削面 2 获得尺寸

A_2，此时 A_1 为间接获得的尺寸，为封闭环。

以加工好的面 1 为测量基准加工面 2，直接获得 A_2，然后调头以表面 2 为定位基准，采用定距装刀法车削 3（保证刀具到定位基准面 2 的距离）直接保证尺寸 A_1，此时 A_3 为间接获得的尺寸，为封闭环。

（2）组成环的查找。组成环指加工过程中直接获得的且对封闭环有影响的尺寸，在查找过程中，一定要根据这一特点进行查找，如图 2－22（a）所示，无论采用哪种加工方法，表面 4 至表面 3 的轴向尺寸均不会影响封闭环，所以不属于组成环。

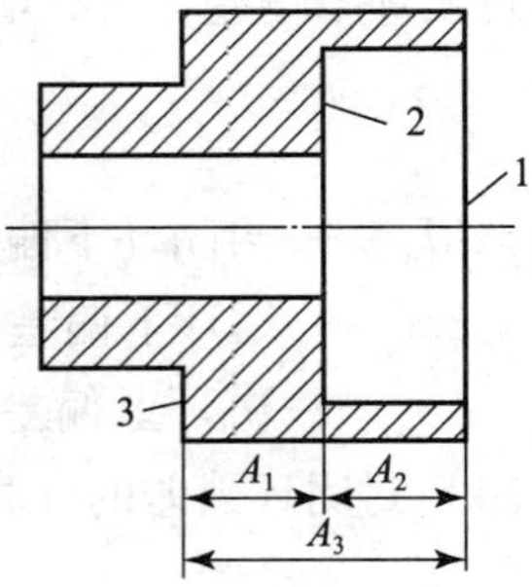

图 2－21　封闭环确定示例

（3）画工艺尺寸链图：画工艺尺寸链图的方法是从构成封闭环的两表面同时开始。按照工艺过程的顺序，分别向前查找该表面最近一次加工的加工尺寸，再进一步查找该加工尺寸的工序基准的最近一次的加工尺寸，如此继续向前查找，直到两条路线最后到达的加工尺寸的工序基准重合，形成封闭的轮廓，即得到了工艺尺寸链图，如图 2－22（b）所示。

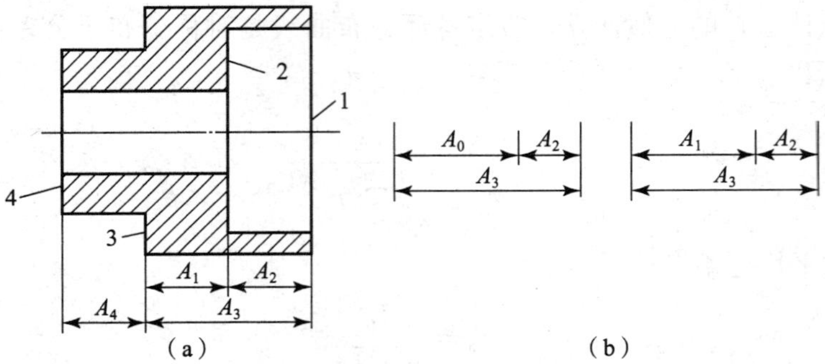

图 2－22　组成环确定示例

2. 增环、减环的判别

增环、减环的判别按照之前介绍的三种方法，此次不再赘述。

注：增环、减环的判别依据是尺寸链的封闭环，如果封闭环判断错了，整个工艺链的解算也就错了。因此，在确定封闭环时，要根据零件的工艺方案紧紧抓住间接得到的尺寸这一要点。

下面将以具体的案例讲解尺寸链的应用及计算方法。

案例 1

如图 2－23（a）所示套筒零件，两端面已加工完毕，尺寸 $10_{-0.36}^{0}$ mm 不便测量，它改由以面 2 为基准测量尺寸 A_2 的方法加工孔底面 3 来间接保证，求工序尺寸 A_2 及其偏差。

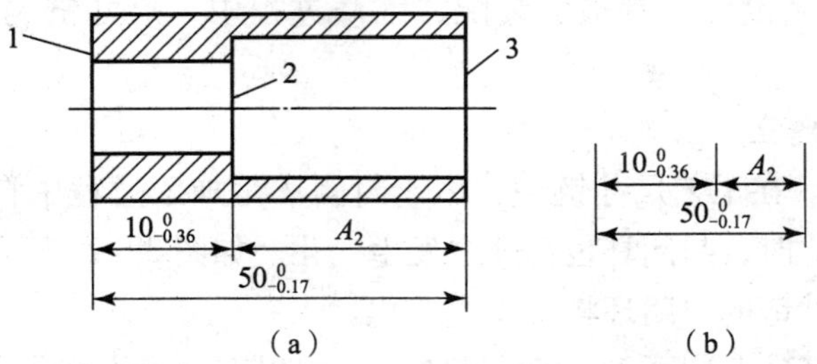

图 2－23　套筒孔的加工

计算过程实施：

（1）画尺寸链，如图 2-23（b）所示

（2）封闭环及增环、减环的判别。

由题意可知，工序尺寸 $10_{-0.36}^{0}$ mm 为间接获得的尺寸，故为封闭环；由串、并联法可得，尺寸 A_2 为减环，尺寸 $50_{-0.17}^{0}$ mm 为增环。

（3）计算工序尺寸 A_2。

A_2 基本尺寸，由式（2-6）得

$$10=50-A_2，得 A_2=40.$$

A_2 下偏差，由式（2-9）得

$$0=0-EI_{A_2}，得 EI_{A_2}=0.$$

A_2 上偏差，由式（2-10）得

$$-0.36=-0.17-ES_{A_2}，得 ES_{A_2}=0.19.$$

所以 $A_2=40_{0}^{+0.19}$ mm。

注：用极值法求解一般会出现"假废品"问题，需要对有关尺寸复检，并计算实际尺寸。根据案例 1 可知：当 A_2 为 39.83mm 时，与计算结果 A_2 比较，此套筒应该为不合格产品，但我们要保证的尺寸是 $10_{-0.36}^{0}$ mm 而非 A_2，所以应该代入尺寸 $50_{-0.17}^{0}$ mm 验算。

如果尺寸 $50_{-0.17}^{0}$ mm 取 49.83mm，$A_0=49.83-39.83=10$（mm），在尺寸 $10_{-0.36}^{0}$ 范围内，所以应为合格品。

当 A_2 为 40.36mm 时，与计算结果 A_2 比较，此套筒应该为不合格产品，如果尺寸取 50mm，$A_0=50-40.36=9.64$（mm），在尺寸 $10_{-0.36}^{0}$ mm 范围内，所以应为合格产品。

案例 2

如图 2-24 所示轴承碗，当以 B 面定位车削内孔端面 C 时，图中的尺寸 A_0 不便测量。如果先按尺寸 A_1 的要求测出端面 A，然后再以 A 面为测量基准去控制尺寸 X，即可获得尺寸 A_0。已知尺寸 A_1、A_0 如表 2-12 所示，求尺寸 X。

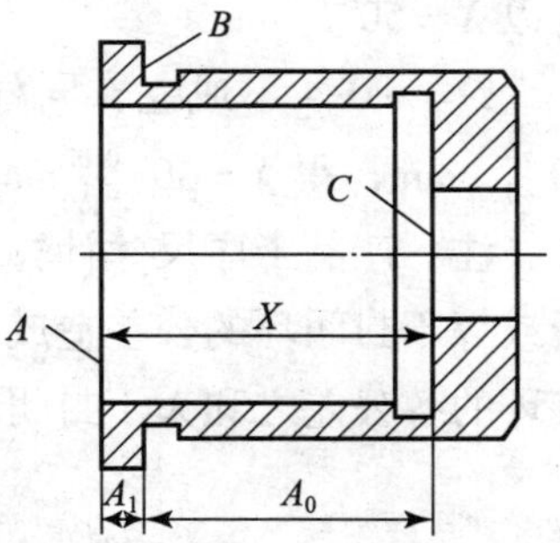

图 2-24　轴承碗深孔的加工

表 2-12　轴承碗各组工序尺寸　　mm

序号	A_0	A_1
1	$40_{-0.2}^{0}$	$10_{-0.2}^{0}$
2	$40_{-0.1}^{0}$	$10_{-0.5}^{0}$

计算过程实施：

（1）画尺寸链，如图 2-25 所示

（2）封闭环及增环、减环的判别。

由题意可知，工序尺寸 A_0 为间接获得的尺寸，故为封闭环；由串、并联法可得，尺寸 A_1 为减环，尺寸 X 为增环。

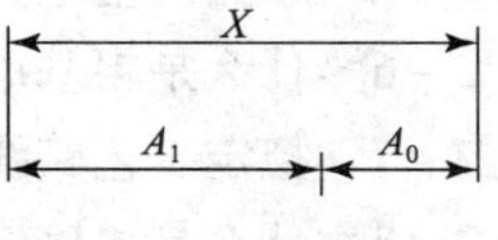

图 2-25　轴承碗工艺尺寸链

（3）计算工序尺寸 X。

当 $A_0=40_{-0.2}^{0}$ mm、$A_1=10_{-0.2}^{0}$ mm 时：

X 基本尺寸，由式（2－6）得

$$40=X-10 \quad X=50.$$

X 上偏差，由式（2－9）得

$$0=ES_X+0.2 \quad ES_X=-0.2.$$

X 下偏差，由式（2－10）得

$$-0.2=EI_X-0 \quad EI_X=-0.2.$$

所以 $X=50_{-0.2}^{-0.2}$ mm。

$T=0$ 不成立，这是由组成环的公差大造成的，故压缩组成环的公差，令 $A_1=10_{-0.08}^{0}$ mm，得 $X=50_{-0.2}^{-0.08}$ mm。

当 $A_0=10_{-0.1}^{0}$ mm、$A_1=10_{-0.5}^{0}$ mm 时：

X 基本尺寸，由式（2－6）得

$$40=X-10 \quad 得\ X=50\text{mm}$$

X 上偏差，由式（2－9）得

$$0=ES_X+0.5 \quad 得\ ES_X=-0.5.$$

X 下偏差，由式（2－10）得

$$-0.1=EI_X-0 \quad 得\ EI_X=-0.1.$$

所以 $X=50_{-0.1}^{-0.5}$ mm。

$T=-0.4$ 不成立，同样是由组成环的公差大造成的，故压缩组成环的公差，令 $A_1=10_{-0.02}^{0}$ mm，得 $X=50_{-0.1}^{-0.02}$ mm。

注：产品工序尺寸计算出现公差等于零或负公差，这种问题是由组成环的各公差之和大于或等于封闭环的公差造成的，若组成环的各公差之和等于封闭环的公差，则 $T=0$；若组成环的各公差之和大于封闭环的公差，则 $T<0$。此时应该对易于加工的尺寸进行公差压缩。

复习与思考题

2－1　什么是生产过程和工艺过程？

2－2　什么是工序、安装、工位及工步？如何区分加工的内容是否属于一道工序？试举例说明。

2－3　单件生产、成批生产、大量生产各有哪些工艺特征？

2－4　什么是机械加工工艺规程？常用的工艺文件有哪些形式？

2－5　常见的毛坯类型有哪些？各应用于什么场合？

2－6　什么是粗基准和精基准？选择粗基准、精基准时应遵循哪些原则？

2－7　拟定工艺路线时，应该考虑哪些方面的影响？

2－8　什么是工序集中和工序分散？工序集中的特点是什么？

2－9　切削加工时应该遵循的原则有哪些？

2－10　什么是加工余量？影响加工余量的因素有哪些？

2－11　加工如图 2－26 所示的外圆及键槽，其加工顺序为：车外圆至 $\phi26.4_{-0.083}^{0}$ mm→铣

键槽至尺寸 A→淬火→磨外圆至 $\phi26.4_{-0.021}^{\ 0}$ mm。磨外圆后应保证键槽设计尺寸为 $\phi21_{-0.16}^{\ 0}$ mm。试确定工序尺寸 A 及其公差。

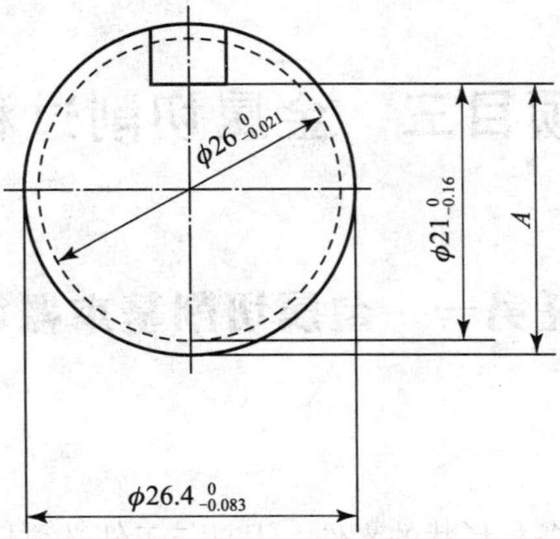

图 2－26　键槽加工工序尺寸计算

2－12　图 2－27 所示为一需要进行渗氮处理的衬套零件。该零件的孔加工顺序为：磨内孔至尺寸 $\phi144.76_{\ 0}^{+0.04}$ mm→渗氮处理→精磨内孔至尺寸 $\phi145_{\ 0}^{+0.04}$ mm，保证渗氮层厚度为 0.3～0.5mm。试确定热处理渗氮层厚度工序尺寸 A 及其公差。

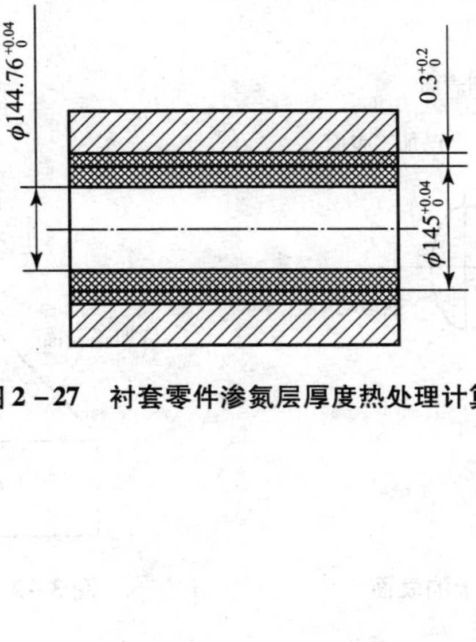

图 2－27　衬套零件渗氮层厚度热处理计算

项目三　金属切削过程

任务一　金属切削基本概念

一、切削运动

切削加工时，为了获得各种形状的零件，刀具与工件必须具有一定的相对运动，即切削运动，切削运动按其所起的作用可分为主运动和进给运动。

1. 主运动

由机床或人力提供的运动，它使刀具与工件之间产生主要的相对运动。主运动的特点是速度最高，消耗功率最大。车削时，主运动是工件的回转运动，如图 3－1 所示；牛头刨床刨削时，主运动是刀具的往复直线运动，如图 3－2 所示。

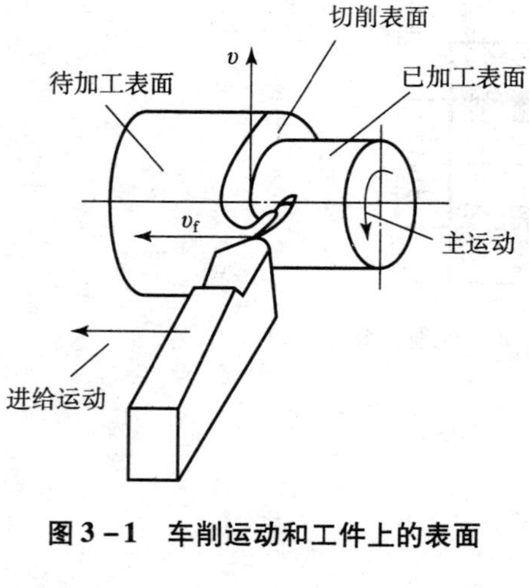

图 3－1　车削运动和工件上的表面

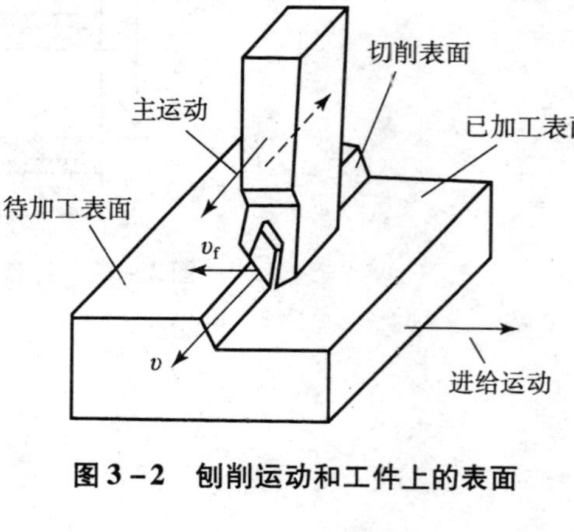

图 3－2　刨削运动和工件上的表面

2. 进给运动

由机床或人力提供的运动，它使刀具与工件间产生附加的相对运动，进给运动将使被切金属层不断地投入切削，以加工出具有所需几何特性的已加工表面。车削外圆时，进给运动是刀具的纵向运动；车削端面时，进给运动是刀具的横向运动。牛头刨床刨削时，进给运动是工作台的移动。

主运动的运动形式可以是旋转运动，也可以是直线运动；主运动可以由工件完成，也可以由刀具完成；主运动和进给运动可以同时进行，也可以间歇进行；主运动通常只有一个，而进给运动的数目可以有一个或几个。当主运动和进给运动同时进行时，切削刃上某一点相对于工件的运动为合成运动，常用合成速度向量 v_e 来表示，如图 3－3 所示。

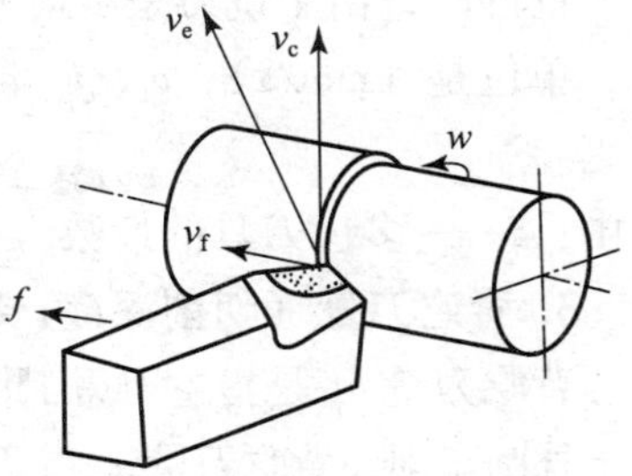

图 3－3　合成速度

二、工件表面

切削加工过程中，在切削运动的作用下，工件表面的一层金属不断地被切下来变为切屑，从而加工出所需要的新的表面。在新表面形成的过程中，工件上有三个依次变化着的表面，它们分别是待加工表面，切削表面和已加工表面，如图 3－1 和图 3－2 所示。

1. 待加工表面

待加工表面即将被切去金属层的表面。

2. 切削表面

切削表面即切削刃正在切削而形成的表面，又称加工表面或过渡表面。

3. 已加工表面

已经切去多余金属层而形成的新表面，为已加工表面。

三、切削用量

切削用量是用来表示切削加工中主运动和进给运动参数的量。切削用量包括切削速度、进给量、背吃刀量三个要素。

1. 切削速度 ν_c

在切削加工时，切削刃选定点相对于工件主运动的瞬时速度称为切削速度，它表示在单位时间内工件和刀具沿主运动方向相对移动的距离，单位为 m/min 或 m/s。

主运动为旋转运动时，切削速度 ν_c 计算公式为

$$\nu_c = \frac{\pi d n}{1\ 000} \text{（m/min 或 m/s）} \tag{3-1}$$

式中：d——工件直径（mm）

n——工件或刀具每分（秒）钟转数（r/min 或 r/s）。

主运动为往复运动时，平均切削速度为

$$\nu_c = \frac{2Ln_r}{1\ 000} \text{（m/min 或 m/s）} \tag{3-2}$$

式中：L——往复运动行程长度（mm）

n_r——主运动每分钟的往复次数（往复次数/min）。

2. 进给量 f

进给量是刀具在进给运动方向上相对工件的位移量，可用刀具或工件每转或每行程的位移量来表述或度量。车削时进给量的单位是 mm/r，即工件每转一圈，刀具沿进给运动方向移动的距离。刨削等主运动为往复直线运动，其间歇进给的进给量为 mm/双行程，即每个往复行程刀具与工件之间的相对横向移动距离。

单位时间的进给量，称为进给速度，车削时的进给速度 ν_f 计算公式为

$$\nu_f = n \cdot f \text{（mm/min 或 mm/s）}$$

铣削时，由于铣刀是多齿刀具，进给量单位除 mm/r 外，还规定了每齿进给量，用 a_f 表示，单位是（mm/z），v_f、f、a_f 三者之间的关系为

$$v_f = nf = na_f z \tag{3-3}$$

式中：z——多齿刀具的齿数。

3. 背吃刀量（切削深度）a_p

背吃刀量 a_p 是指主刀刃工作长度（在基面上的投影）沿垂直于进给运动方向上的投影值。对于外圆车削，背吃刀量 a_p 等于工件已加工表面和待加工表面之间的垂直距离，单位为 mm。即

$$a_p = \frac{d_w - d_m}{2} \tag{3-4}$$

式中：d_w——待加工表面直径；

d_m——已加工表面直径。

任务二　刀具几何角度

切削刀具种类很多，如车刀、刨刀、铣刀和钻头等。它们几何形状各异，复杂程度不等，但它们切削部分的结构和几何角度都具有许多共同的特征，其中车刀是最常用、最简单和最基本的切削工具，最具有代表性。其他刀具都可以看作是车刀的组合或变形（见图 3-4）。因此，研究金属切削工具时，通常以车刀为例进行研究和分析。

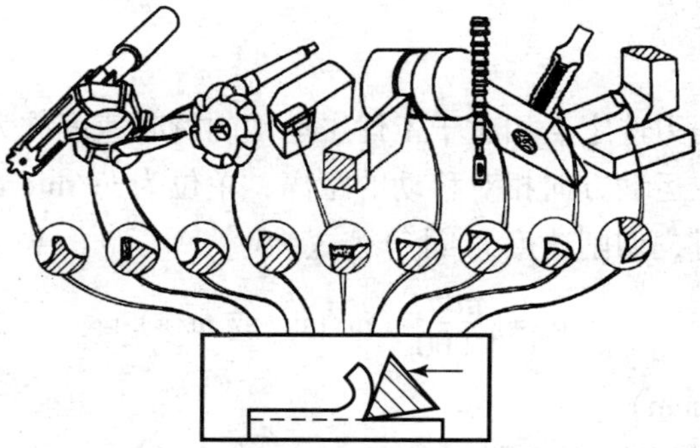

图 3-4　各种刀具切削部分的形状

一、车刀的组成

车刀由切削部分、刀柄两部分组成。切削部分承担切削加工任务，刀柄用以装夹在机床刀架上。切削部分由一些面、切削刃组成的。我们常用的外圆车刀由一个刀尖、两条切削刃、三个刀面组成，如图 3-5 所示。

1. 刀面

（1）前刀面：刀具上切屑流过的表面。

（2）后刀面：与工件上切削表面相对的刀面。

（3）副后刀面：与已加工表面相对的刀面。

2. 切削刃

（1）主切削刃：前刀面与后刀面的交线，承担主要的切削工作。

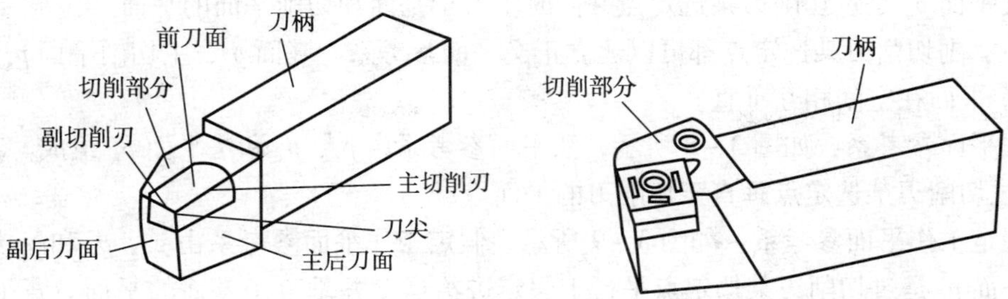

图 3－5　外圆车刀的组成

（2）副切削刃：前刀面与副后刀面的交线，承担少量的切削工作。

（3）刀尖是主、副切削刃相交的一点，实际上该点不可能磨得很尖，而是由一段折线或微小圆弧组成，微小圆弧的半径称为刀尖圆弧半径，用 r_ε 表示，如图 3－6 所示。

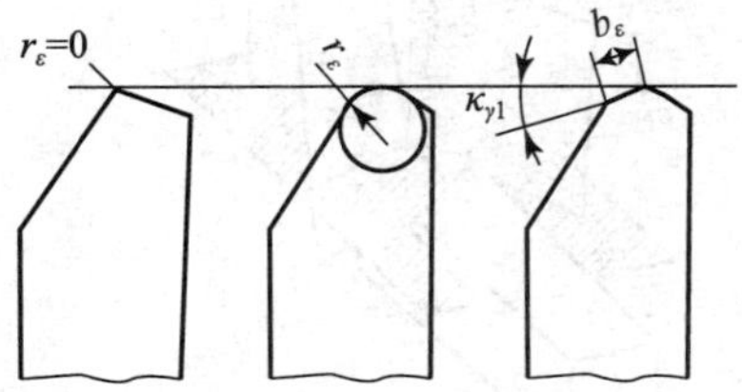

图 3－6　刀尖形状

二、刀具几何角度参考系

为了便于确定车刀上的几何角度，常选择某一参考系作为基准，通过测量刀面或切削刃相对于参考系坐标平面的角度值来反映它们的空间方位。

刀具几何角度参考系有两类，即刀具标注角度参考系和刀具工作角度参考系。

1. 刀具标注角度参考系

（1）假设条件。

刀具标注角度参考系是刀具设计时标注、刃磨和测量角度的基准，在此基准下定义的刀具角度称刀具标注角度。为了使参考系中的坐标平面与刃磨、测量基准面一致，特别规定了如下假设条件。

①假设运动条件：用主运动向量 v_c 近似地代替相对运动合成速度向量 v_e（即 $v_f=0$）。

②假设安装条件：规定刀杆中心线与进给运动方向垂直；刀尖与工件中心等高。

（2）刀具标注角度参考系种类。

根据 ISO3002/1—1997 标准推荐，刀具标注角度参考系有正交平面参考系、法平面参考系和假定工作平面参考系三种。

①正交平面参考系：如图 3－7 所示，正交平面参考系由以下三个平面组成。

基面 p_r 是过切削刃上某选定点平行或垂直于刀具在制造、刃磨及测量时适合于安装或定位的一个平面或轴线，车刀的基面都平行于它的底面。一般来说其方位要垂直于假定的主运动方向。

主切削平面 p_s 是过切削刃某选定点与主切削刃相切并垂直于基面的平面。

正交平面 p_o 是过切削刃某选定点并同时垂直于基面和切削平面的平面。

过主、副切削刃某选定点都可以建立正交平面参考系。基面 p_r、主切削平面 p_s、正交平面 p_o 三个平面在空间相互垂直。

②法平面参考系：如图 3－8 所示，法平面参考系由 p_r、p_s 和法平面 p_n 组成。其中法平面 p_n 是过切削刃某选定点垂直于切削刃的平面。

③假定工作平面参考系：如图 3－9 所示，假定工作平面参考系由 p_r、p_f 和 p_p 组成。假定工作平面 p_f 是过切削刃某选定点平行于假定进给运动并垂直于基面的平面。背平面 p_p 是过切削刃某选定点既垂直于假定进给运动又垂直于基面的平面。

刀具设计时标注、刃磨、测量角度最常用的是正交平面参考系。

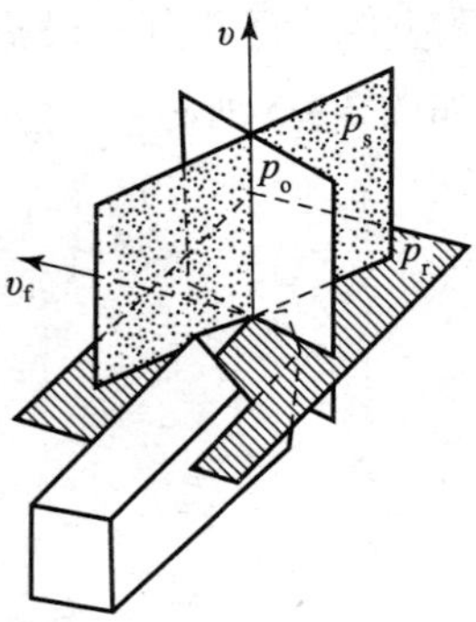

图 3－7　正交平面参考系

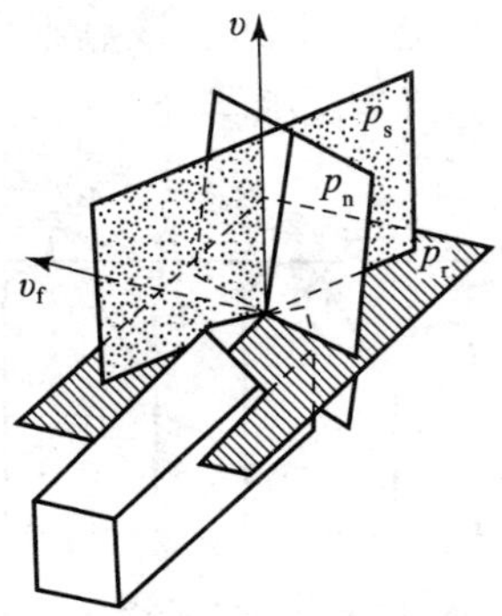

图 3－8　法平面参考系

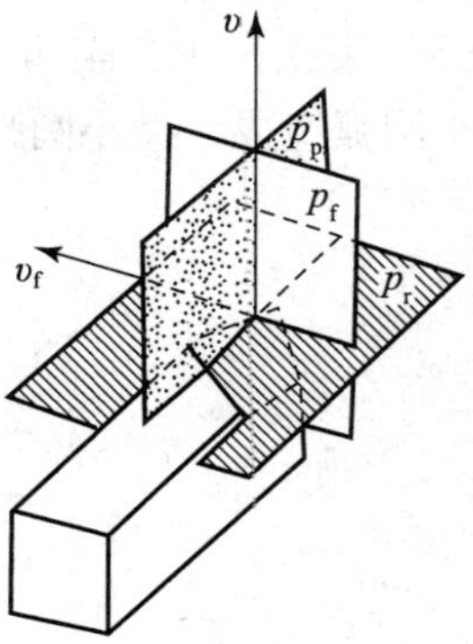

图 3－9　假定工作平面参考系

2. 刀具工作角度参考系

刀具工作角度参考系是刀具切削工作时角度的基准（不考虑假设条件），在此基准下定义的刀具角度称刀具工作角度。它同样有正交平面参考系、法平面参考系和假定工作平面参考系三种类型。

三、刀具标注角度定义

1. 在基面内测量的角度（见图 3－10）

（1）主偏角 κ_r：主切削刃与进给运动方向之间的夹角。

（2）副偏角 κ_r'：副切削刃与进给运动反方向之间的夹角。

（3）刀尖角 ε_r：主切削平面与副切削平面间的夹角。刀尖角的大小会影响刀具切削部分的强度和传热性能。它与主偏角和副偏角的关系为

$$\varepsilon_r = 180° - (\kappa_r + \kappa_r') \tag{3-5}$$

2. 在主切削刃正交平面内（$O-O$）测量的角度（见图 3－10）

（1）前角 γ_o：前刀面与基面间的夹角。当前刀面与基面平行时，前角为零。基面在前刀面以内，前角为负。基面在前刀面以外，前角为正。

（2）后角 α_o：后刀面与切削平面间的夹角。

（3）楔角 β_o：前刀面与后刀面间的夹角。

楔角的大小将影响切削部分截面的大小，决定着切削部分的强度，它与前角 γ_o 和后角 α_o 的关系为

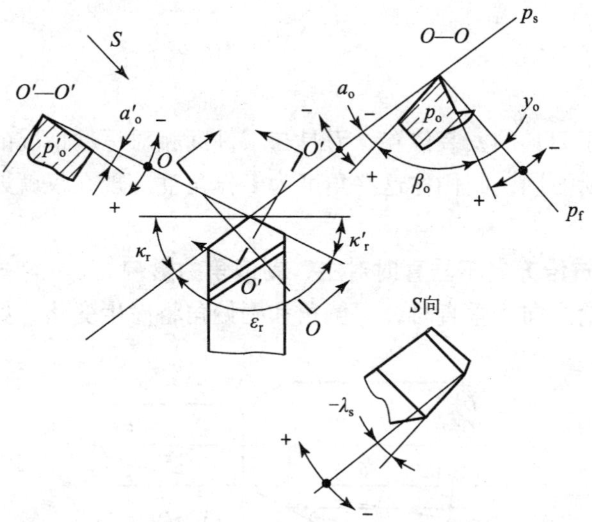

图 3-10　车刀的几何角度

$$\beta_o = 90° - (\gamma_o + \alpha_o) \tag{3-6}$$

3. 在切削平面内（*S* 向）测量的角度

刃倾角 λ_s 为主切削刃与基面间的夹角。刃倾角正负的规定如图 3-11 所示。刀尖处于最高点时，刃倾角为正；刀尖处于最低点时，刃倾角为负；切削刃平行于底面时，刃倾角为零。

$\lambda_s=0$ 的切削称为直角切削，此时主切削刃与切削速度方向垂直，切屑沿切削刃法向流出。$\lambda_s \neq 0$ 的切削称为斜角切削，此时主切削刃与切削速度方向不垂直，切屑的流向与切削刃法向倾斜了一个角度，如图 3-12 所示。

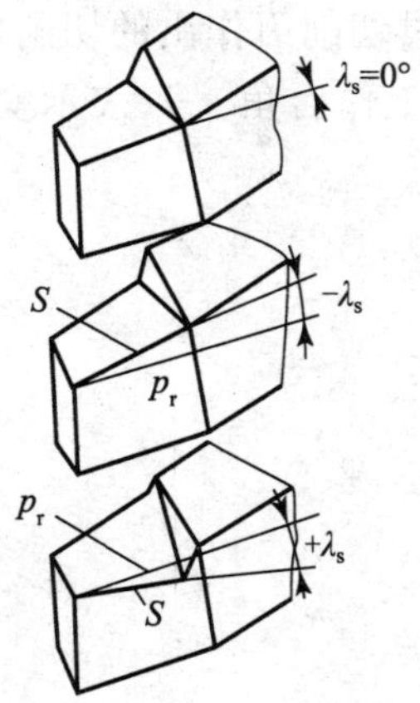

图 3-11　λ_s 的正负规定

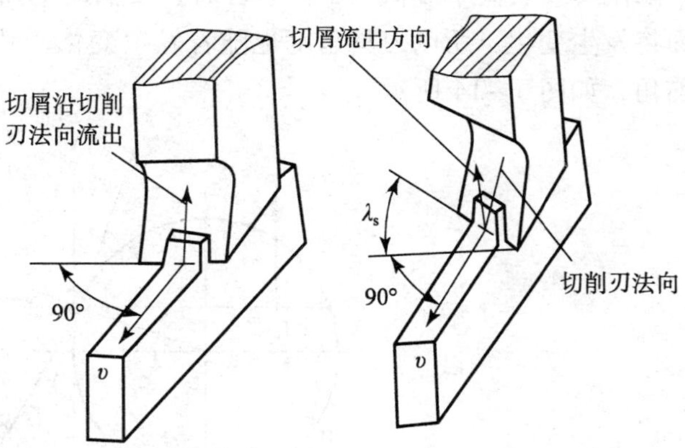

图 3-12　直角切削与斜角切削

4. 在副切削刃正交平面内（*O′*-*O′*）测量的角度（见图 3-10）

副后角 α'_o：副后刀面与副切削刃切削平面间的夹角。

上述的几何角度中，最常用的是前角（γ_o）、后角（α_o）、主偏角（κ_r）、刃倾角（λ_s）、副偏角（κ'_r）和副后角（α'_o），通常称之为基本角度，在刀具切削部分的几何角度中，上述基本角度能完整地表达出车刀切削部分的几何形状，反映出刀具的切削特点。

ε_r、β_o 为派生角度。

四、刀具工作角度

切削过程中，由于刀具的安装位置、刀具与工件间相对运动情况的变化，使实际起作用的角度与标注角度有所不同，我们称这些角度为工作角度。现在仅就刀具安装位置对角度的影响叙述如下。

1. 刀柄中心线与进给方向不垂直时对主、副偏角的影响

当车刀刀柄与进给方向不垂直时，主偏角和副偏角将发生变化，如图 3-13 所示。

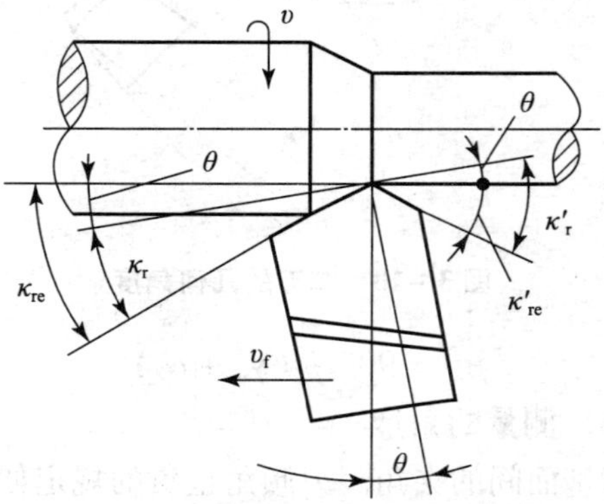

图 3-13　刀柄中心线与进给方向不垂直

$$\kappa_{re} = \kappa_r + \theta \tag{3-7}$$

$$\kappa'_{re} = \kappa'_r - \theta \tag{3-8}$$

2. 切削刃安装高于或低于工件中心时，对前角、后角的影响

切削刃安装高于或低于工件中心时，按辅助平面的定义，通过切削刃作出的切削平面、基面将发生变化，所以刀具角度也随着发生变化，其中，d_{oe} 表示工作后角，γ_{oe} 表示实际工作前角，如图 3-14 所示。

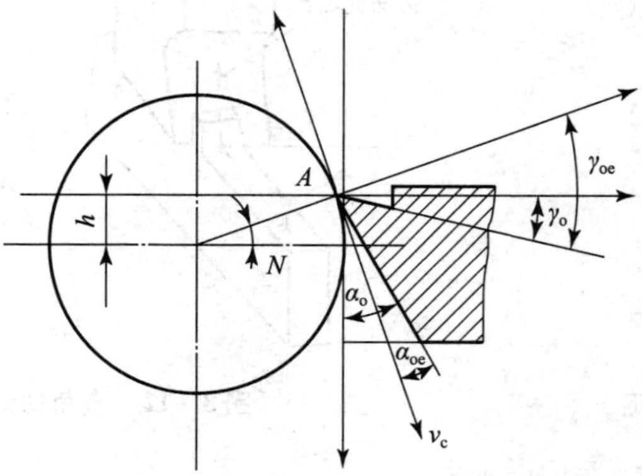

图 3-14　车刀安装高低对前角、后角的影响

五、切削层参数

切削层是刀具切削部分切过工件的一个单程所切除的工件材料层。切削层参数就是指这个切削层的截面尺寸。为了简化计算，切削层形状、尺寸规定在刀具的基面中度量，切削层的形状和尺寸将直接影响刀具切削部分所承受的负荷和切屑的尺寸大小。

如图 3-15 所示，车外圆时，当主、副切削刃为直线，且 $\lambda_s=0$，切削层就是车刀由位置Ⅰ移动到位置Ⅱ即一个 f 的距离时，刀具正在切削的那层金属层，可见，切削层的形状是平行四边形。

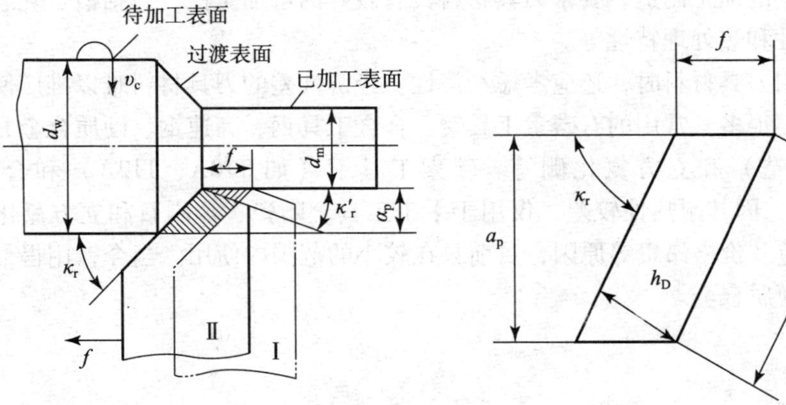

图 3-15　切削层参数

（1）切削层公称厚度 h_D：简称切削厚度，是垂直于切削表面度量的切削层尺寸。

$$h_D=f\sin\kappa_r \tag{3-9}$$

（2）切削层公称宽度 b_D：简称切削宽度，是沿切削表面度量的切削层尺寸。

$$b_D=a_p/\sin\kappa_r \tag{3-10}$$

（3）切削层公称横截面积 A_D。

$$A_D\doteq h_Db_D=fa_p \tag{3-11}$$

任务三　刀具材料

一、刀具材料应当具备的性能

在切削加工时，刀具切削部分与切屑、工件相互接触的表面上承受了很大的压力和强烈的摩擦，刀具在高温下进行切削的同时，还承受着切削力、冲击和振动，因此，要求刀具切削部分的材料应具备以下基本条件。

1. 高硬度

刀具材料必须具有高于工件材料的硬度，常温硬度应在 HRC60 以上。

2. 耐磨性

耐磨性表示刀具抵抗磨损的能力。通常刀具材料硬度越高，耐磨性越好；材料中硬质点的硬度越高，数量越多，颗粒越小，分布越均匀，则耐磨性越好。

3. 强度和韧性

为了承受切削力、冲击和振动，刀具材料应具有足够的强度和韧性。一般用抗弯强度（σ_b）、冲击韧性（σ_k）值表示。

4. 耐热性

刀具材料应在高温下保持较高的硬度、耐磨性、强度和韧性，并有良好的抗扩散、抗氧化的能力。这就是刀具材料的耐热性。它是衡量刀具材料综合切削性能的主要指标。

5. 工艺性

为了便于刀具的加工制造，要求刀具材料具有较好的可加工性，包括锻、轧、焊接、切削加工、可磨削性和热处理特性等。

此外，在选用刀具材料时，还应考虑经济性。经济性差的刀具材料难以推广使用。

刀具材料种类很多，常用的有碳素工具钢、合金工具钢、高速钢、硬质合金、陶瓷、金刚石（天然和人造）和立方氮化硼等。碳素工具钢（如 T10A、T12A）和合金工具钢（9SiCr、CrWMn），因其耐热性较差，仅用于手工工具。陶瓷、金刚石和立方氮化硼则由于性质脆、工艺性差及价格昂贵等原因，目前只在较小的范围内使用。当今，用得最多的刀具材料为高速钢和硬质合金。

二、高速钢

高速钢是一种加入钨（W）、钼（Mo）、铬（Cr）、钒（V）等合金元素的高合金工具钢。它的耐热性较碳素工具钢和一般合金工具钢显著提高，允许的切削速度比碳素工具钢和合金工具钢高两倍以上。高速钢具有较高的强度、韧性和耐磨性，耐热性为 540C° ~ 600C°。虽然高速钢的硬度和耐热性不如硬质合金，但由于用这种材料制作的刀具的刃口强度和韧性比硬质合金高，能承受较大的冲击载荷，能用于刚性较差的机床，而且这种刀具材料的工艺性能较好，容易磨出锋利的刃口，因此到目前为止，高速钢仍是应用较广泛的刀具材料，尤其是结构复杂的刀具，如成形车刀、铣刀、钻头、铰刀、拉刀、齿轮刀具、螺纹刀具等。

高速钢按其用途和性能可分为通用高速钢和高性能高速钢两类。

1. 通用高速钢

通用高速钢是指加工一般金属材料用的高速钢。按其化学成分可分为有钨系高速钢和钼系高速钢。

W18Cr4V 属于钨系高速钢，其淬火后的硬度为 63 ~ 66HRC，耐热性可达 620℃，抗弯强度 σ_b =3 430MPa。磨削性能好，热处理工艺控制方便，是我国高速钢中用得比较多的一个牌号。

W6Mo5Cr4V2 属于钼系高速钢，与 W18Cr4V 相比，它的抗弯强度、冲击韧度和高温塑性较高，故可制造热轧刀具，如麻花钻等。

2. 高性能高速钢

高性能高速钢是在通用高速钢中再加入一些合金元素，以进一步提高它的耐热性和耐磨性。这种高速钢的切削速度可达 50 ~ 100 m/min，具有比通用高速钢更高的生产率与刀具使用寿命；同时还能切削不锈钢，耐热钢、高强度钢等难加工的材料。

高钒高速钢（W12Cr4V4Mo）由于含钒（V）、碳（C）量的增加，提高了耐磨性，刀具寿命比通用高速钢可提高 2 ~ 4 倍，但是，随着钒质量分数的提高，磨削性能变差，刃磨困难。

高钴高速钢和高铝高速钢是近年来为了加工高温合金、钛合金、难熔合金、超高强度钢、奥氏体不锈钢等难加工材料而发展起来的。它们的常温硬度、高温硬度、耐热性和耐磨性都比通用高速钢 W18Cr4V 高，虽然它们的抗弯强度和冲击韧度比较低，但仍是一种综合性能较好的材料，可以用来制作各种刀具。其牌号有 W2Mo9Cr4VCo8、W6Mo5Cr4V2Al 等。

三、硬质合金

硬质合金是用粉末冶金法制造的合金材料，它是由硬度和熔点很高的碳化物（硬质相）和黏结金属（黏结相）组成。

硬质合金的硬度较高，常温下可达 74 ~ 81HRC，它的耐磨性较好，耐热性较高，能耐 800℃ ~ 1 000℃的高温，因此，能采用比高速钢高几倍甚至十几倍的切削速度；它的不足之处是抗弯强度和冲击韧度较高速钢低，刃口不能磨得像高速钢刀具那样锋利。

常用硬质合金按其化学成分和使用特性可分为四类：钨钴类（YG）、钨钛钴类（YT）、钨钛钽钴类（YW）和碳化钛基类（YN）。

1. 钨钴类硬质合金（GB/T 2075—1998 标准中 K 类）

它是由硬质相碳化钨 WC 和黏结剂钴组成的，其韧性、磨削性能和导热性好。主要适用于加工脆性材料，如铸铁、有色金属及非金属材料。这类硬质合金的常用牌号和应用范围见表 3－1，代号 YG 后的数值表示钴的含量，合金中含钴量越高，其韧性越好，适用于粗加工；含钴量少的，则适用于精加工。

表 3－1　硬质合金常用牌号和应用范围

<table>
<tr><th>牌号</th><th colspan="2">应用范围</th></tr>
<tr><td>YG3X</td><td rowspan="6">硬度、耐磨性、切削速度 ↑
抗弯强度、韧性、进给量 ↓</td><td>铸铁，有色金属及其合金的精加工、半精加工，不能承受冲击载荷</td></tr>
<tr><td>YG3</td><td>铸铁、有色金属及其合金的精加工、半精加工，不能承受冲击载荷</td></tr>
<tr><td>YG6X</td><td>普通铸铁、冷硬铸铁、高温合金的精加工、半精加工</td></tr>
<tr><td>YG6</td><td>铸铁、有色金属及其合金的半精加工和粗加工</td></tr>
<tr><td>YG8</td><td>铸铁、有色金属及其合金、非金属材料的粗加工，也可用于断续切削</td></tr>
<tr><td>YG6A</td><td>冷硬铸铁、有色金属及其合金的半精加工，亦可用于高锰钢、淬硬钢的半精加工和精加工</td></tr>
<tr><td>YT30</td><td rowspan="4">硬度、耐磨性、切削速度 ↑
抗弯强度、韧性、进给量 ↓</td><td>碳素钢、合金钢的精加工</td></tr>
<tr><td>YT15</td><td>碳素钢、合金钢在连续切削时的粗加工、半精加工，亦可用于断续切削时精加工</td></tr>
<tr><td>YT14</td><td>同 YT15</td></tr>
<tr><td>YT5</td><td>碳素钢、合金钢的粗加工，可用于断续切削</td></tr>
<tr><td>YW1</td><td rowspan="2">硬度、耐磨性、切削速度 ↑
抗弯强度、韧性、进给量 ↓</td><td>高温合金、高锰钢、不锈钢等难加工材料及普通钢料、铸铁、有色金属及其合金的半精加工和精加工</td></tr>
<tr><td>YW2</td><td>高温合金、不锈钢、高锰钢等难加工材料及普通钢料、铸铁、有色金属的粗加工和半精加工</td></tr>
</table>

2. 钨钛钴类硬质合金（GB/T 2075—1998 标准中 P 类）

它是由硬质相 WC、碳化钛和黏结剂钴组成的。在合金中加入碳化钛，提高了合金的硬度和耐磨性，但是抗弯强度、耐磨削性能和热导率有所下降；低温脆性较大，不耐冲击，因此，这类合金适用于高速切削一般钢材。钨钛钴类硬质合金的常用牌号和应用范围见表 3－1。代号 YT 后的数值表示碳化钛的含量，当刀具在切削过程中承受冲击、振动而容易引起崩刃时，应选用碳化钛含量少的牌号；而当切削条件比较平稳，要求强度和耐磨性较高时，应选用碳化钛含量多的刀具牌号。

3. 钨钛钽钴类硬质合金（GB/T 2075—1998 标准中 M 类）

在钨钛钴类硬质合金中加入适量的碳化钽（TaC）或碳化铌（NbC）稀有难熔金属碳化物，可提高合金的高温硬度、强度、耐磨性、黏结温度和抗氧化性，同时，其韧性也有所增加，具有较好的综合切削性能，所以常被人们称为“万能合金”。它的常用牌号和应用范围见表 3－1。但是，这类合金的价格比较贵，主要用于加工难切削材料。

4. 碳化钛基类硬质合金（GB/T 2075—1998 标准中 P01 类）

它是由碳化钛作为硬质相，镍、钼作为黏结剂而组成的，硬度高达 90～95HRA。有较高的耐磨性，在 1 000℃以上的高温下，它仍能进行切削加工，适合对较高硬度的合金钢、工具钢、淬硬钢等进行切削加工。

随着科学技术的发展，新的工程材料不断出现，对刀具材料的要求也不断提高，在进行切削加工时，我们必须根据具体情况综合考虑，合理地选择刀具材料，既要充分发挥刀具材料的特性，又要较经济地满足切削加工的要求。值得一提的是，在加工一般材料时，仍以使用通用高速钢与硬质合金为宜，当加工难切削材料时，才有必要选用新牌号硬质合金或高性能高速钢。

任务四　金属切削过程

金属切削过程是指工件上一层多余的金属被刀具切除的过程和已加工表面的形成过程。在这个过程中始终存在着刀具与工件（金属材料）之间切削和抗切削的矛盾，并产生一系列重要现象，如形成切屑、切削力、切削热与切削温度及刀具的磨损等。研究金属切削过程中这些现象的基本理论和基本规律，对提高金属切削加工的生产率和工件表面的加工质量、减少刀具的损耗关系极大。

在对金属切削过程进行实验研究时，常用的切削模型是直角自由切削，所谓自由切削就是只有一个直线切削刃参加切削，如图 3－16 所示。

一、切屑的形成过程

实验研究表明，金属切削与非金属切削不同，金属切削的特点是被切金属层在刀具的挤压、摩擦作用下产生变形以后转变为切屑和形成已加工表面。

图 3－17 是根据金属切削实验绘制的金属切削过程中的变形滑移线和流线，由图可见，工件上的被切削层在刀具的挤压作用下，沿切削刃附近的金属首先产生弹性变形，接着由剪应力引起的应力达到金属材料的屈服极限以后，切削层金属便沿倾斜的剪切面变形区示意图滑移，产生塑性变形，然后在沿前刀面流出去的过程中，受摩擦力作用再次发生滑移变形，

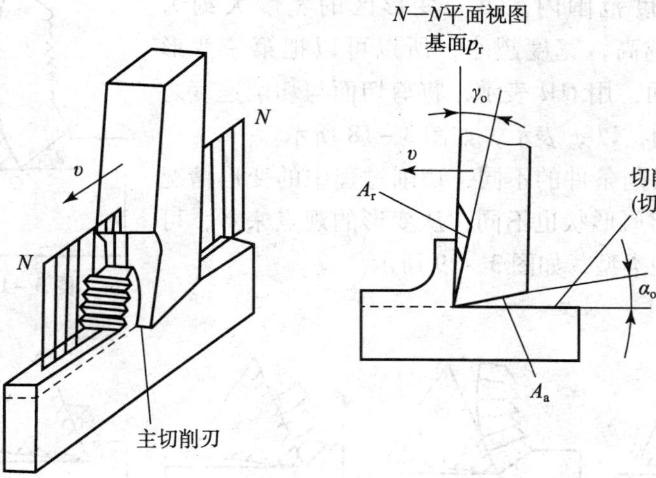

图3-16　直角自由切削模型

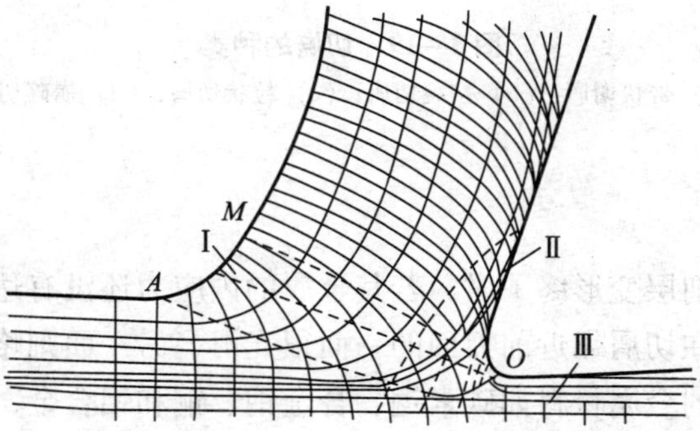

图3-17　金属切削过程中的滑移线和流线及三个变形区

最后形成切屑。为进一步分析切削层变形的规律，通常把被切削刃作用的金属层划分为三个变形区。第Ⅰ变形区位于切削刃和前刀面的前方，面积是三个变形区中最大的，为主变形区；第Ⅱ变形区是与前刀面相接触的附近区域，切屑沿前刀面流出时，受到前刀面的挤压和摩擦，靠近前刀面的切屑底层会进一步发生变形；第Ⅲ变形区是已加工表面靠近切削刃处的区域，这一区域金属受到切削刃钝圆部分和后刀面的挤压、摩擦与回弹，发生变形造成加工硬化。

这三个变形区既各具特点，又相互联系、相互影响。同时，这三个变形区都处于切削刃的直接作用下，是应力集中且变形比较复杂的区域。下面分别讨论。

二、第Ⅰ变形区

这一区域是由靠近切削刃的 *OA* 线处开始发生塑性变形，到 *OM* 线处剪切滑移变形基本完成，是形成切屑的主要变形区。*OM* 称为终剪切线或终滑移线，而 *OA* 称为始剪切线或始滑移线，从 *OA* 到 *OM* 的整个第一变形区内，其变形的主要特征就是被切金属层在刀具前刀面和切削刃的作用下，沿滑移线的剪切变形，以及随之产生的加工硬化。

在一般的切削速度范围内，第一变形区的宽度大约为0.02～0.2mm，速度越高，宽度越小，所以可以把第一变形区近似看作一个剪切面，用 *OM* 表示，将剪切面与切削速度之间的夹角定义为剪切角，以 φ 表示，如图3－18所示。

由于工件材料和切削条件的不同，切削过程中的变形情况也不同，因而产生的切屑形状也不同，从变形的观点来看，可将切屑的形状分为四种类型，如图3－19所示。

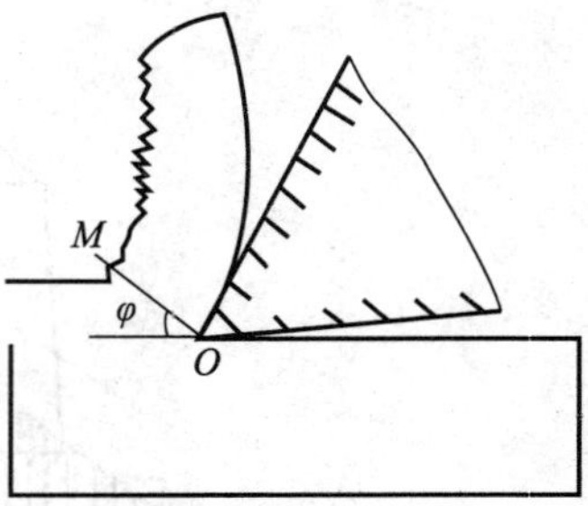

图3－18　剪切角

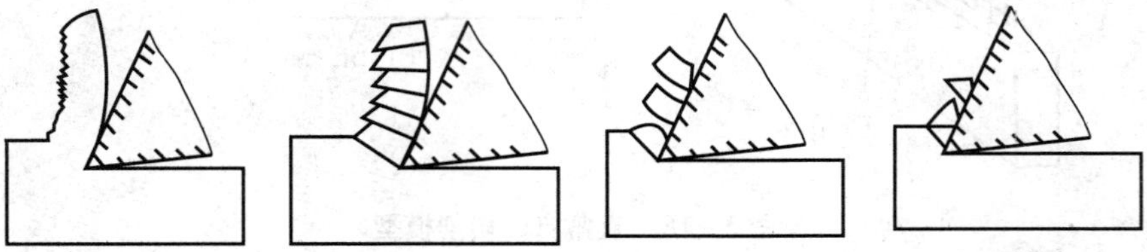

图3－19　切屑的种类

(a) 带状切屑；(b) 挤裂切屑；(c) 粒状切屑；(d) 崩碎切屑

1. 切屑的类型

(1) 带状切屑。

在切削过程中，切削层变形终了时，若其金属的内应力还没有达到强度极限，那么就会形成连绵不断的切屑，在切屑靠近前刀面的一面很光滑，另一面则略呈毛茸状，这就是带状切屑。当切削塑性较大的金属材料如碳素钢、合金钢、铜和铝合金，或刀具前角较大、切削速度较高时，经常会出现这类切屑。

(2) 挤裂切屑（又称节状切屑）。

在切屑形成过程中，若变形较大，其剪切面上局部所受到的剪应力达到材料的强度极限时，剪切面上的局部材料就会破裂成节状，但其与前刀面接触的一面常因互相连接而未被折断，这就是挤裂切屑。工件材料塑性差或用较大进给量低速切削钢材时，较容易得到这类切屑。

(3) 粒状切屑（又称单元切屑）。

在切屑形成过程中，若其整个剪切面上所受到的剪应力均超过材料的破裂强度，则切屑就成为粒状切屑，形状似梯形。

(4) 崩碎切屑。

切削铸铁、黄铜等脆性材料时，切削层几乎不经过塑性变形阶段就产生崩裂，得到的切屑呈现不规则的粒状，工件加工后的表面也极为粗糙。

前三种切屑是切削塑性金属时得到的。其中形成带状切屑时切削过程最平稳，切削力波动较小，已加工表面粗糙度较小，但带状切屑不易折断，常缠在工件上，损坏已加工表面，影响生产，甚至伤人。因此，要采取断屑措施，如在前刀面上磨出卷屑槽等。形成粒状切屑时，切削力波动最大。在生产中一般常见的是带状切屑，当进给量增大，切削速度降低，则可由带状切屑转化为挤裂切屑。在形成挤裂切屑的情况下，如果进一步减小前角，或加大进给量，降低切削速度，就可以得到粒状切屑；反之，如果加大前角，减小进给量，提高切削速度，变形较小，则可得到带状切屑。这说明切屑的形态是可以随切削条件的改变而转化的。

2. 变形系数

在切削过程中，变形量大小的计算很复杂，所以在研究切削变形规律时，通常用剪应变 ε_r 或变形系数 Λ_h 来衡量切削变形的程度，剪应变是指切削层在剪切面上的滑移量；变形系数 Λ_h 是根据在金属切削中，刀具切下的切屑厚度（h_{Dh}）通常大于工件切削层的厚度（h_D），而切屑长度（L_{Dh}）却小于切削层长度（L_D）（宽度基本不变）这一事实来衡量切削变形程度，如图 3-20 所示。由于工件上切削层变成切屑后宽度的变化很小，根据体积不变原理，变形系数 Λ_h 可用下式表示：

$$\Lambda_h = \frac{L_D}{L_{Dh}} = \frac{h_{Dh}}{h_D} \tag{3-12}$$

式中：L_D——切削层的长度；

L_{Dh}——切屑的长度；

h_{Dh}——切屑的厚度；

h_D——切削层的厚度。

在一定条件下，变形系数 Λ_h 值的大小能直观地反映切屑的变形程度，且测量方便，Λ_h 值越大，表示切屑越厚越短，切屑变形就越大；否则反之。参照图 3-21，可以推导出变形系数的计算公式：

$$\Lambda_h = \frac{\cos(\varphi - \gamma_o)}{\sin\varphi} \tag{3-13}$$

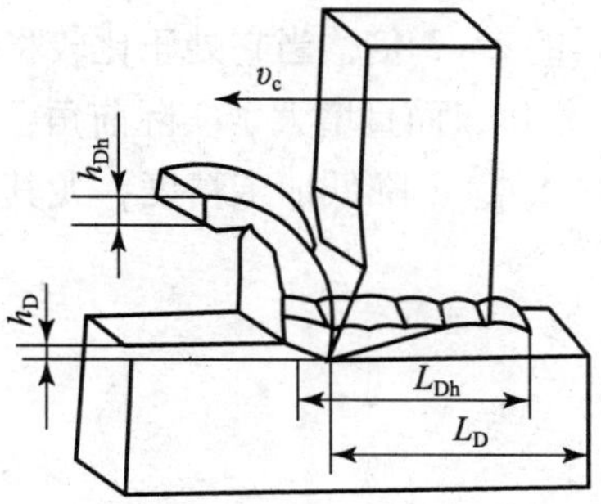

图 3-20　切削变形程度

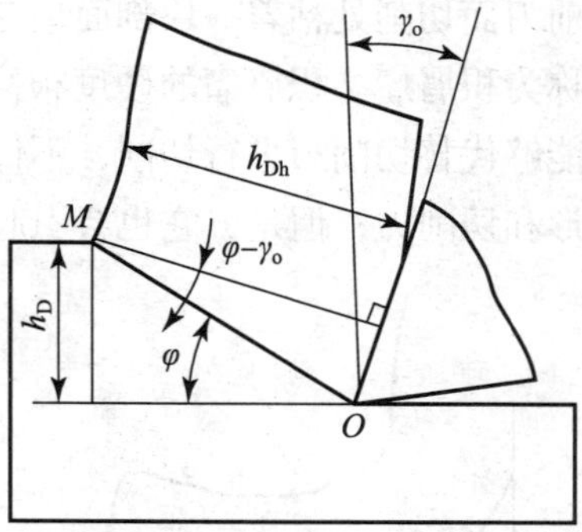

图 3-21　切削变形程度的表现

由此可见，影响切削变形的主要因素是前角 γ_o 和剪切角 φ。剪切角 φ 减小，切屑就变厚、变短，变形系数 Λ_h 增大。剪切角 φ 增大，变形系数 Λ_h 减小。

根据纯剪切理论，可以推导出剪切角的计算公式：

$$\varphi = \frac{\pi}{4} - \beta + \gamma_o \tag{3-14}$$

式中：β——前刀面与切屑底层的摩擦角。

由计算公式可知，当前角 γ_o 增大时，φ 随之增大，变形减小。可见在保证切削刃强度的前提下，增大刀具前角对改善切削过程有利；当摩擦角 β 增加时，φ 随之减小，变形增大。所以，采用优质切削液减小前刀面上的摩擦系数是很重要的。

三、第Ⅱ变形区

切削层金属经过终滑移线 OM 形成切屑沿前刀面流出时，切屑底层仍受到刀具的挤压和接触面之间强烈的摩擦，并继续以剪切滑移为主的方式变形，其切屑底层的变形程度比切屑上层剧烈，从而使切屑底层晶粒弯曲拉长，在摩擦阻力的作用下，这部分切屑流动速度减慢，称为滞流层。

1. 摩擦系数

在金属切削过程中，刀具前刀面和切屑底层之间存在着很大的压力，可达 2～3GPa，切削液不易流入接触界面，再加上几百摄氏度的高温，切屑底层又总是以新生表面与前刀面接触，从而使刀具和切屑接触面间产生黏结，使该处的摩擦情况与一般的滑动摩擦不同。如图 3－22 所示，在刀具和切屑接触面上正应力的分布是不均匀的：切削刃处的最大，随着切屑沿前刀面的流出正应力逐渐减小，在刀具和切屑分离处正应力为零。切应力在 l_{f1} 内保持为一定值，等于工件材料的剪切屈服强度；在 l_{f2} 内逐渐减小，至刀具和切屑分离时为零。在正应力较大的一段长度 l_{f1} 上，切屑底部与前刀面发生黏结现象，在黏结情况下，切屑与前刀面之间的摩擦已不是一般的外摩擦，而是切屑和刀具黏结层与其上层金属之间的内摩擦。这种内摩擦实际就是金属内部的剪切滑移，它与材料的剪切屈服强度和接触面的大小有关。此后切屑沿前刀面继续流出时，离切削刃越远，正应力就越小，切削温度也随之降低，使切削层金属的塑性变形减小，刀具和切屑间实际接触面积减小，直到进入 l_{f2} 内，摩擦性质转变为滑动摩擦。

2. 积屑瘤

在切削速度不高而又能形成连续性切屑的情况下，加工一般钢料或其他塑性材料时，常常在刀具前刀面切削处粘着一块剖面呈三角状的硬块，如图 3－23 所示，这块冷焊在前刀面上的金属就称为积屑瘤。积屑瘤的硬度很高，通常是工件材料的 2～3 倍，当它处于比较稳定的状态时，能够代替切削刃进行切削，不仅起到了保护刀具的作用，而且增大了实际前角，可减少切屑变形和切削力；但是，它也会引起过量切削（图中的 Δh_D），降低加工精度，尤其是当积

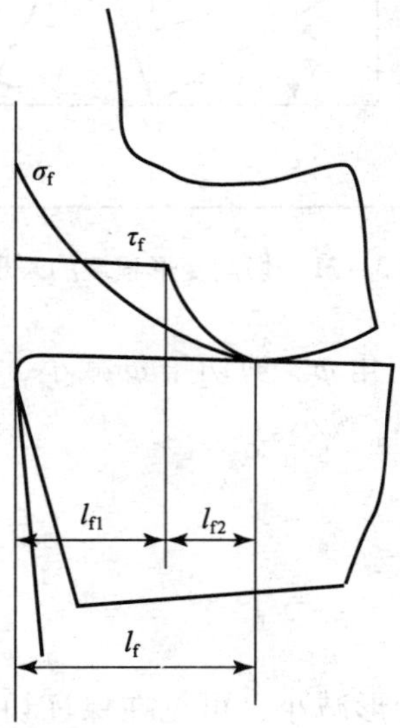

图 3－22　前刀面上的摩擦情况

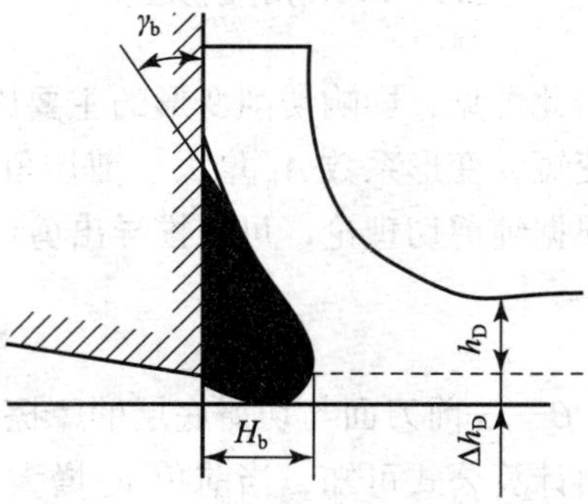

图 3－23　积屑瘤

屑瘤脱落时，其残片会黏附在已加工表面上恶化表面粗糙度，而如果残片黏附在切屑底层则会划伤刀具表面。因此，在粗加工时可以利用积屑瘤的有利之处，精加工时则应避免产生积屑瘤。

积屑瘤形成的原因是：在温度达到一定时，在刀、屑接触长度 l_f 的 l_{f1} 接触区间上，当切屑底层材料中的剪应力超过材料的剪切屈服强度，滞流层中流动速度为零的切削层就被剪切断裂黏结在前刀面上，由于黏结作用，使得切屑底层的晶粒纤维化程度很高，几乎和前刀面平行，由于这层金属因经受强烈的剪切滑移作用而产生加工硬化，所以它能代替切削刃继续剪切较软的金属层，这样依次逐层堆积，高度逐渐增大就形成了积屑瘤。长高的积屑瘤在外力或振动作用下会发生局部的破裂和脱落，继而重复生长与脱落过程。

影响积屑瘤产生的主要因素是工件材料和切削速度。工件材料塑性越好，越易生成积屑瘤；实践证明，切削速度很高或很低时，很少生成积屑瘤，只有在某一速度范围内，积屑瘤才容易生成。此外，增大刀具前角、改善前刀面的表面粗糙度、使用合适的切削液，都可减少或避免积屑瘤生成。

四、第Ⅲ变形区

第Ⅲ变形区在刀具后刀面和已加工表面接触的区域上。

前面在分析第Ⅰ、第Ⅱ两个变形区的情况时，都假设刀具的切削刃是绝对锋利的，而实际上任何刀具的切削刃口都很难磨得绝对锋利，可认为切削刃具有一个钝圆半径 r_n。刀具磨损时，钝圆半径 r_n 将增大，而且在刀具开始切削后不久，后刀面就会产生磨损，形成一段 $\alpha_{oe}=0°$ 的棱带 VB，因此研究已加工表面的形成过程时，必须考虑切削刃钝圆半径 r_n 及后刀面磨损棱带 VB 的作用。已加工表面的形成过程如图 3－24 所示。

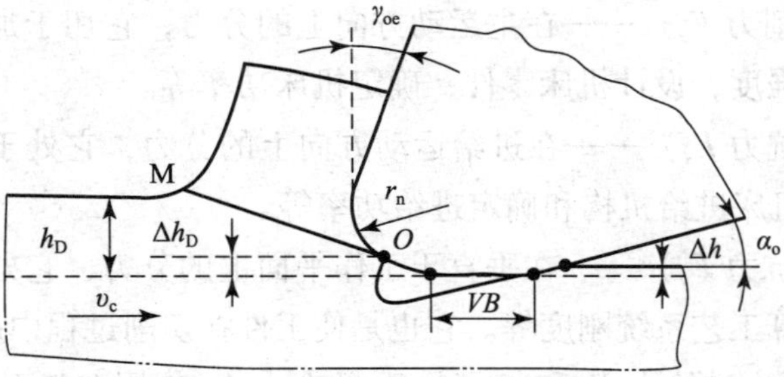

图 3－24　已加工表面的形成

当切削层金属以速度 v 逐渐接近切削刃时，切削层金属发生压缩与剪切变形，切削刃附近的切削层晶粒更为伸长，成为包围在切削刃周围的纤维层，最后在 O 点断裂，O 点以上部分金属成为切屑沿前刀面流出，O 点以下部分金属经过切削刃留在已加工表面上，该部分金属经过切削刃钝圆部分的作用，又受到后刀面磨损棱带 VB 的挤压和摩擦后沿刀具后面流出，这样已加工表面就会产生变形，使金属晶粒被拉伸得更长更细，因其纤维方向平行于已加工表面，从而使表层的金属具有和基本组织不同的性质，所以称之为加工变质层。其表面粗糙度及内部应力、金相组织决定了已加工表面的质量。

任务五　切削力

金属切削时，刀具切入工件使被切金属层发生变形成为切屑所需要的力称为切削力。研究切削力对刀具、机床、夹具的设计和使用都具有很重要的意义。

一、切削力的来源、合力及其分力

金属切削时，力来源于两个方面：其一是克服在切屑形成过程中工件材料对弹性变形和塑性变形的变形抗力；其二是克服切屑与前刀面和后刀面的摩擦阻力。变形力和摩擦力形成了作用在刀具上的合力 F。在切削时，合力 F 作用在切削刃空间的某个方向，由于大小与方向都不易确定，因此为了便于测量、计算和反映实际作用的需要，常将合力 F 分解为互相垂直的 F_c、F_f 和 F_p 三个分力，如图 3－25 所示。

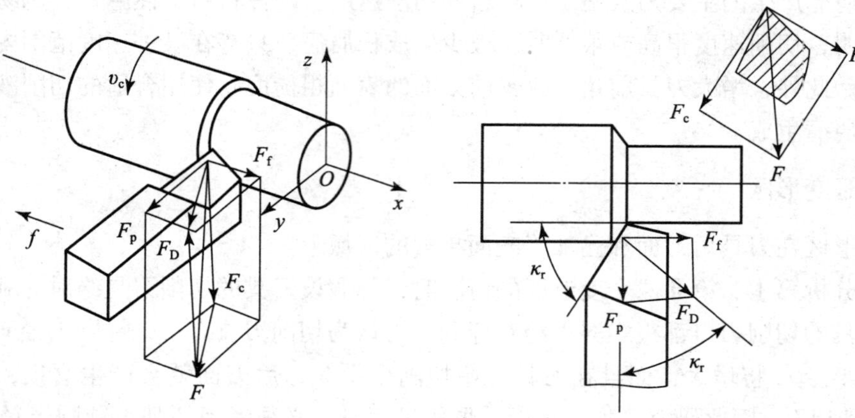

图 3－25　切削合力及其分力

切削力 F_c（主切削力 F_z）——在主运动方向上的分力，它切于加工表面，并与基面垂直。F_c 用于计算刀具强度，设计机床零件，确定机床功率等。

进给力 F_f（进给抗力 F_x）——在进给运动方向上的分力，它处于基面内，并与进给方向相反。F_f 用于设计机床进给机构和确定进给功率等。

背向力 F_p（切深抗力 F_y）——在垂直于工作平面上的分力，它处于基面内，并垂直于进给方向。F_p 用来计算工艺系统刚度等。它也是使工件在切削过程中产生振动的力。

由图 3－25 可以看出进给力 F_f 和背向力 F_p 的合力 F_D 作用在基面上且垂直于主切削刃。F、F_D、F_f、F_p 之间的关系：

$$F = \sqrt{F_c^2 + F_D^2} = \sqrt{F_c^2 + F_f^2 + F_p^2} \qquad (3-15)$$

$$F_f = F_D \sin\kappa_\gamma \quad F_p = F_D \cos\kappa_\gamma \qquad (3-16)$$

二、切削功率的计算

在切削加工过程中，所需的切削功率 P_c 可以按下式计算：

$$P_c = 10^{-3}\left(F_c v_c + \frac{F_f v_f}{1\,000}\right)(\mathrm{kW}) \qquad (3-17)$$

式中：F_c，F_f——主切削力和进给力（N）；

v_c——切削速度（m/s）；

v_f——进给速度（mm/s）。

一般情况下，F_f 小于 F_c，且 F_f 方向的速度很小，因此 F_f 所消耗的功率远小于 F_c，可以忽略不计。切削功率计算式可简化为

$$P_c = 10^{-3} F_c v_c (\text{kW}) \tag{3-18}$$

根据上式求出切削功率，可按下式计算机床电动机功率 P_E：

$$P_E = \frac{P_c}{\eta_c} \tag{3-19}$$

式中：η_c——机床传动效率，一般取 $\eta_c = 0.75 \sim 0.85$。

三、影响切削力的主要因素

1. 工件材料

工件材料的强度、硬度越高，剪切屈服强度 τ_s 越高，切削时产生的切削力越大。例如，加工 60 钢的切削力 F_c 比 45 钢增大 4%，加工 35 钢的切削力 F_c 比 45 钢减小 13%。

工件材料的塑性、冲击韧度越高，切削变形越大，从而切屑与刀具间摩擦增加，则切削力越大。例如，不锈钢 1Cr18Ni9Ti 的延伸率是 45 钢的 4 倍，所以切削时变形大，切屑不易折断，加工硬化严重，产生的切削力比 45 钢增大 25%。加工脆性材料时，因塑性变形小，切屑与刀具间摩擦小，故切削力较小。

2. 刀具几何参数

前角 γ_o 增大，切削变形减小，故切削力减小。主偏角 κ_r 对切削力 F_c 的影响较小，而对进给力 F_f 和背向力 F_p 影响较大，由图 3-26 可知当主偏角增大时，F_f 增大，F_p 减小。

实践证明，刃倾角 λ_s 在很大范围（$-40° \sim 40°$）内变化时，对 F_c 没有什么影响，但 λ_s 增大时，F_f 增大，F_p 减小。

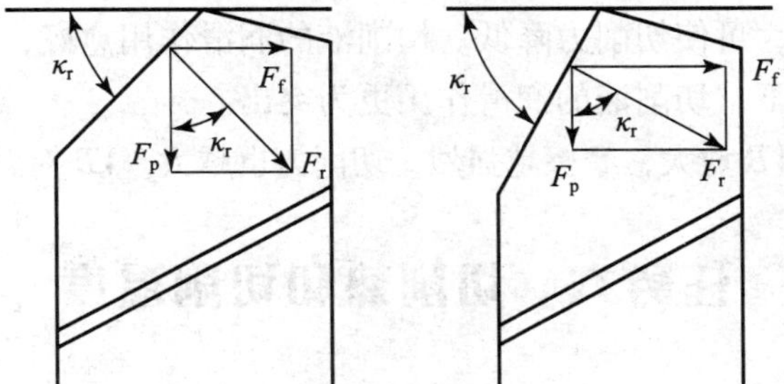

图 3-26　主偏角对 F_f 和 F_p 的影响

3. 切削用量

切削用量对切削力的影响较大，背吃刀量和进给量增加时，使切削面积 A_D 成正比增加，变形抗力和摩擦力加大，因而切削力随之增大。当背吃刀量增大一倍时，切削力近似成正比增加，进给量 f 增大一倍时，切削面积 A_D 也成正比增加，但变形程度减小，使切削层单位面积切削力减小，因而切削力只增大 70% ~80%。

切削塑性材料时，切削速度对切削力的影响分为有积屑瘤阶段和无积屑瘤阶段两种情况。如图 3-27 所示，在低速范围内，随着切削速度的增加，积屑瘤逐渐变大，刀具实际前

角增大，使切削力逐渐减小。在中速范围内，积屑瘤逐渐减小并消失，使切削力逐渐增至最大。在高速阶段，由于切削温度升高，摩擦力逐渐减小，从而使切削力得到稳定的降低。

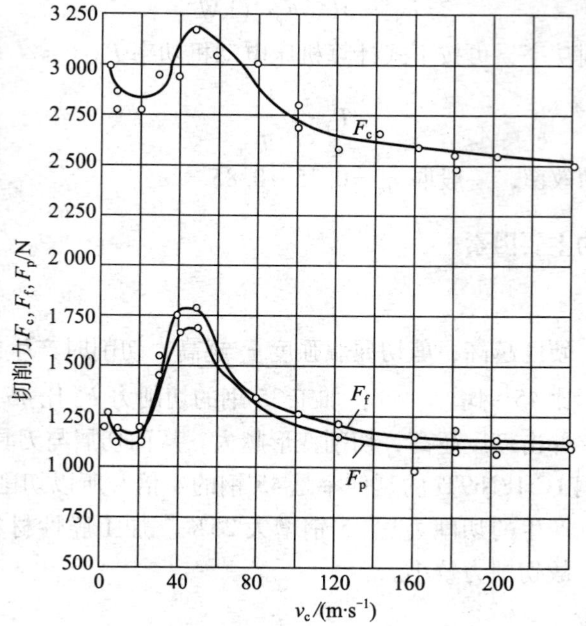

图 3－27　切削速度对切削力的影响

4. 其他因素

刀具材料与工件材料之间的摩擦系数μ会直接影响切削力的大小。一般按立方碳化硼刀具、陶瓷刀具、涂层刀具、硬质合金刀具、高速钢刀具的顺序，切削力依次增大。

切削液有润滑作用，可使切削力降低。切削液的润滑作用愈好，切削力的降低作用愈显著。在较低的切削速度下，切削液的润滑作用更为突出。

刀具后刀面磨损带 *VB* 愈大，摩擦越强烈，切削力也越大。*VB* 对背向力的影响最为显著。

任务六　切削热和切削温度

切削热是切削过程的重要物理现象之一。切削温度影响工件材料的性能、前刀面上的摩擦系数和切削力的大小；影响刀具磨损和刀具寿命；影响积屑瘤的产生和加工表面质量；也影响工艺系统的热变形和加工精度。因此，研究切削热和切削温度具有重要的实际意义。

一、切削热的产生和传出

切削过程中所消耗的能量有 98% ~99% 转换为热能，因此，可以近似地认为单位时间内所产生的切削热为

$$Q = F_c v_c \text{(J/s)} \tag{3-20}$$

式中：Q——单位时间内产生的切削热（J/s）。

切削区域产生的切削热，在切削过程中分别由切屑、工件、刀具和周围介质向外传导出去。例如，在空气冷却条件下车削时，切削热 50% ~86% 由切屑带走，40% ~10% 传入工

件，9% ~3% 传入刀具，1% 左右通过辐射传入空气。

切削温度是指前刀面与切屑接触区内的平均温度，它是由切削热的产生与传出的平衡条件所决定的。产生的切削热愈多，传出得愈慢，切削温度愈高。反之，切削温度就愈低。凡是增大切削力和切削功率的因素都会使切削温度上升，而有利于切削热传出的因素都会降低切削温度。

二、切削温度的分布

在切削过程中，切屑、刀具和工件上不同部位的切削温度分布是不均匀的，如图 3 – 28 所示。在前刀面和后刀面上，最高温度点都不在切削刃上，而是在离切削刃有一定距离的地方。这是摩擦热沿前刀面不断增加的缘故。在靠近前刀面的切屑底层上，温度变化很大，说明前刀面上的摩擦热集中在切屑底层。在已加工表面上，较高温度仅存在切削刃附近的一个很小的范围，说明温度的升降是在极短的时间内完成的。

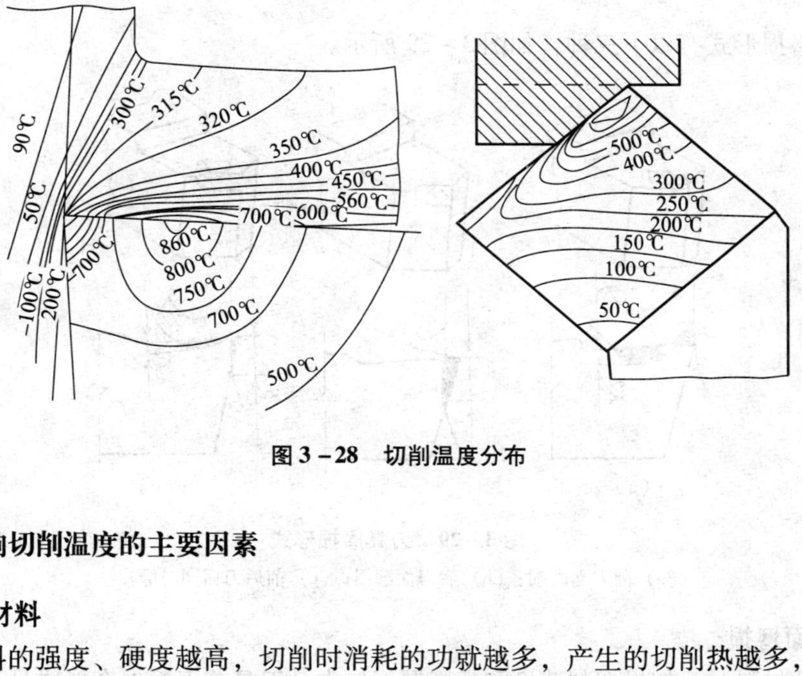

图 3 – 28 切削温度分布

三、影响切削温度的主要因素

1. 工件材料

工件材料的强度、硬度越高，切削时消耗的功就越多，产生的切削热越多，切削温度就越高。工件材料的热导率愈大，通过切屑和工件传出的热量越多，切削温度下降得越快。

2. 刀具几何参数

前角增大，切削层变形小，产生的热量少，切削温度降低；但过大的前角会减少散热体积，当前角大于 20° ~25°时，前角对切削温度的影响减小。

主偏角减小，使切削宽度增大，散热面积增加，切削温度下降。

3. 切削用量

对切削温度影响最大的切削用量是切削速度 v_c，其次是进给量 f，而背吃刀量 a_p 的影响最小，这是因为当切削速度 v_c 增加时，单位时间内参与变形的金属量增加而使消耗的功率增大，提高了切削温度；当 f 增加时，切屑变厚，由切屑带走的热量增多，故切削温度上升不甚明显；当 a_p 增加时，产生的热量和散热面积同时增大，故对切削温度的影响也小。

4. 其他因素

刀具后刀面磨损量增大时，会加剧刀具与工件间的摩擦，使切削温度升高，另外切削速度越高，刀具磨损对切削温度的影响就越显著。

浇注切削液对降低切削温度、减少刀具磨损和提高已加工表面质量有明显的效果。切削液的润滑作用可以减少摩擦，减小切削热的产生。

任务七　刀具磨损和刀具寿命

进行金属切削加工时，刀具一方面将切屑切离工件，另一方面自身也要发生磨损或破损。磨损是连续的、逐渐的发展过程；而破损一般是随机的、突发的破坏（包括脆性破损和塑性破损）。这里仅分析刀具的磨损。

一、刀具的磨损形式

刀具的磨损形式有以下三种，如图 3－29 所示。

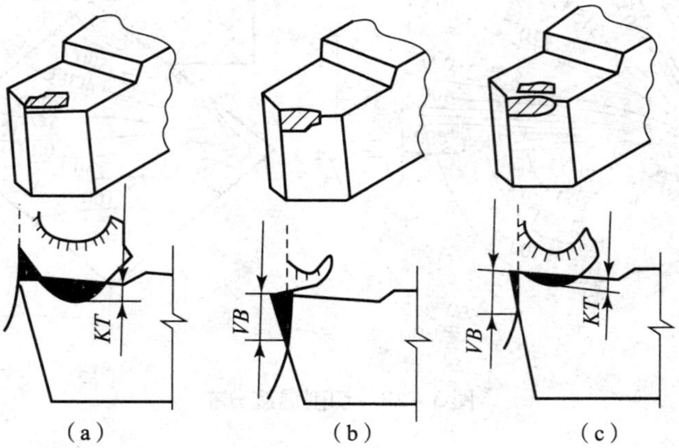

图 3－29　刀具磨损形式

(a) 前刀面磨损；(b) 后刀面磨损；(c) 前后刀面同时磨损

1. 前刀面磨损

切削塑性材料时，如果切削速度和切削厚度较大，刀具前刀面上会形成月牙洼磨损。它是以切削温度最高点的位置为中心开始发生，然后逐渐向前向后扩展，深度不断增加。当月牙洼发展到其前缘与切削刃之间的棱边变得很窄时，切削刃强度降低，容易导致切削刃破损。前刀面月牙洼磨损值以其最大深度 *KT* 表示。

2. 后刀面磨损

后刀面与工件表面实际上接触面积很小，所以接触压力很大，存在着弹性和塑性变形。因此，磨损就发生在这个接触面上。在切铸铁和以较小的切削厚度切削塑性材料时，主要是发生这种磨损。后刀面磨损带宽度往往是不均匀的，可划分为三个区域，如图 3－30 所示。

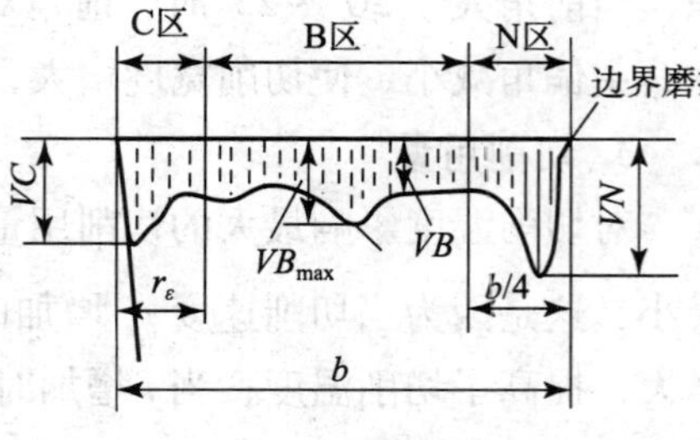

图 3－30　后刀面磨损情况

C 区刀尖磨损：强度较低，散热条件又差，磨损比较严重，其最大值为 VC。

N 区边界磨损：切削钢料时，主切削刃靠近工件待加工表面处的后刀面（N 区）上，磨成较深的沟，以 VN 表示。这主要是工件在边界处的加工硬化层和刀具在边界处的较大应力梯度和温度梯度所造成的。

B 区中间磨损：在后刀面磨损带的中间部位磨损比较均匀，其平均宽度以 VB 表示，而其最大宽度以 VB_{max} 表示。

3. 前后刀面同时磨损

在常规条件下，加工塑性金属常常出现图 3－29（c）所示的前后刀面同时磨损的情况。

二、刀具磨损的原因

刀具磨损不同于一般的机械零件的磨损，因为与刀具表面接触的切屑底面是活性很高的新鲜表面，刀面上的接触压力很大（可达 2～3GPa）接触温度很高（如硬质合金加工钢，可达 800℃～1 000℃以上），所以刀具磨损存在着机械的、热的和化学的作用，既有工件材料硬质的刻划作用而引起的磨损，也有黏结、扩散、腐蚀等引起的磨损。

1. 磨料磨损

磨料磨损是由于工件材料中的杂质、材料基体组织中的碳化物、氮化物、氧化物等硬质点对刀具表面的刻划作用而引起的机械磨损。

2. 黏结磨损

在切削过程中，当刀具与工件材料的摩擦面上具备高温、高压和新鲜表面的条件，接触面达到原子间距离时，就会产生吸附黏结现象，又称为冷焊。各种刀具材料都会发生黏结磨损，磨损的程度主要取决于工件材料与刀具材料的亲和力和硬度比，切削温度、压力及润滑条件等。黏结磨损是硬质合金刀具在中等偏低切削速度时磨损的主要原因。

3. 扩散磨损

当切削温度很高时，刀具与工件材料中的某些化学元素能在固体下互相扩散，使两者的化学成分发生变化，削弱刀具材料的性能，加速磨损进程。扩散磨损是硬质合金刀具在高温（800℃～1 000℃）下切削产生磨损的主要原因之一。一般从 800℃开始，硬质合金中的 Co、C、W 等元素会扩散到切屑中被带走，同时切屑中的 Fe 也会扩散到硬质合金中，使刀面的硬度和强度下降，脆性增加，磨损加剧。不同元素的扩散速度不同，如 Ti 的扩散速度比 C、Co、W 等元素低得多，故 YT 类硬质合金抗扩散能力比 YG 类强。

4. 氧化磨损

当切削温度为 700℃～800℃时，空气中的氧会与硬质合金中的钴、碳化钨、碳化钛等发生氧化作用生成疏松脆弱的氧化物。这些氧化物容易被切屑和工件擦走，从而加速了刀具磨损。

三、刀具的磨损过程及磨钝标准

1. 刀具的磨损过程

如图 3－31 所示，刀具的磨损过程可分为三个阶段。

（1）初期磨损阶段。

这一阶段的磨损速度较快，因为新刃磨的刀具表面较粗糙，并存在显微裂纹、氧化或脱碳等缺陷，而且切削刃较锋利，后刀面与加工表面接触面积较小，压力较大，所以容易磨损。

(2) 正常磨损阶段。

经过初期磨损后，刀具粗糙表面已经磨平，缺陷减少，刀具后刀面与加工表面接触面积变大，压强减小，进入比较缓慢的正常磨损阶段。后刀面的磨损量与切削时间近似地成比例增加。正常切削时，这个阶段时间较长，是刀具的有效工作时期。

(3) 急剧磨损阶段。

当刀具的磨损带达到一定程度后，刀面与工件摩擦过大，导致切削力与切削温度均迅速增高。磨损速度急剧增加。生产中为了合理使用刀具，保证加工质量，应该在发生急剧磨损之前就及时换刀。

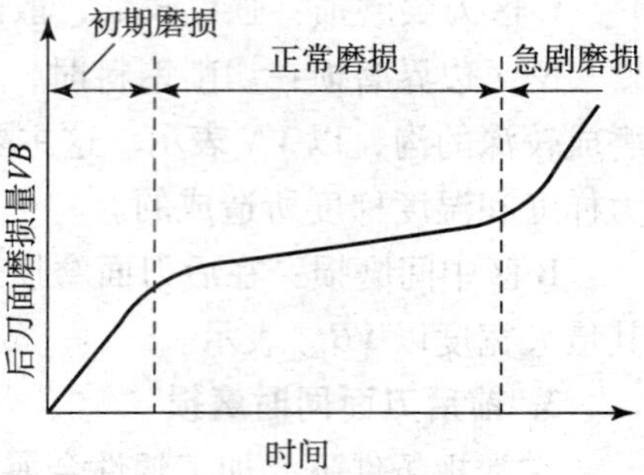

图 3-31　刀具的磨损过程

2. 刀具的磨钝标准

刀具磨损到一定限度后就不能继续使用，这个磨损限度称为磨钝标准。由于多数切削情况下均可能出现后刀面的均匀磨损量，此外，*VB* 值比较容易测量和控制，因此常用 *VB* 值来研究磨损过程，作为衡量刀具的磨钝标准。ISO 标准统一规定以 1/2 背吃刀量处的后刀面上测定的磨损带宽度 *VB* 作为刀具的磨钝标准。自动化生产中的精加工刀具，常以沿工件径向的刀具磨损尺寸作为刀具的磨钝标准，称为径向磨损量 *NB*。

在国家标准 GB/T 16461—1996 中规定高速钢刀具、硬质合金刀具的磨钝标准如表 3-2 所示。

表 3-2　高速钢刀具、硬质合金刀具的磨钝标准

工件材料	加工性质	磨钝标准 *VB*/mm	
		高速钢	硬质合金
碳钢、合金钢	粗车	1.5~2.0	1.0~1.4
	精车	1.0	0.4~0.6
灰铸铁、可断铸铁	粗车	2.0~3.0	0.8~1.0
	半精车	1.5~2.0	0.6~0.8
耐热钢、不锈钢	粗车、精车	1.0	1.0

四、刀具寿命

在生产实际中，为了更加方便、快速、准确地判断刀具的磨损情况，一般以刀具寿命来间接地反映刀具的磨钝标准。刀具寿命 *T* 的定义为：刀具由刃磨后开始切削，一直到磨损量达到刀具的磨钝标准所经过的总切削时间（单位 min）。

刀具寿命反映了刀具磨损的快慢程度。刀具寿命长表明刀具磨损速度慢；反之则表明刀具磨损速度快。影响切削温度和刀具磨损的因素都同样影响刀具寿命。切削用量对刀具寿命的影响较为明显，通过切削实验，我们可以得出 v_c、f、a_p 对刀具寿命 *T* 的影响关系式：

$$T = \frac{C_T}{v_c^X f^Y a_p^Z} \tag{3-21}$$

式中：C_T 为与工件材料、刀具材料及切削条件有关的系数。

用 YT5 硬质合金车刀切削 $\sigma_b = 0.637GPa$（$f > 0.7mm/r$）的碳钢时，切削用量与刀具寿命的关系为：

$$T = \frac{C_T}{v_c^{0.5} f^{2.25} a_p^{0.75}} \tag{3-22}$$

由上式可以看出，切削速度对刀具寿命影响最大，进给量次之，背吃刀量最小。这与三者对切削温度的影响顺序完全一致，反映出切削温度对刀具寿命有重要的影响。

刀具寿命是一个具有多种用途的重要参数：确定换刀时间，衡量工件材料切削加工性和刀具材料切削性能优劣，判定刀具几何参数及切削用量的选择是否合理等，都可用它来表示和说明。

任务八　工件材料的切削加工性

工件材料的切削加工性是指将其加工成合格零件的难易程度。某种材料切削加工的难易，不仅取决于材料本身，还取决于具体的加工要求及切削条件。

加工要求和生产条件不同，评定材料切削加工性的指标也不相同。常用的评定指标有下面几种。

一、刀具寿命指标

在相同的切削条件下，使刀具寿命高的工件材料，其切削加工性好。或者在一定刀具寿命（T）下，所允许的最大切削速度（v_T）高的工件材料，其切削加工性就好。由于材料的切削加工性概念具有相对性，所以我们经常以抗拉强度 $\sigma_b = 0.637GPa$ 的 45 钢的 v_{60} 作为基准，写作 $(v_{60})_j$，而把其他被切削材料的 v_{60} 与之相比，可得到该材料的相对切削加工性 K_r，即

$$K_r = \frac{v_{60}}{(v_{60})_j}$$

凡是 $K_r > 1$ 的材料，比 45 钢容易切削；凡是 $K_r < 1$ 的材料，比 45 钢难切削。常用金属材料的相对加工性等级见表 3-3。

表 3-3　常用金属材料的相对切削加工性等级

加工性等级	名称及种类		相对加工性 K_r	代表性材料
1	很容易切削材料	一般有色金属	>3.0	铜铝合金，铝镁合金
2	容易切削易削钢	易削钢	2.5~3.0	退火 1.5Cr $\sigma_b = 0.372 \sim 0.441GPa$ 自动机钢 $\sigma_b = 0.392 \sim 0.490GPa$
3		较易削钢	1.6~2.5	正火 30 钢 $\sigma_b = 0.441 \sim 0.549GPa$
4	普通材料	一般钢及铸铁	1.0~1.6	45 钢，灰铸铁，结构钢
5		稍难切削材料	0.65~1.0	2Cr13 调质 $\sigma_b = 0.8288\ GPa$ 85 钢轧制 $\sigma_b = 0.8829\ GPa$

续表

加工性等级	名称及种类		相对加工性 K_r	代表性材料
6	难切削材料	较难切削材料	0.5～0.65	45Cr 调质 σ_b = 1.03GPa 60Mn 调质 σ_b = 0.9319～0.981GPa
7		难切削材料	0.15～0.5	50CrV 调质，1Cr18Ni9Ti 未淬火
8		很难切削材料	<0.15	β 相铁合金，镍基高温合金

二、已加工表面质量指标

以常用材料是否容易保证得到所要求的已加工表面质量，作为评定材料切削加工性的指标。一般精加工的零件可用表面粗糙度值来评定材料的切削加工性。对某些有特殊要求的零件，在评定材料切削加工性时，不仅用表面粗糙度值指标还要用表面层材质的变化指标来全面评定。

三、切削力或切削温度指标

在相同的切削条件下，凡使切削力加大、切削温度增高的工件材料，其切削加工性就差；反之，其切削加工性就好。在粗加工或机床动力不足时，常以此指标来评定材料的切削加工性。

四、切屑控制性能指标

在自动机床或自动生产线上，常用切屑控制的难易程度来评定材料的切削加工性。凡切屑容易被控制或折断的材料，其切削加工性就好；反之，则差。

一种工件材料很难在各方面都能获得较好的切削加工性指标，只能根据需要选择一项或几项作为衡量其切削加工性的指标。在一般的生产中，常以保证一定的刀具寿命所允许的切削速度作为评定材料切削加工性的指标。

任务九　金属切削条件的选择

金属切削加工过程的效率、质量和经济性等问题，除了与机床设备的工作能力、操作者技术水平、工件的形状、生产批量、刀具的材料及工件材料的切削加工性有关，还受到切削条件的影响和制约。这些切削条件包括几何参数和刀具的寿命，切削用量及切削过程的冷却润滑等。

一、刀具几何参数的选择

刀具的几何参数，对切削过程中的金属切削变形、切削力、切削温度、工件的加工质量及刀具的磨损都有显著的影响。选择合理的刀具几何参数，可使刀具潜在的切削能力得到充分发挥，降低生产成本，提高切削效率。

刀具几何参数包含切削刃的形状、切削区的剖面形式、刀面形式和刀具几何角度四个方面，这里我们主要讨论刀具几何角度的合理选择，即前角、后角、主偏角、副偏角、刃倾角及副后角的合理选择。

1. 前角的选择

前角的大小将影响切削过程中的切削变形和切削力，同时也影响工件表面粗糙度和刀具的强度与寿命。增大刀具前角，可以减小前刀面挤压被切削层的塑性变形，减小切削力和表面粗糙度，但刀具前角增大，会降低切削刃和刀头的强度，使刀头散热条件变差，切削时刀头容易崩刃。因此合理前角的选择既要使切削刃锐利，又要让刀头具有一定的强度和一定的散热体积。

对不同材料的工件，在切削时用的前角不同：切削钢的合理前角比切削铸铁大，切削中硬钢的合理前角比切削软钢小。

对于不同的刀具材料，由于硬质合金的抗弯强度较低，抗冲击韧度差，所以其合理前角也就小于高速钢刀具的合理前角。

粗加工、断续切削或切削特硬材料时，为保证切削刃强度，应取较小的前角，甚至负前角。表 3 - 4 为硬质合金车刀合理前角的参考值，高速钢车刀的前角一般比表中大 5°~10°。

表 3 - 4　硬质合金车刀合理前角的参考值

工件材料种类	合理前角的参考范围/(°)	
	粗车	精车
低碳钢	20 ~ 25	25 ~ 30
中碳钢	10 ~ 15	15 ~ 20
合金钢	10 ~ 15	15 ~ 20
淬火钢	- 15 ~ - 5	
不锈钢	15 ~ 20	20 ~ 25
灰铸铁	10 ~ 15	5 ~ 10
铜或铜合金	10 ~ 15	5 ~ 10
铝或铝合金	30 ~ 35	35 ~ 40
钛合金	5 ~ 10	

2. 后角、副后角的选择

后角的大小将影响刀具后刀面与已加工表面之间的摩擦。后角增大可减小后刀面与加工表面之间的摩擦，后角越大，切削刃越锋利，但是切削刃和刀头的强度削弱，散热体积减小。

粗加工、强力切削及承受冲击载荷的刀具，为增加刀具强度，后角应取小些；精加工时，增大后角可提高刀具寿命和加工表面的质量。

工件材料的硬度与强度高，应取较小的后角，以保证刀头强度；工件材料的硬度与强度低，塑性大，易产生加工硬化，为了防止刀具后刀面磨损，后角应适当加大。加工脆性材料时，切削力集中在刃口附近，宜取较小的后角。若采用负前角时，应取较大的后角，以保证切削刃锋利。

尺寸刀具精度高，宜取较小的后角，以防止重磨后刀具尺寸的变化。

为了制造、刃磨的方便，一般刀具的副后角等于后角。但切断刀、车槽刀、锯片铣刀的副后角，受刀头强度的限制，只能取很小的数值，通常为1°30′左右。表3-5为硬质合金车刀合理后角的参考值。

表3-5　硬质合金车刀合理后角的参考值

工件材料种类	合理后角的参考范围/(°)	
	粗车	精车
低碳钢	8~10	10~12
中碳钢	5~7	6~8
合金钢	5~7	6~8
淬火钢	8~10	
不锈钢	6~8	8~10
灰铸铁	4~6	6~8
铜或铜合金	6~8	6~8
铝或铝合金	8~10	10~12
钛合金	10~15	

3. 主偏角、副偏角的选择

主偏角和副偏角越小，刀头的强度越高，散热面积越大，刀具寿命越长。此外，主偏角和副偏角小时，工件加工后的表面粗糙度小；但是，主偏角和副偏角减小时，会加大切削过程中的背向力，容易引起工艺系统的弹性变形和振动。

主偏角的选择原则与参考值：

工艺系统的刚度较好时，主偏角可取小值，如 $\kappa_r = 30° \sim 45°$。在加工高强度、高硬度的工件材料时，可取 $\kappa_r = 10° \sim 30°$，以增加刀头的强度。当工艺系统的刚度较差或强力切削时，一般取 $\kappa_r = 60° \sim 75°$。车削细长轴时，为减小背向力，取 $\kappa_r = 90° \sim 93°$。另外，在选择主偏角时，还要视工件形状及加工条件而定，如车削阶梯轴时，可取 $\kappa_r = 90°$。用一把车刀车削外圆、端面和倒角时，可取 $\kappa_r = 45° \sim 60°$。

副偏角的选择原则与参考值：

主要根据工件已加工表面的粗糙度要求和刀具强度来选择，在不引起振动的情况下，尽量取小值。精加工时，取 $\kappa_r' = 5° \sim 10°$；粗加工时，取 $\kappa_r' = 10° \sim 15°$；当工艺系统刚度较差或从工件中间切入时，可取 $\kappa_r' = 30° \sim 45°$。在精车时，可在副切削刃上磨出一段 $\kappa_r' = 0°$，长度为 $(1.2 \sim 1.5)f$ 的修光刃，以减小已加工表面的粗糙度值。

对切断刀、锯片铣刀和槽铣刀等刀具，为了保持刀具强度和重磨后宽度变化较小，副偏角宜取1°30′。

4. 刃倾角的选择

刃倾角的正负影响切屑的排出方向。如图3-32所示，精车和半精车时刃倾角宜选用正值，使切屑流向待加工表面，防止划伤已加工表面。加工钢和铸铁，粗车时宜取负刃倾角0°~-5°；车削淬硬钢时，刃倾角应取-5°~-15°，使刀头强固，切削时刀尖可避免受到冲击，散热条件好，能提高刀具寿命。

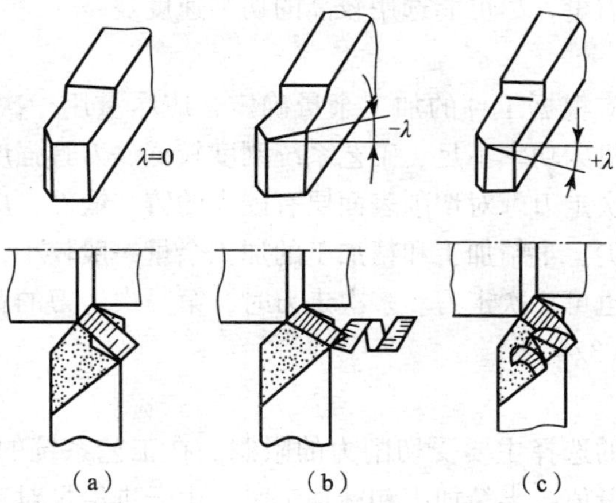

图 3－32　刃倾角的正负对切屑的排出方向的影响

增大刃倾角的绝对值，使切削刃变得锋利，可以切下很薄的金属层。例如，微量精车、精刨时，刃倾角可取 45°～75°。大刃倾角刀具，使切削刃加长，切削平稳，排屑顺利，生产效率高，加工表面质量好，但其工艺系统刚性差，切削时不宜选用负刃倾角。

二、刀具寿命的选择

刀具寿命对切削加工的生产率和生产成本有较大的影响。如果将刀具寿命定得过高，必然要降低切削用量，使机加工时间增加，生产率降低，成本提高；如果将刀具寿命定得过低，虽然可采用较大的切削用量，但会增加换刀和磨刀的次数与时间，辅助时间延长，同样会降低生产率，增加成本。因此，应根据具体的生产条件制定合理的刀具寿命。

确定合理的刀具寿命的方法有三种。

（1）根据单件平均生产时间最短的指标计算出来的最大生产率刀具寿命。

（2）根据单件平均加工成本最低的指标计算出来的最低成本刀具寿命。

（3）平均利润率最大的指标计算出来的最大利润刀具寿命。

在选择刀具耐用度时，通常依据具体情况下的产品销路情况来考虑。在产品销路不畅时或在产品初创阶段，宜采用最低成本寿命，以利于市场竞争。在产品销路畅通甚至供不应求时，宜采用最大利润寿命。在产品急需的情况下，宜采用最大生产率寿命。

在具体制定刀具寿命时，应注意：对于制造和刃磨都比较简单，且成本不高的刀具，寿命可定得低一些；反之，则应定得高些。对于装卡和调整比较复杂的刀具，寿命应定得高些。切削大型工件时，为避免在切削过程中途换刀，刀具寿命应定得高些。

三、切削用量的选择

合理选择切削用量，能够保证工件加工质量，提高切削效率，延长刀具使用寿命和降低加工成本。

根据不同加工性质对切削加工的要求，切削用量会选得不一样。粗加工时，应尽量保证较高的金属切除率和必要的刀具寿命，一般优先选择大的背吃刀量，其次选择较大的进给量，最后根据刀具寿命，确定合适的切削速度。精加工时，应保证工件的加工质量，一般选用较小的进给量和背吃刀量，尽可能选用较高的切削速度。

1. 背吃刀量的选择

粗加工的背吃刀量应根据工件的加工余量确定，应尽量用一次走刀就切除全部加工余量。当加工余量过大、机床功率不足、工艺系统刚度较低、刀具强度不够以及断续切削或冲击振动较大时，可分几次走刀。对切削表面层有硬皮的铸、锻件，应尽量使背吃刀量大于硬皮层的厚度，以保护刀尖。半精加工和精加工的加工余量一般较小，可一次切除。有时为了保证工件的加工质量，也可二次走刀。多次走刀时，第一次走刀的背吃刀量取得比较大，一般为总加工余量的 2/3 ~ 3/4。

2. 进给量的选择

粗加工时，进给量的选择主要受切削力的限制。在工艺系统的刚度和强度良好的情况下，可选用较大的进给量值。半精加工和精加工时，由于进给量对工件的已加工表面粗糙度值影响很大，进给量一般取得较小。通常按照工件加工表面粗糙度值的要求，根据工件材料、刀尖圆弧半径、切削速度等条件来选择合理的进给量。当切削速度提高，刀尖圆弧半径增大，或刀具磨有修光刃时，可以选择较大的进给量，以提高生产率。粗车时进给量的参考值和精车时进给量的参考值都可以在切削用量手册中查到。

3. 切削速度的选择

在背吃刀量和进给量选定以后，可在保证刀具合理寿命的条件下，确定合适的切削速度。粗加工时，背吃刀量和进给量都较大，切削速度受刀具寿命和机床功率的限制，一般较低。精加工时，背吃刀量和进给量都取得较小，切削速度主要受工件加工质量和刀具寿命的限制，一般取得较高。选择切削速度时，还应考虑工件材料的切削加工性等因素。例如，加工合金钢、高锰钢、不锈钢、铸铁等的切削速度应比加工普通中碳钢的切削速度低 20% ~ 30%；加工有色金属时，切削速度则应提高 1 ~ 3 倍。在断续切削和加工大件、细长件、薄壁件时，应选用较低的切削速度。切削速度的参考值可以在切削用量手册中查到。

四、切削液的选择

1. 切削液的作用

切削液进入切削区，可以改善切削条件，提高工件加工质量和切削效率。与切削液有相似功效的还有某些气体和固体，如压缩空气、二硫化铝和石墨等。切削液的主要作用如下。

（1）冷却作用。

切削液能从切削区域带走大量切削热，从而降低切削温度。切削液的冷却性能的好坏，取决于它的导热系数、比热容、汽化热、汽化速度、流量和流速等。

（2）润滑作用。

切削液能渗入刀具与切屑和加工表面之间，形成一层润滑膜或化学吸附膜，以减小它们之间的摩擦。切削液润滑的效果主要取决于切削液的渗透能力、吸附成膜的能力和润滑膜的强度等。

（3）清洗作用。

切削液大量的流动，可以冲走切削区域和机床上的细碎切屑和脱落的磨粒。清洗性能的好坏，主要取决于切削液的流动性、使用压力和切削液的油性。

（4）防锈作用。

在切削液中加入防锈剂，可在金属表面形成一层保护膜，对工件、机床、刀具和夹具等都能起到防锈作用。防锈作用的强弱，取决于切削液本身的成分和添加剂的作用。

2. 切削液添加剂

为改善切削液的各种性能常会在其中加入添加剂。常用的添加剂有以下几种。

（1）油性添加剂。

它含有极性分子，能在金属表面形成牢固的吸附膜，在较低的切削速度下起到较好的润滑作用。常用的油性添加剂有动物油、植物油、脂肪酸、胺类、醇类和脂类等。

（2）极压添加剂。

它是含有硫、磷、氯、碘等元素的有机化合物，在高温下与金属表面发生化学反应，形成耐较高温度和压力的化学吸附膜，能防止金属界面的直接接触，从而减小摩擦。

（3）表面活性剂。

它是使矿物油和水乳化，形成稳定乳化液的添加剂。表面活性剂是一种有机化合物，由可溶于水的极性基团和可溶于油的非极性基团组成，可定向地排列并吸附在油水两相界面上，极性端向水，非极性端向油，将水和油连接起来，使油以微小的颗粒稳定地分散在水中，形成乳化液。表面活性剂还能吸附在金属表面上，形成润滑膜，起油性添加剂的润滑作用。常用的表面活性剂有石油磺酸钠、油酸钠皂等。

（4）防锈添加剂。

它是一种极性很强的化合物，对金属表面有很强的附着力，能吸附在金属表面上形成保护膜，或与金属表面化合形成钝化膜，起到防锈作用。常用的防锈添加剂有碳酸钠、三乙醇胺、石油磺酸钡等。

3. 常用切削液的种类与选用

（1）水溶液。

它的主要成分是水，其中加有少量的有防锈和润滑作用的添加剂。水溶液的冷却效果良好，多用于普通磨削和其他精加工。

（2）乳化液。

它是将乳化油（由矿物油、表面活性剂和其他添加剂配成）用水稀释而成，用途广泛。低浓度的乳化液冷却效果较好，主要用于磨削、粗车、钻孔加工等。高浓度的乳化液润滑效果较好，主要用于精车、攻丝、铰孔、插齿加工等。

（3）切削油。

它主要是矿物油（如机油、轻柴油、煤油等），少数采用动植物油或复合油。普通车削、攻丝时，可选用机油；精加工有色金属或铸铁时，可选用煤油。加工螺纹时，可选用植物油。在矿物油中加入一定量的油性添加剂和极压添加剂，能提高其高温、高压下的润滑性能，可用于精铣、铰孔、攻丝及齿轮加工。

复习与思考题

3－1　切削加工由哪些运动组成？它们各有什么作用？

3－2　切削用量三要素是什么？它们的单位是什么？

3－3　车外圆时工件加工前直径为62mm，加工后直径为56mm，工件转速为4r/s，刀具每秒钟沿工件轴向移动2mm，求v_c、f、a_p。

3－4　刀具正交平面参考系由哪些平面组成？它们是如何定义的？

3－5　所选择的车刀角度为$\gamma_o=10°$、$\alpha_o=\alpha_o'=8°$、$\lambda_s=-10°$、$\kappa_r=70°$、$\kappa_r'=10°$，请绘出刀具图。

3－6　常用刀具的材料有哪几类？各适用于制造哪些刀具？

3－7　硬质合金按化学成分和使用特性分为哪四类？各适宜加工哪些材料？

3－8　金属切削过程中三个变形区是怎样划分的？各有哪些特点？

3－9　切屑类型有哪四类？各有哪些特点？

3－10　各切削分力对加工过程有何影响？试述背吃刀量a_p与进给量f对切削力F_c影响规律。

3－11　切削热是如何产生的？它对切削过程有什么影响？

3－12　试述背吃刀量a_p、进给量f对切削温度的影响规律。

3－13　简述刀具磨损的原因。高速钢刀具、硬质合金刀具在中速、高速时产生磨损的主要原因是什么？

3－14　切削变形、切削力、切削温度、刀具磨损和刀具寿命之间存在着什么关系？

3－15　何谓工件材料的切削加工性？它与哪些因素有关？

3－16　试对碳素结构钢中含碳量大小对切削加工性的影响进行分析。

3－17　说明前角和后角的大小对切削过程的影响。

3－18　说明刃倾角的作用。

3－19　简述半精车切削用量选择方法。

3－20　常用切削液有哪几种？各适用于什么场合？

项目四　机床夹具的设计

任务一　机床夹具的概述

一、机床夹具的功能

1. 保证加工精度

工件通过机床夹具进行安装，包含两层含义：一是工件通过夹具上的定位元件获得正确的位置，称为定位；二是通过夹紧机构使工件的既定位置在加工过程中保持不变，称为夹紧。这样，就可以准确确定工件与机床、刀具之间的相对位置，保证工件加工表面的位置精度，且精度稳定。

2. 提高生产率

使用夹具来安装工件，可以免去工件逐个画线、找正对刀等的辅助时间，且工件装夹方便。例如，采用多件、多工位夹具，以及气动、液压动力夹紧装置，可以进一步减少辅助时间，提高生产率。

3. 扩大机床的使用范围

有些机床上配备专用夹具实质上是对机床进行了部分改造，扩大了原机床的功能和使用范围。例如，在车床床鞍上或在摇臂钻床工作台上安放镗模夹具，就可以进行箱体零件的孔系加工，使车床、钻床具有镗床的功能。

4. 保证生产安全

可降低对工人技术水平的要求和减轻工人的劳动强度，保证生产安全。

二、机床夹具应满足的要求

1. 保证加工精度

这是必须做到的最基本要求，其关键是正确的定位、夹紧和导向方案，夹具制造的技术要求，定位误差的分析和验算。

2. 夹具的总体方案应与年生产纲领相适应

在大批量生产时，应尽量采用快速与高效的定位、夹紧机构和动力装置，以提高自动化程度，符合生产节拍要求。在中、小批量生产时，夹具应具有一定的可调性，以适应多品种工件的加工。

3. 安全、方便、减轻劳动强度

机床夹具要有工作安全性考虑，必要时要加装保护装置。要符合工人的操作位置和习惯，留有合适的工件装卸位置和空间，使工人操作方便。大批量生产和工件笨重时，应尽可能减轻工人劳动强度。

4. 排屑顺畅

机床夹具中积聚切屑会影响工件的定位精度，切屑的热量会使工件和夹具产生热变形，影响加工精度。清理切屑将增加辅助时间、降低生产率，因此夹具设计中要对排屑问题给予足够的重视。

5. 机床夹具应具有良好的强度、刚度和结构工艺性

机床夹具设计时，要考虑方便制造、检测、调整和装配，要有利于提高夹具的制造精度。

三、机床夹具的种类

机床夹具通常有三种分类方法，即按专门化程度、使用的机床和夹紧动力源来分类。

1. 按专门化程度分类

（1）通用夹具。

通用夹具是指已经标准化的，在一定范围内可用于加工不同工件的夹具。例如，车床上三爪卡盘和四爪单动卡盘，铣床上的平口钳、分度头和回转工作台等。这类夹具一般由专业工厂生产，常作为机床附件提供给用户。其特点是适应性广，生产效率低，主要适用于单件、小批量的生产中。

（2）专用夹具。

专用夹具是指专为某一工件的某道工序而专门设计的夹具。其特点是结构紧凑，操作迅速、方便、省力，可以保证较高的加工精度和生产效率，但设计制造周期较长、制造费用也较高。当产品变更时，夹具将因无法再使用而报废。只适用于产品固定且批量较大的生产中。

（3）通用可调夹具和成组夹具。

其特点是夹具的部分元件可以更换，部分装置可以调整，以适应不同零件的加工。用于相似零件的成组加工所用的夹具，称为成组夹具。通用可调夹具与成组夹具相比，加工对象不是很明确，适用范围更广一些。

（4）组合夹具。

组合夹具是指按零件的加工要求，由一套事先制造好的标准元件和部件组装而成的夹具。它一般由专业厂家制造，其特点是灵活多变，万能性强，制造周期短，元件能反复使用，特别适用于新产品的试制和单件小批量生产。

（5）随行夹具。

随行夹具是一种在自动线上使用的夹具。该夹具既要起到装夹工件的作用，又要与工件成为一体沿着自动线从一个工位移到下一个工位，进行不同工序的加工。

2. 按使用的机床分类

由于各类机床自身工作特点和结构形式各不相同，对所用夹具的结构也相应地提出了不同的要求。按所使用的机床不同，夹具可分为：车床夹具、铣床夹具、钻床夹具、镗床夹具、磨床夹具、齿轮机床夹具和其他机床夹具等。

3. 按夹紧动力源分类

根据夹具所采用的夹紧动力源不同，可分为：手动夹具、气动夹具、液压夹具、气液夹具、电动夹具、磁力夹具、真空夹具等。

四、机床夹具的组成

1. 定位元件及定位装置

用于确定工件正确位置的元件或装置。

2. 夹紧元件及夹紧装置

用于确定工件已获得的正确位置的元件或装置。

3. 导向及对刀元件

用于确定工件与刀具相互位置的元件。

4. 动力装置

在批量生产中，为了减轻工人劳动强度，提高生产率，常采用气动、液动等动力装置。

5. 夹具体

用于将各种元件、装置连接在一起，并通过它将整个夹具安装在机床上。

6. 其他元件及装置

根据加工需要来设置的元件或装置。

上述六部分是机床夹具的基本组成。对于一个具体的夹具，其组成部分可能略少或略多一些。但定位、夹紧和夹具体三部分一般是不可缺少的。

任务二 工件的定位

一、六点定位原则

一个尚未定位的工件，其位置是不确定的。如图 4－1 所示，将未定位的工件（长方体）放在空间直角坐标系中，长方体可以沿 x、y、z 轴移动到不同的位置，也可以绕 x、y、z 轴转动到不同的位置。

用以描述工件位置不确定性的是：以 x、y、z 三个互相垂直的坐标轴的 x 方向移动、y 方向移动、z 方向移动，以 x 轴为轴心转动、以 y 轴为轴心转动、以 z 轴为轴心转动，这六个自由度。

工件要正确定位，首先要限制工件的自由度。设空间有一固定点，长方体的底面与该点保持接触，那么长方体沿 z 轴的移动自由度即被限制了。如果按图 4－1 所设置六个固定点，长方体的三个面分别与这些点保持接触，长方体的六个自由度均被限制。其中 xOy 平面上的呈三角形分布的三点限制了三个自由度；yOz 平面内的水平放置的两个点，限制了两个自由度；xOz 平面内的一点，限制了一个自由度。限制三个或三个以上自由度的称为主要定位基准。

这种用适当分布的六个支承点限制工件六个自由度的原则称为六点定位原则。

支承点的分布必须适当，否则六个支承点限制不了工件的六个自由度。例如，图 4－1 中 xOy 平面内的三点不应在一直线上，同理，yOz 平面内的两点不应垂直布置。六点定位原则是工件定位的基本法则，用于实际生产时起支承作用的是有一定形状的几何体，这些用于限制工件自由度的几何体即为定位元件。表 4－1 为常用定位元件能限制的工件自由度。

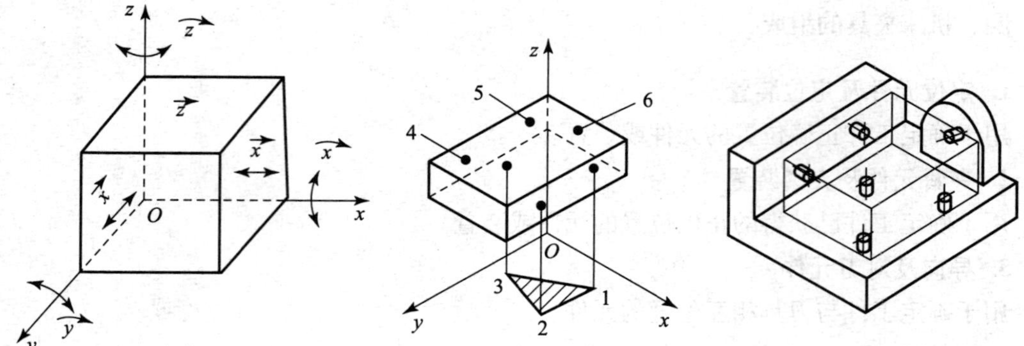

（a）（b）（c）

图 4－1　长方体定位时支承点的分布

表 4－1　常用定位元件能限制的工件自由度

工件定位基面	定位元件	定位简图	定位元件特点	限制的自由度
平面 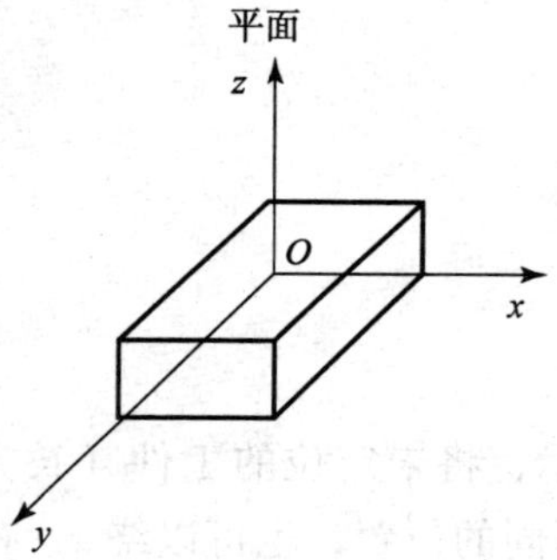	支承钉	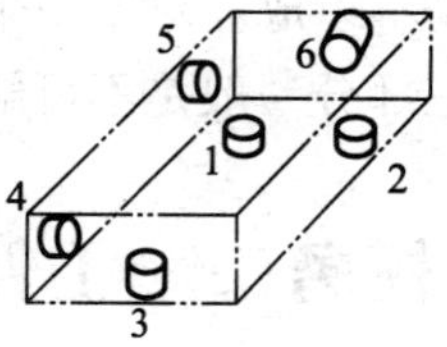	平面组合	1、2、3—$\vec{z}$、$\overset{\frown}{x}$、$\overset{\frown}{y}$ 4、5—$\vec{x}$、$\overset{\frown}{z}$ 6—$\vec{y}$
	支承板	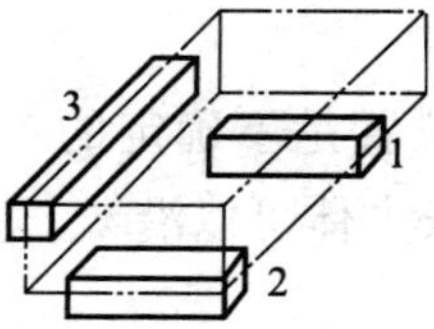	平面组合	1、2—$\vec{z}$、$\overset{\frown}{x}$、$\overset{\frown}{y}$ 3—$\vec{x}$、$\overset{\frown}{z}$
圆孔 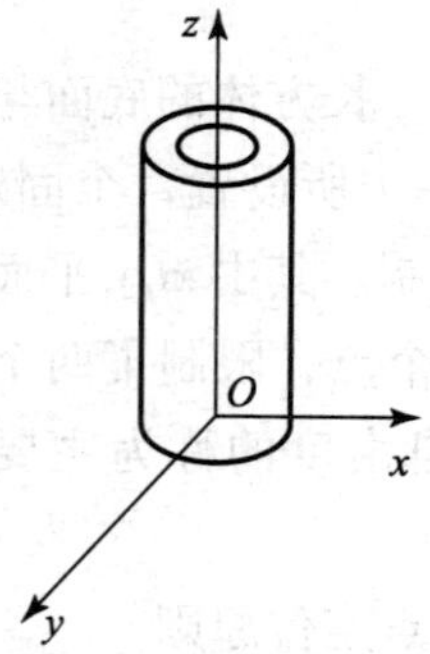	定位销（心轴）	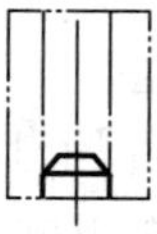	短销（短心轴）	$\vec{x}$、$\vec{y}$
		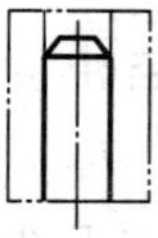	长销（长心轴）	$\vec{x}$、$\vec{y}$ $\overset{\frown}{x}$、$\overset{\frown}{y}$

续表

工件定位基面	定位元件	定位简图	定位元件特点	限制的自由度
圆孔 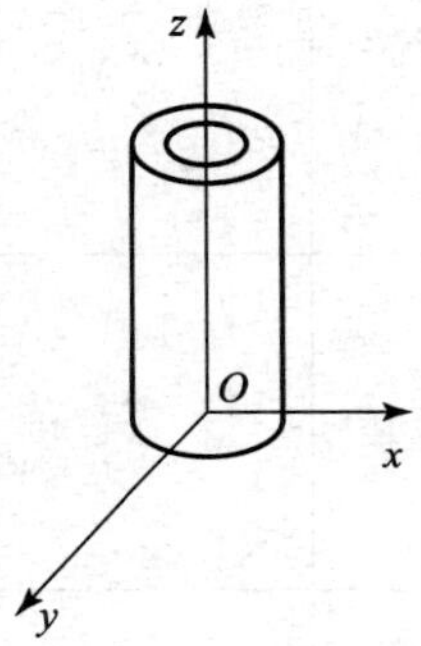	菱形销	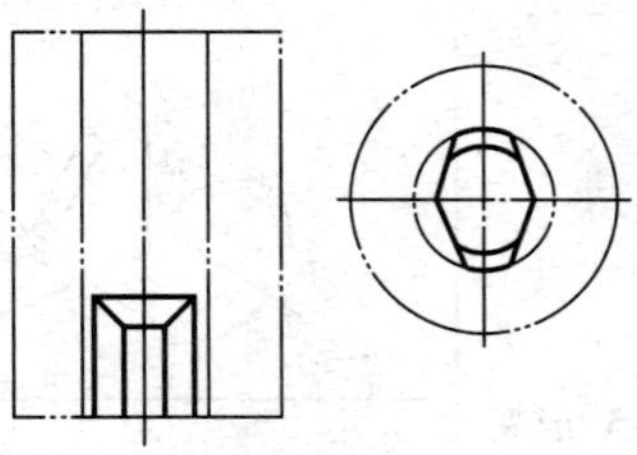	短菱形销	$\vec{y}$
		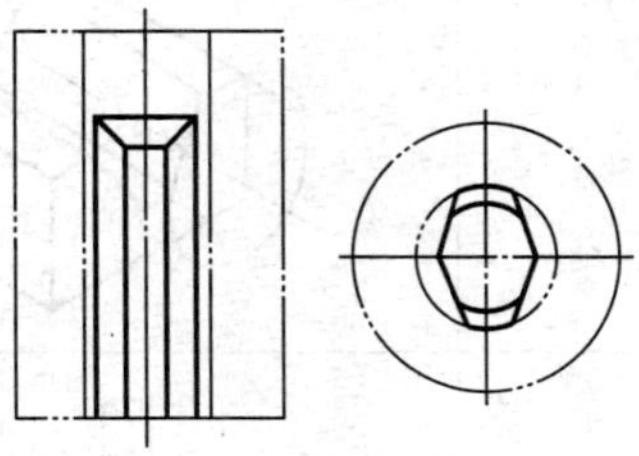	长菱形销	$\vec{y}$、$\overset{\frown}{x}$
	锥销	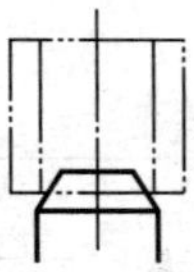	单锥销	$\vec{x}$、$\vec{y}$、$\vec{z}$
		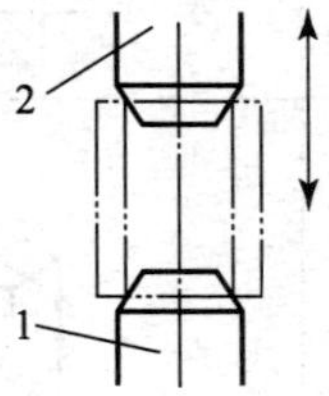	1—固定锥销 2—活动锥销	$\vec{x}$、$\vec{y}$、$\vec{z}$ $\overset{\frown}{x}$、$\overset{\frown}{y}$
外圆柱面 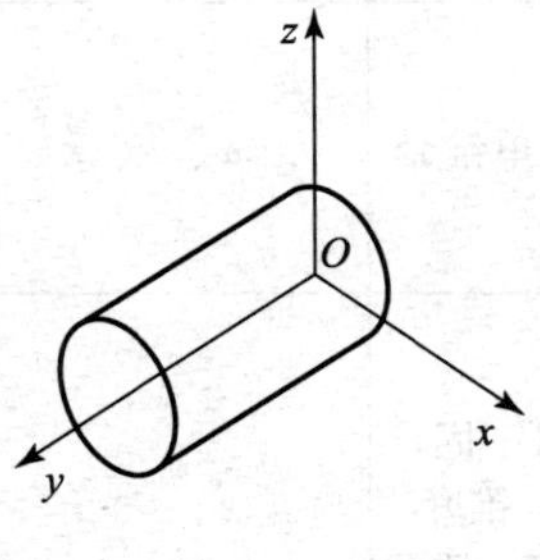	支承板或支承钉	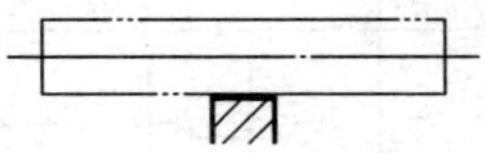	短支承板或支承钉	$\vec{z}$
		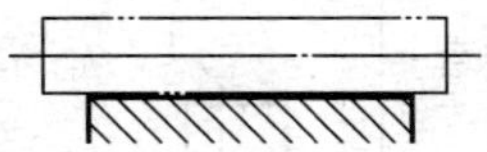	长支承板或两个支承钉	$\vec{z}$、$\overset{\frown}{x}$

续表

工件定位基面	定位元件	定位简图	定位元件特点	限制的自由度
外圆柱面 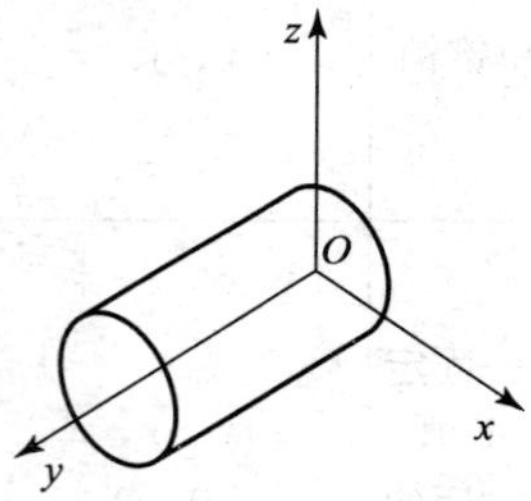	V 形架	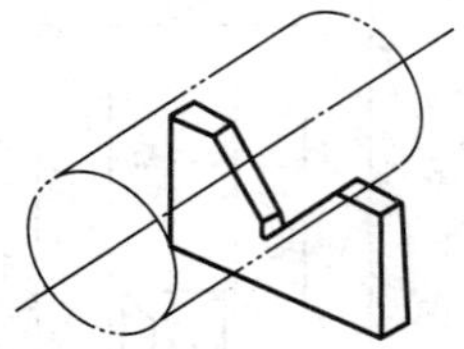	窄 V 形架	$\vec{x}$、$\vec{z}$
		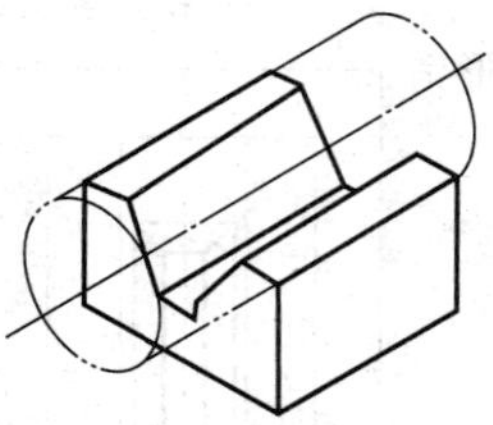	宽 V 形架	$\vec{x}$、$\vec{z}$ $\overset{\frown}{x}$、$\overset{\frown}{z}$
	定位套	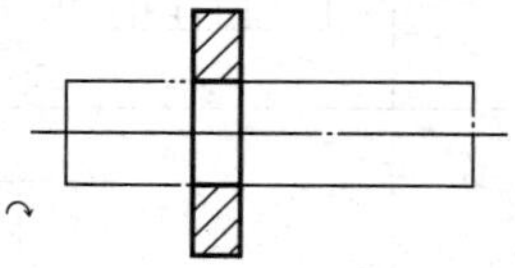	短套	$\vec{x}$、$\vec{z}$
	定位套	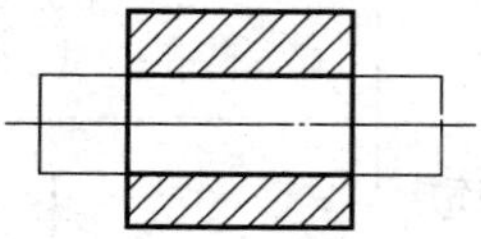	长套	$\vec{x}$、$\vec{z}$ $\overset{\frown}{x}$、$\overset{\frown}{z}$
	半圆套	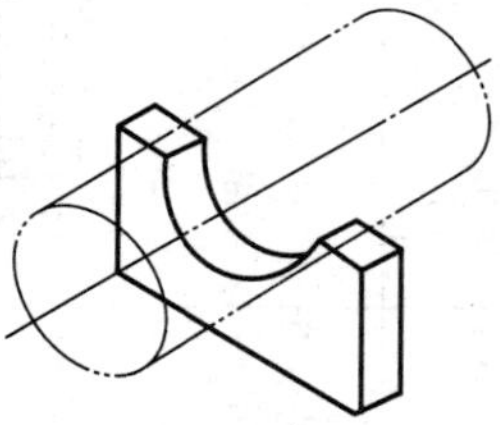	短半圆套	$\vec{x}$、$\vec{z}$
			长半圆套	$\overset{\frown}{x}$、$\overset{\frown}{z}$
	锥套	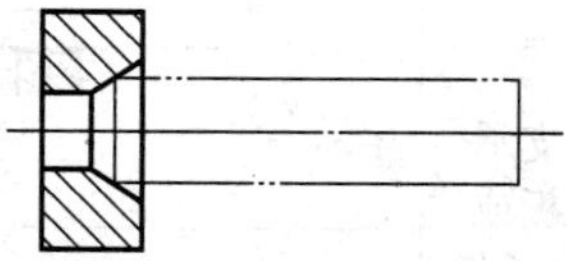	单锥套	$\vec{x}$、$\vec{y}$、$\vec{z}$
		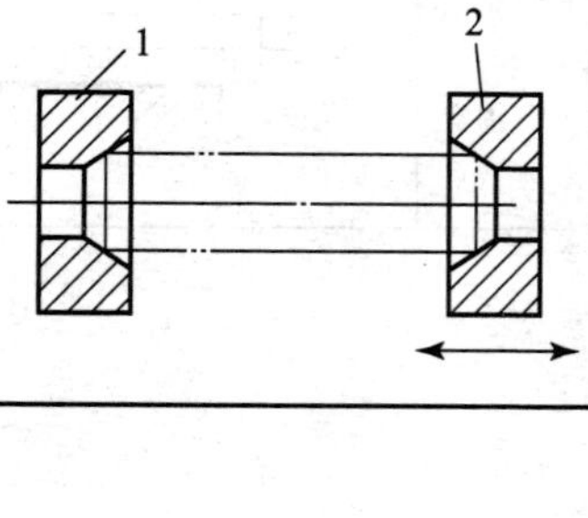	1—固定锥套 2—活动锥套	$\vec{x}$、$\vec{y}$、$\vec{z}$ $\overset{\frown}{x}$、$\overset{\frown}{z}$

二、工件的定位方式

1. 完全定位

工件的六个自由度完全被限制的定位为完全定位（见图 4 – 2）。

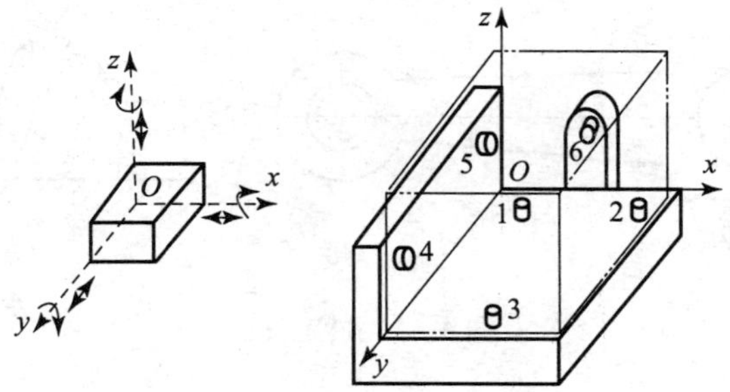

（a）　　　　　　（b）

图 4 – 2　完全定位

2. 不完全定位

按加工要求，允许有一个或几个自由度不被限制的定位为不完全定位（见图 4 – 3）。不完全定位是合理的定位方式，在实际生产中，工件被限制的自由度数一般不少于三个。

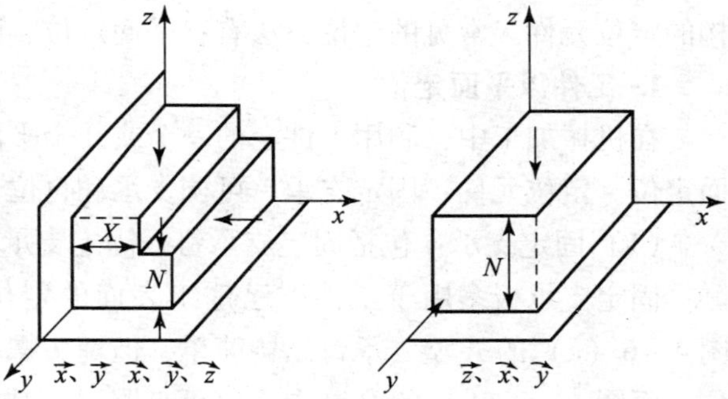

（a）　　　　　　（b）

图 4 – 3　不完全定位

3. 欠定位

按工序的加工要求，工件应该限制的自由度而未予限制的定位为欠定位（见图 4 – 4）。欠定位是绝对不允许的。

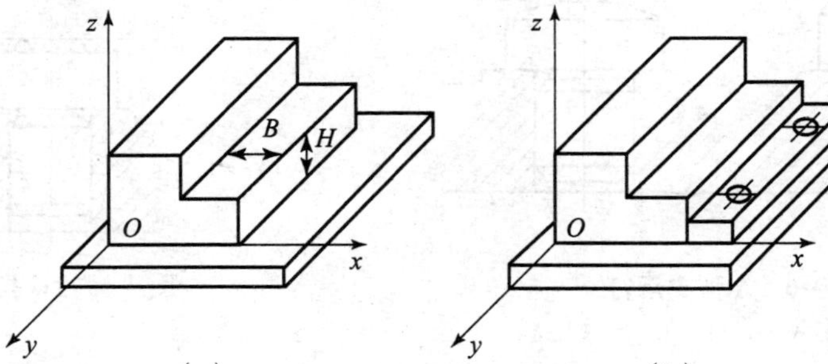

（a）　　　　　　（b）

图 4 – 4　欠定位

4. 过定位

工件的同一自由度被两个或两个以上的支承点重复限制的定位为过定位（见图 4 – 5）。可能造成工件的定位误差，或者造成部分工件装不进夹具的情况。过定位不是绝对不允许，要由具体情况决定。

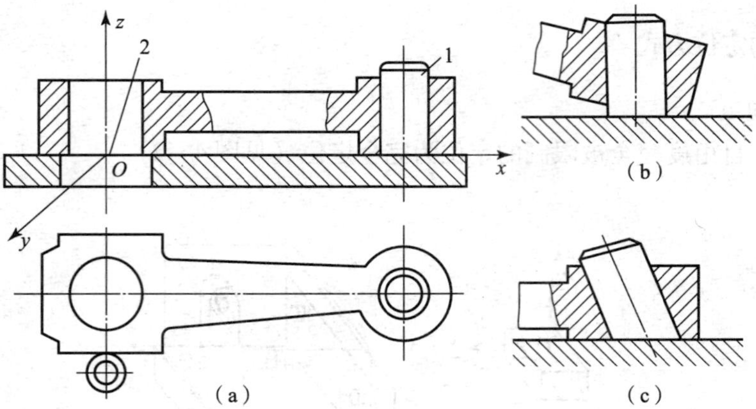

图 4-5　过定位

三、典型表面的定位方法

工件的定位表面有各种形式，如平面、外圆、内孔等，对于这些表面，总是采用一定结构的定位元件。常见的定位方法有：平面定位、圆孔定位、外圆柱面定位、组合表面定位。

1. 工件以平面定位

在机械加工中，利用工件上的一个或几个平面作为定位基面来定位工件的方式，称为平面定位。定位元件：固定支承、可调支承和自位支承。

（1）固定支承：包括固定支承钉、固定支承板。

固定支承板多用于工件上已加工表面的定位，有时可用一块支承板代替两个支承钉。图 4-6（a）的 A 型支承钉结构简单，但埋头螺钉处易堆积切屑，故用于工件侧面或顶面定位。而图 4-6（b）的 B 型支承钉可克服这一缺点，主要用于工件的底面定位。图 4-7 的 C 型支承钉常用于侧面定位，防止工件受力后滑动。

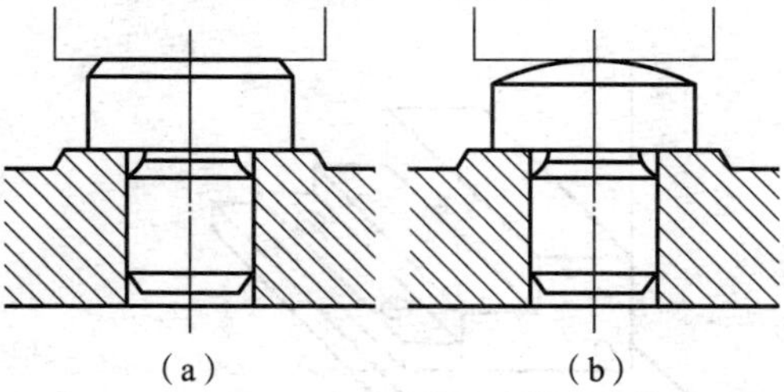

图 4-6　A 型支承钉

(a) A 型；(b) B 型

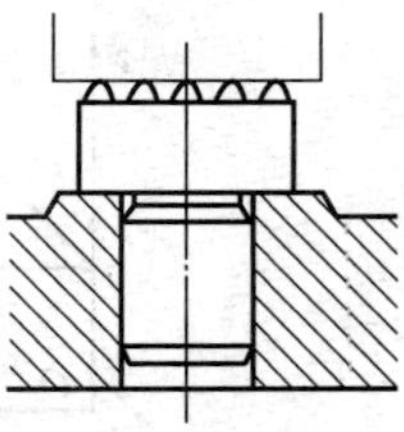

图 4-7　C 型支承钉

（2）可调支承。

可调支承是顶端位置可在一定高度范围内调整的支承（见图 4-8）。多用于未加工平面的定位，以调节和补偿各批毛坯尺寸的误差，一般每批毛坯调整一次。

（3）自位支承。

支承本身的位置在定位过程中，能自动适应工件定位基准面位置变化的一类支承为自位支承（见图 4-9）。自位支承能增加与工件定位面的接触点数目，使单位面积压力减小，故多用于刚度不足的毛坯表面或不连续的平面的定位。

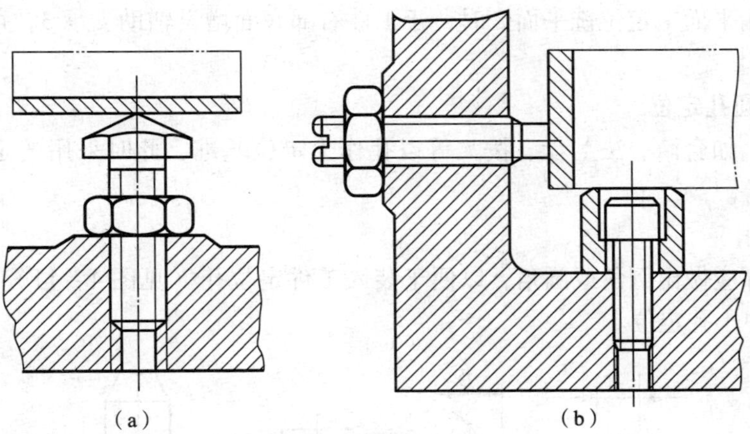

图 4-8　可调支承

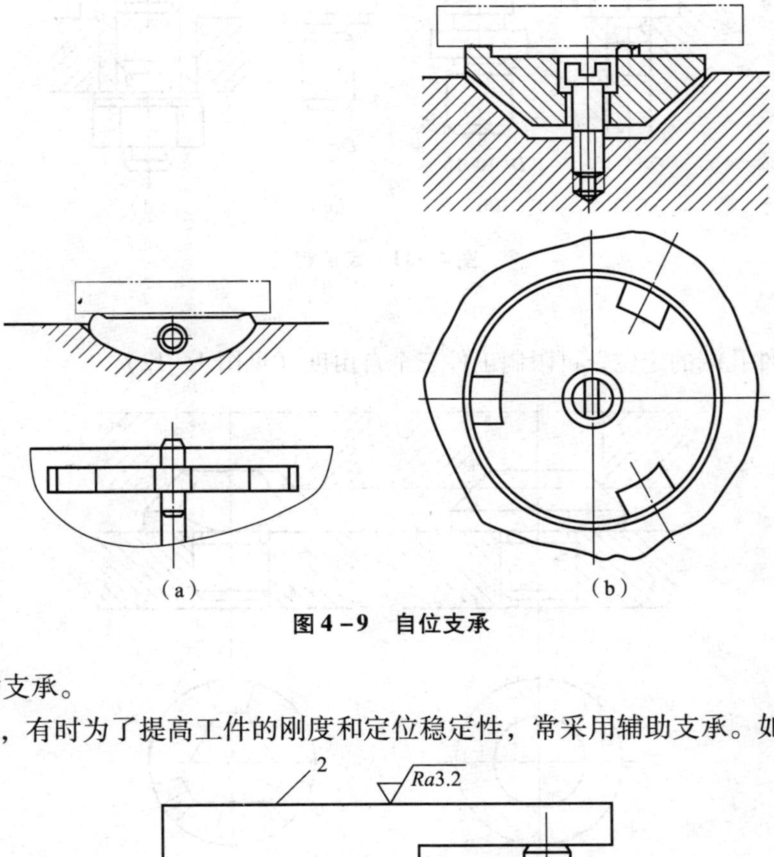

图 4-9　自位支承

(4) 辅助支承。

在生产中，有时为了提高工件的刚度和定位稳定性，常采用辅助支承。如图 4-10 所示

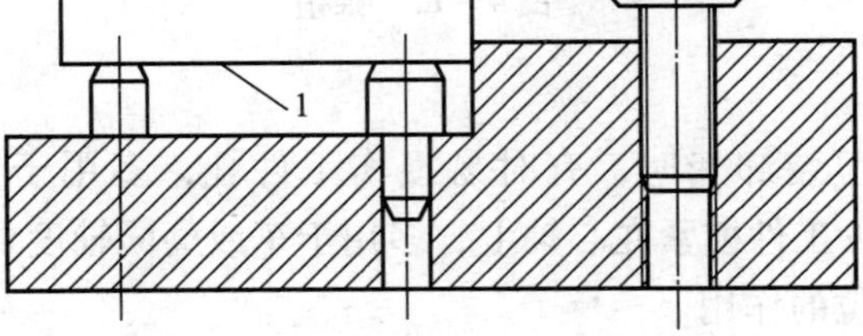

图 4-10　辅助支承

阶梯零件，当用平面1定位铣平面2时，于工件右部底面增设辅助支承3，可避免加工过程中工件的变形。

2. 工件以圆孔定位

有些工件，如套筒、法兰盘、拨叉等以孔作为定位基准，此时采用的定位元件有定位销、定位心轴等。

（1）定位销。

定位销头部应做出倒角或圆角，以便于装入工件定位孔（见图4－11）。主要用于直径小于50mm的中小孔定位。

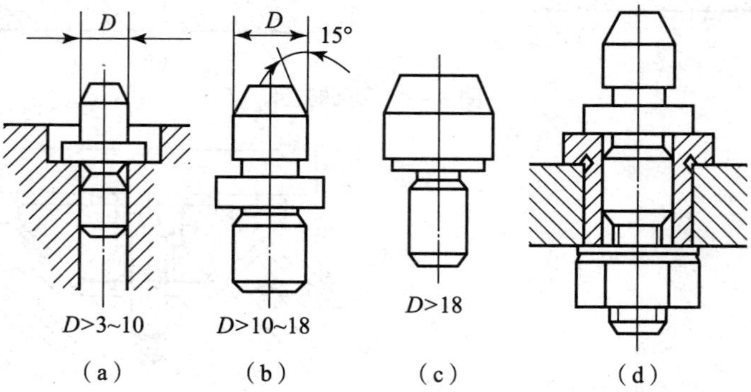

图4－11　定位销

（2）锥销。

常用于工件孔端的定位，可限制工件三个自由度（见图4－12）。

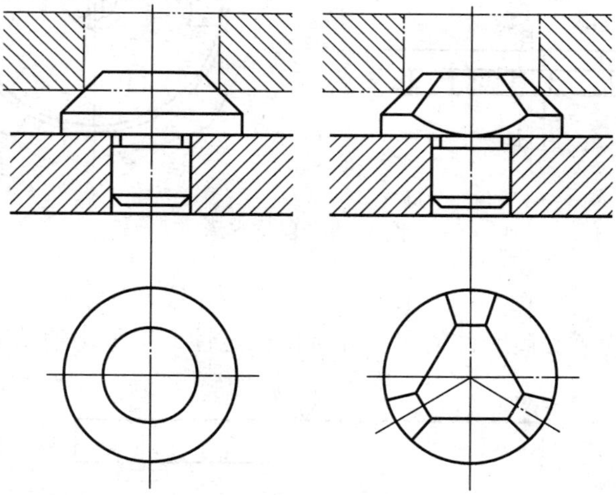

图4－12　锥销

（3）定位心轴。

心轴定心精度高，但装卸费时，有时易损伤工件孔，多用于定心精度要求高的情况（见图4－13）。定位时，工件楔紧在心轴上，多用于车或磨同轴度要求高的盘类零件，小锥度心轴实际上起不到定位的作用。

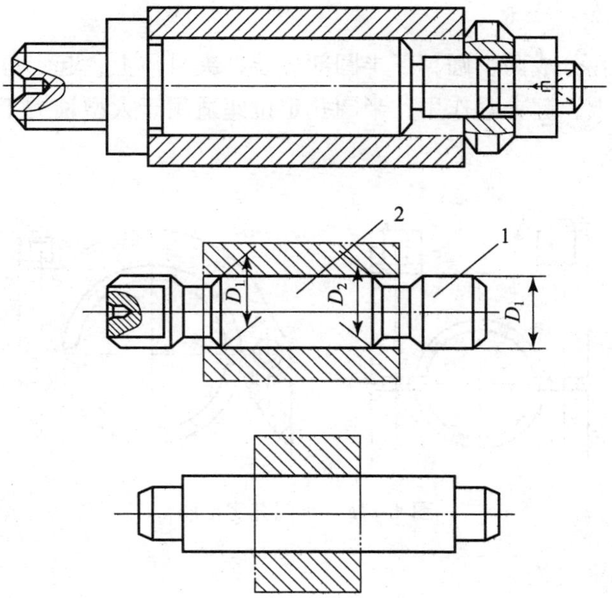

图 4-13　定位心轴

1—引导部；2—工作部分

3. 工件以外圆柱面定位

工件以外圆柱面定位在生产中是常见的，如轴套类零件等。常用的定位元件有 V 形块、定位套筒、半圆孔定位座。

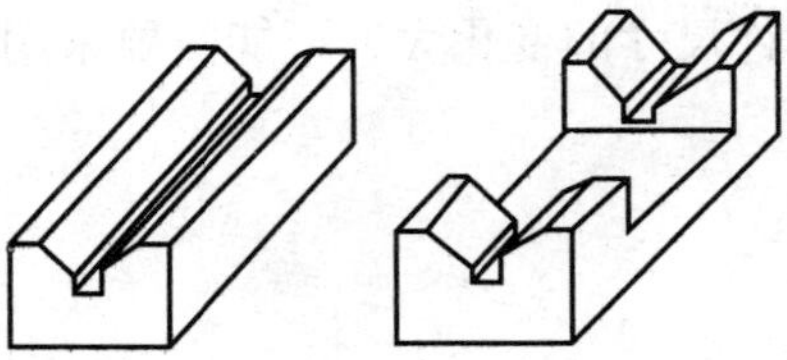

图 4-14　V 形块

（1）V 形块。

V 形块是用得最广泛的外圆表面定位元件（见图 4-14）。

（2）定位套筒。

定位套筒装在夹具体上，用以支承外圆表面，起定位作用（见图 4-15）。

定位元件结构简单，但定心精度不高，当工件外圆与定位孔配合较松时，还易使工件偏斜，因而，常采用套筒内孔与端面一起定位，以减少偏斜。若工件端面较大，为避免过定位，定位孔应做短些。

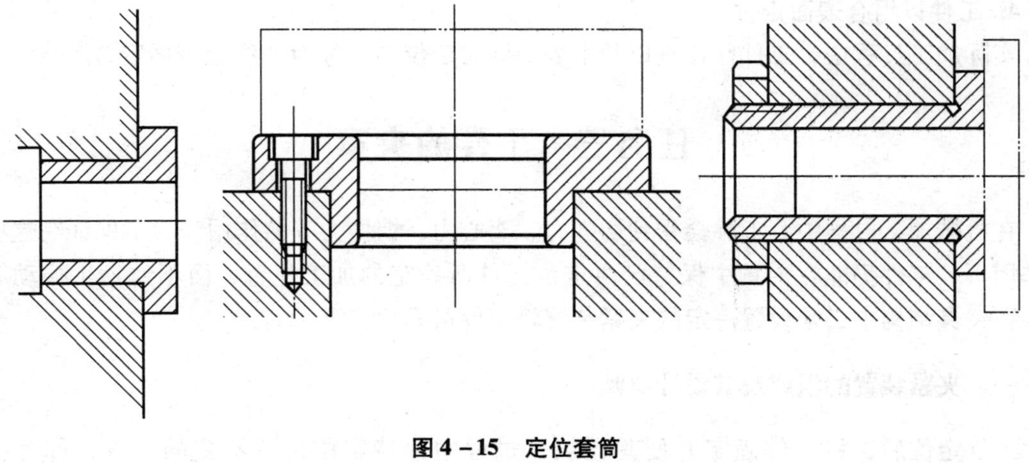

图 4-15　定位套筒

（3）半圆孔定位座。

将同一圆周面的孔分成两半圆，下半圆部分装在夹具体上，起定位作用，上半圆部分装在可卸式或铰链式盖上，起夹紧作用，半圆孔定位座适用于大型轴类工件的定位（见图4－16）。

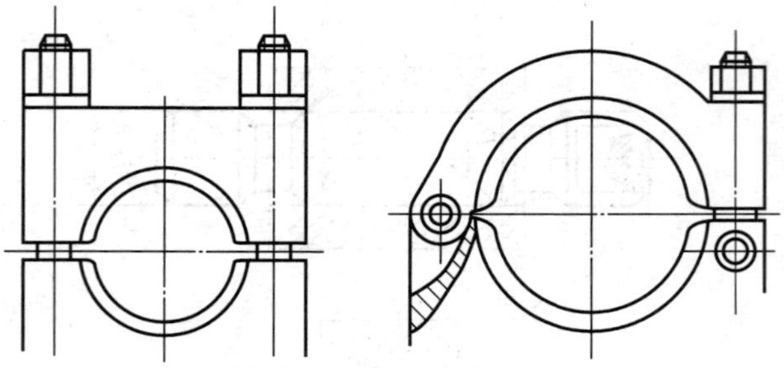

图4－16 半圆孔定位座

（4）外圆定心夹紧机构。

在实现定心的同时，能将工件夹紧的机构，称为定心夹紧机构，如弹簧夹头（见图4－17）、三爪自定心卡盘（见图4－18）等。

弹簧夹头的速度是有弹性的，如果工件尺寸是一致的，弹簧夹头的速度会更快。如果工件尺寸的变化大，可能需要采用卡爪卡盘以适应尺寸范围宽的加工工件。

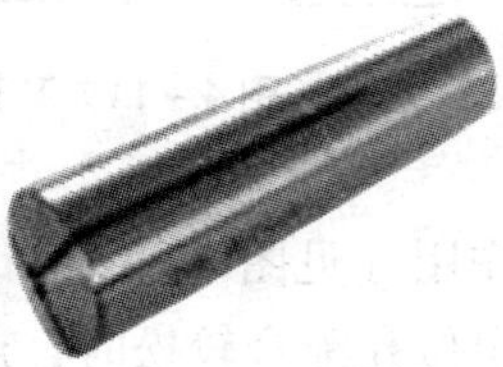

图4－17 弹簧夹头

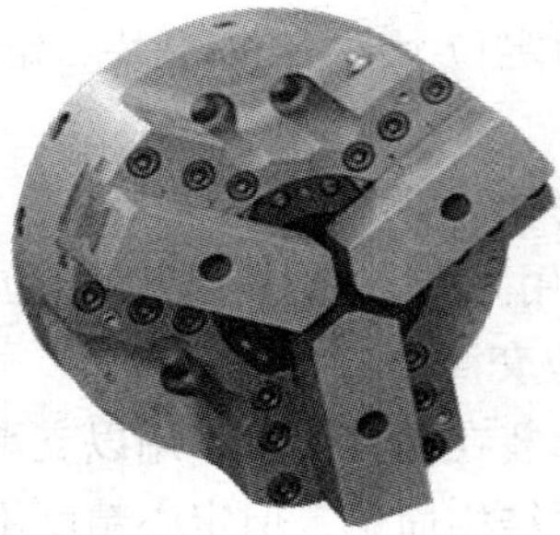

图4－18 三爪自定心卡盘

4. 工件以组合表面定位

实际加工过程中，工件往往是以几个表面同时定位的，称为“组合表面定位”。

任务三 工件的夹紧

在机械加工过程中，工件会受到切削力、离心力、惯性力等的作用。为了保证在这些外力作用下，工件仍能在夹具中保持已由定位元件所确定的加工位置，而不致发生振动和位移，在夹具结构中必须设置一定的夹紧装置将工件可靠地夹牢。

一、夹紧装置的组成及其设计原则

工件定位后，将工件固定并使其在加工过程中保持定位位置不变的装置，称为夹紧装置。

1. 夹紧装置的组成

夹紧装置如图 4－19 所示，由以下三部分组成。

（1）动力源装置。它是产生夹紧作用力的装置。分为手动夹紧和机动夹紧两种。手动夹紧的力源来自人力，用时比较费时费力。为了改善劳动条件和提高生产率，目前在大批量生产中均采用机动夹紧。机动夹紧的力源来自气动、液压、气液联动、电磁、真空等动力夹紧装置。图 4－19 所示的气缸就是一种动力源装置。

（2）传力机构。它是介于动力源和夹紧元件之间传递动力的机构。传力机构的作用是：改变作用力的方向；改变作用力的大小；具有一定的自锁性能，以便在夹紧力一旦消失后，仍能保证整个夹紧系统处于可靠的夹紧状态，这一点在手动夹紧时尤为重要。图 4－19 所示的杠杆就是传力机构。

（3）夹紧元件。它是直接与工件接触完成夹紧作用的最终执行元件。图 4－19 所示的压板就是夹紧元件。

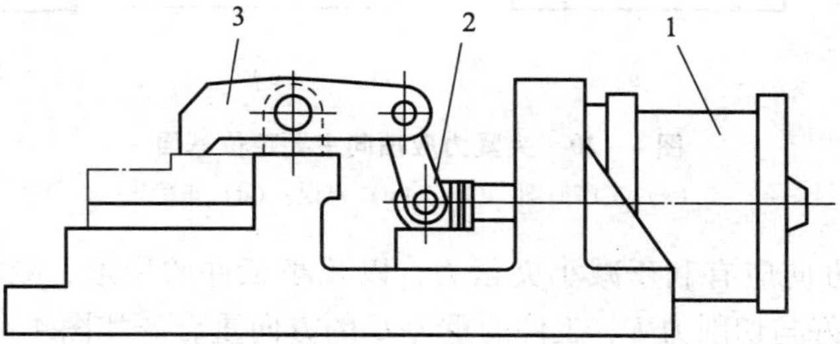

图 4－19　夹紧装置的组成

1—气缸；2—杠杆；3—压板

2. 夹紧装置的设计原则

在夹紧工件的过程中，夹紧作用的效果会直接影响工件的加工精度、表面粗糙度以及生产效率。因此，设计夹紧装置应遵循以下原则。

（1）工件不移动原则。夹紧过程中，应不改变工件定位后所占据的正确位置。

（2）工件不变形原则。夹紧力的大小要适当，既要保证夹紧可靠，又应使工件在夹紧力的作用下不致产生加工精度所不允许的变形。

（3）工件不振动原则。对刚性较差的工件，或者进行断续切削，以及不宜采用气缸直接压紧的情况，应提高支承元件和夹紧元件的刚性，并使夹紧部位靠近加工表面，以避免工件和夹紧系统的振动。

（4）安全可靠原则。夹紧传力机构应有足够的夹紧行程，手动夹紧要有自锁性能，以保证夹紧可靠。

（5）经济实用原则。夹紧装置的自动化和复杂程度应与生产纲领相适应，在保证生产效率的前提下，其结构应力求简单，便于制造、维修，工艺性能好；操作方便、省力，使用性能好。

二、确定夹紧力的基本原则

设计夹紧装置时，夹紧力的确定包括夹紧力的方向、作用点和大小三个要素。

1. 夹紧力的方向

夹紧力的方向与工件定位的基本配置情况，以及工件所受外力的作用方向等有关。选择时必须遵守以下准则。

（1）夹紧力的方向应有助于定位稳定，且主夹紧力应朝向主要定位基面。如图 4－20（a）所示直角支座镗孔，要求孔与 *A* 面垂直，所以应以 *A* 面为主要定位基面，且夹紧力 F_w 方向与之垂直，则较容易保证质量。如图 4－20（b）、图 4－20（c）所示中的 F_w 都不利于保证镗孔轴线与 *A* 的垂直度。如图 4－20（d）所示中的 F_w 朝向了主要定位基面，则有利于保证加工孔轴线与 *A* 面的垂直度。

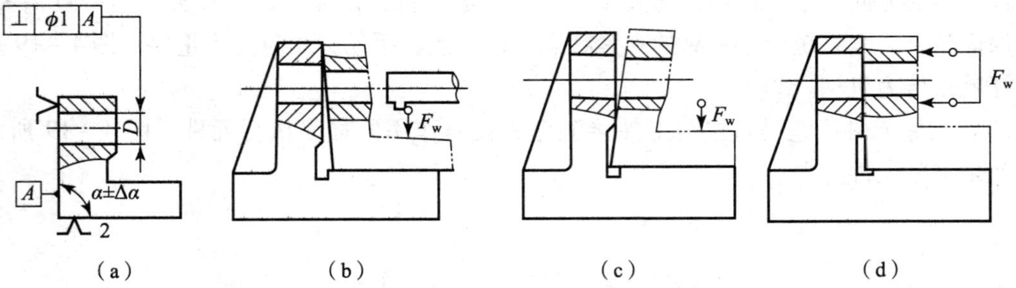

图 4－20　夹紧力应指向主要定位基面

（a）工序简图；（b），（c）错误；（d）正确

（2）夹紧力的方向应有利于减小夹紧力，以减小工件的变形、减轻劳动强度。为此，夹紧力 F_w 的方向最好与切削力 *F*、工件的重力 *G* 的方向重合。如图 4－21 所示为工件在夹具中加工时常见的几种受力情况。显然，图 4－21（a）为最合理，图 4－21（f）情况为最差。

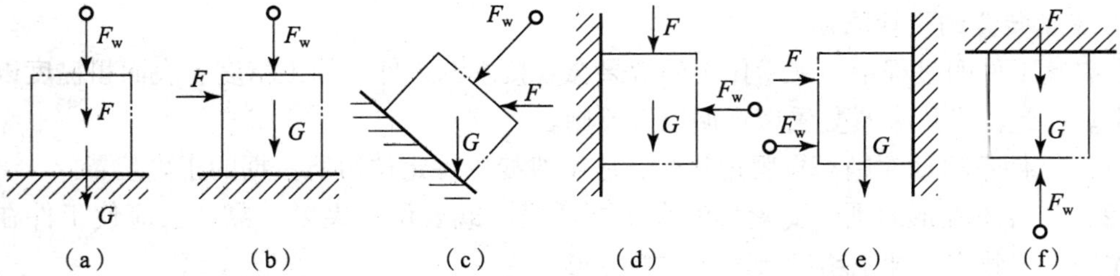

图 4－21　夹紧力方向与夹紧力大小的关系

（3）夹紧力的方向应是工件刚性较好的方向。由于工件在不同方向上刚度是不等的，不同的受力表面也因其接触面积大小而变形各异。尤其在夹压薄壁零件时，更需注意使夹紧力的方向指向工件刚性最好的方向。

2. 夹紧力的作用点

夹紧力作用点是指夹紧件与工件接触的一小块面积。选择作用点的问题是指在夹紧方向已定的情况下确定夹紧力作用点的位置和数目。夹紧力作用点的选择是达到最佳夹紧状态的首要因素。合理选择夹紧力作用点必须遵守以下准则。

（1）夹紧力的作用点应落在定位元件的支承范围内，应尽可能使夹紧点与支承点对应，使夹紧力作用在支承上。如图 4－22（a）所示，夹紧力作用在支承面范围之外，会使工件倾斜或移动，夹紧时将破坏工件的定位；而如图 4-22（b）所示则是合理的。

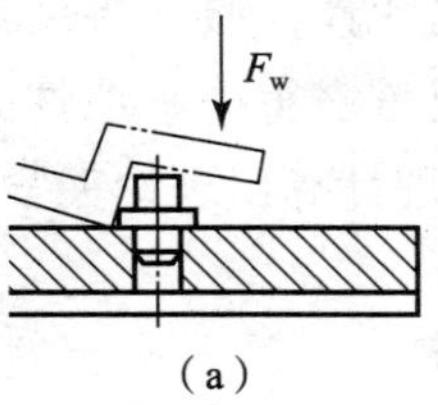

图 4-22　夹紧力的作用点应在支承面内

（2）夹紧力的作用点应选在工件刚性较好的部位。这对刚度较差的工件尤其重要，如图 4-23 所示，将作用点由中间的单点改成两旁的两点夹紧，可使变形大为减小，并且夹紧更加可靠。

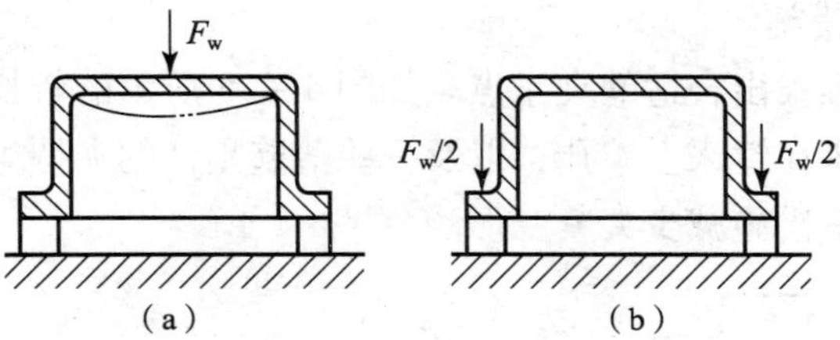

图 4-23　夹紧力作用点应在刚性较好部位

(a) 不合理；(b) 合理

（3）夹紧力的作用点应尽量靠近加工表面，以防止工件产生振动和变形，提高定位的稳定性和可靠性。图 4-24 所示工件的加工部位为孔，图 4-24（a）的夹紧点离加工部位较远，易引起加工振动，使表面粗糙度增大；图 4-24（b）的夹紧点会引起较大的夹紧变形，造成加工误差；图 4-24（c）是比较好的一种夹紧点选择。

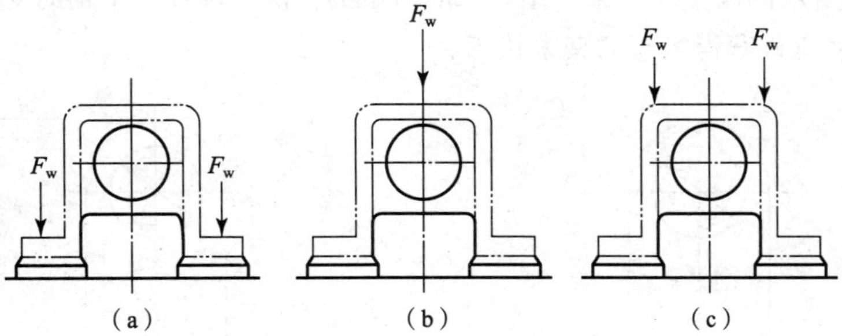

图 4-24　夹紧力作用点应靠近加工表面

3. 夹紧力的大小

夹紧力的大小，对于保证定位稳定、夹紧可靠，确定夹紧装置的结构尺寸，都有着密切的关系。夹紧力的大小要适当。夹紧力过小则夹紧不牢靠，在加工过程中工件可能发生位移而破坏定位，其结果轻则影响加工质量，重则造成工件报废甚至发生安全事故。夹紧力过大会使工件变形，也会对加工质量不利。

理论上，夹紧力的大小应与作用在工件上的其他力（力矩）相平衡；而实际上，夹紧力的大小还与工艺系统的刚度、夹紧机构的传递效率等因素有关，其计算是很复杂的。因此，实际设计中常采用估算法、类比法和试验法确定所需的夹紧力。

当采用估算法确定夹紧力的大小时，为简化计算，通常将夹具和工件看成一个刚性系统。根据工件所受切削力、夹紧力（大型工件应考虑重力、惯性力等）的作用情况，找出加工过程中对夹紧最不利的状态，按静力平衡原理计算出理论夹紧力，最后再乘以安全系数作为实际所需夹紧力，即

$$F_{wk} = KF_w \tag{4-1}$$

式中：F_{wk}——实际所需夹紧力(N)；

F_w——在一定条件下，由静力平衡算出的理论夹紧力(N)；

K——安全系数，粗略计算时，粗加工取 $K=2.5\sim3$，精加工取 $K=1.5\sim2$。

夹紧力三要素的确定，实际是一个综合性问题。必须全面考虑工件结构特点、工艺方法、定位元件的结构和布置等多种因素，才能最后确定并具体设计出较为理想的夹紧装置。

4. 减小夹紧变形的措施

有时，一个工件很难找出合适的夹紧点。如图 4－25 所示的较长的套筒在车床上镗内孔和图 4－26 所示的高支座在镗床上镗孔，以及一些薄壁零件的夹持等，均不易找到合适的夹紧点。这时可以采取以下措施减少夹紧变形。

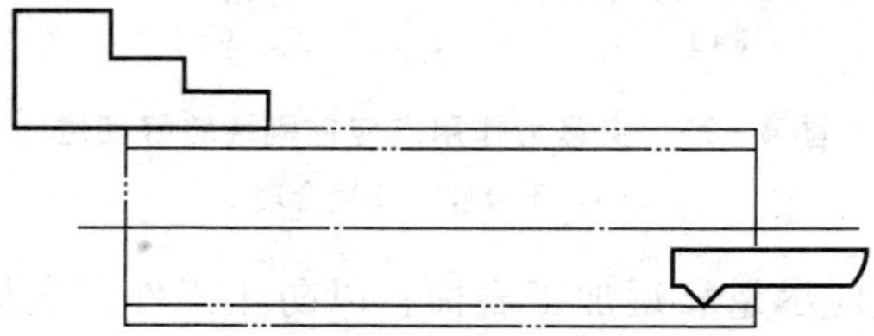

图 4－25　车床上镗深孔

（1）增加辅助支承和辅助夹紧点。

如图 4－26 所示的高支座可采用图 4－27 所示的方法，增加一个辅助支承点及辅助夹紧力 F_{w1}，就可以使工件获得满意的夹紧状态。

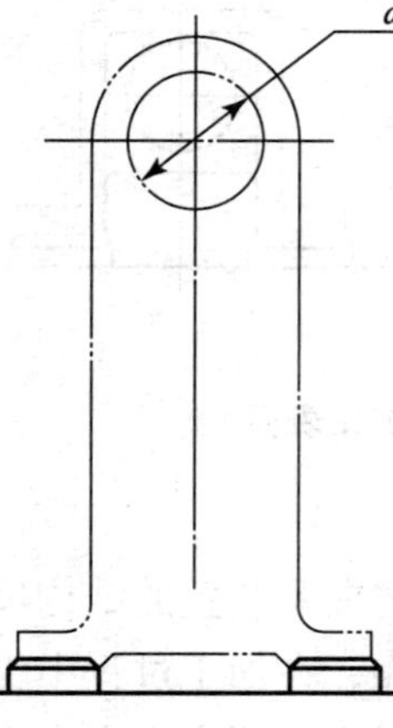

图 4－26　高支座镗孔

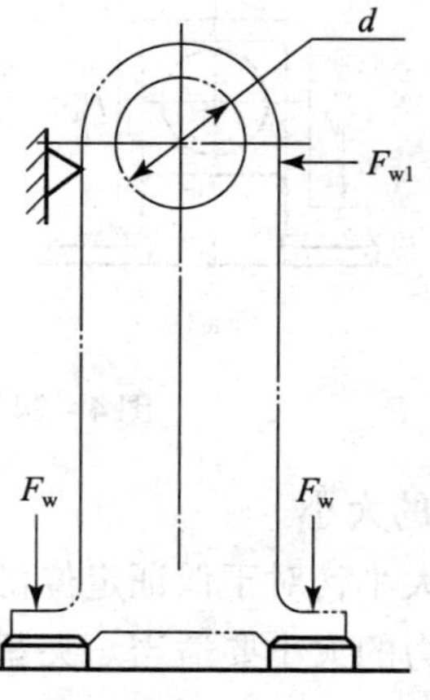

图 4－27　辅助夹紧

（2）分散着力点。

如图 4－28 所示，用一块活动压板将夹紧力的着力点分散成两个或四个，从而改变着力

点的位置，减少着力点的压力，获得减少夹紧变形的效果。

（3）增加压紧件接触面积。

图4－29所示为三爪卡盘夹紧薄壁工件的情形。将图4－29（a）改为图4－29（b）的形式，改用宽卡爪增大了和工件的接触面积，减小了接触点的比压，从而减小了夹紧变形。图4－30列举了另外两种减少夹紧变形的装置。图4－30（a）为常见的浮动压块，图4－30（b）为在压板下增加垫环，使夹紧力通过刚性好的垫环均匀地作用在薄壁工件上，避免工件局部压陷。

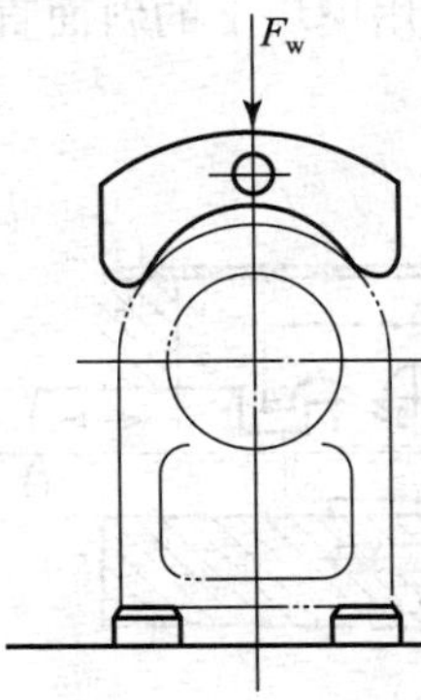

图4－28　分散着力点

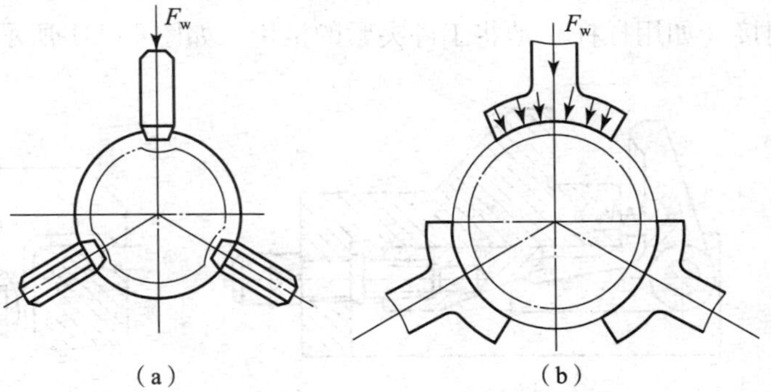

图4－29　薄壁套的夹紧变形及改善

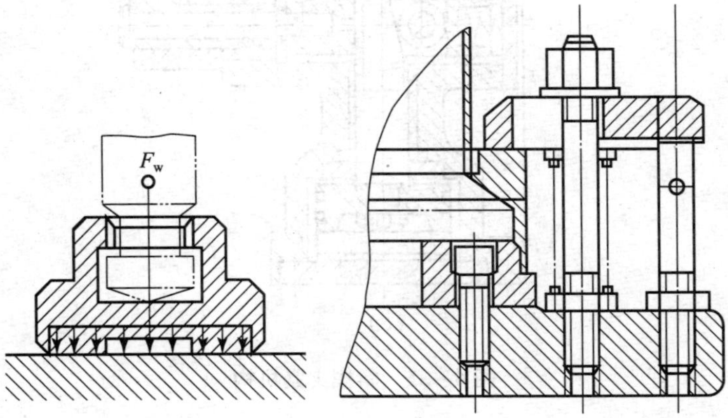

图4－30　采用浮动压块和垫环减少工件夹紧变形

（4）利用对称变形。

加工薄壁套筒时，采用图4－29的方法加宽卡爪，如果夹紧力较大，仍有可能发生较大的变形。因此，在精加工时，除减小夹紧力外，夹具的夹紧设计，应保证工件能产生均匀的对称变形，以便获得变形量的统计平均值，通过调整刀具适当消除部分变形量，也可以达到所要求的加工精度。

（5）其他措施。

对于一些极薄的特形工件，靠精密冲压加工仍达不到所要求的精度而需要进行机械加工时，上述各种措施通常难以满足需要，可以采用一种冻结式夹具。这类夹具是将极薄的特形工件定位于一个随行的型腔里，然后浇灌低熔点金属，待其固结后一起加工，加工完成后，再加热熔解取出工件。低熔点金属的浇灌及熔解分离，都是在生产线上进行的。

三、常用的夹紧机构及选用

机床夹具中所使用的夹紧机构绝大多数都是利用斜面将楔块的推力转变为夹紧力来夹紧工件的。其中最基本的形式就是直接利用有斜面的楔块，偏心轮、凸轮、螺钉等不过是楔块的变种。

1. 斜楔夹紧机构

斜楔是夹紧机构中最基本的增力和锁紧元件。斜楔夹紧机构是利用楔块上的斜面直接或间接（如用杠杆）地将工件夹紧的机构，如图 4－31 所示。

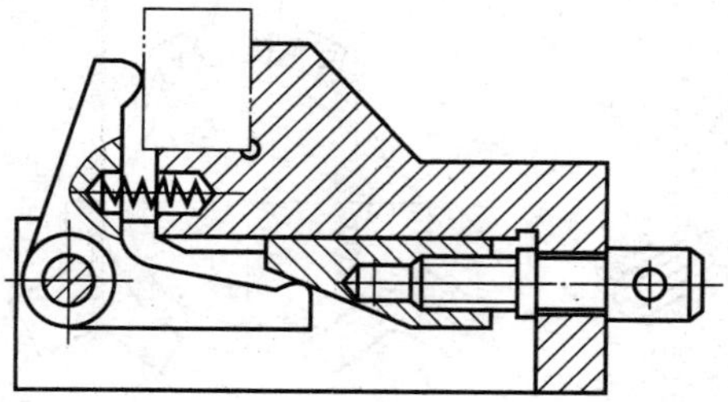

（a）

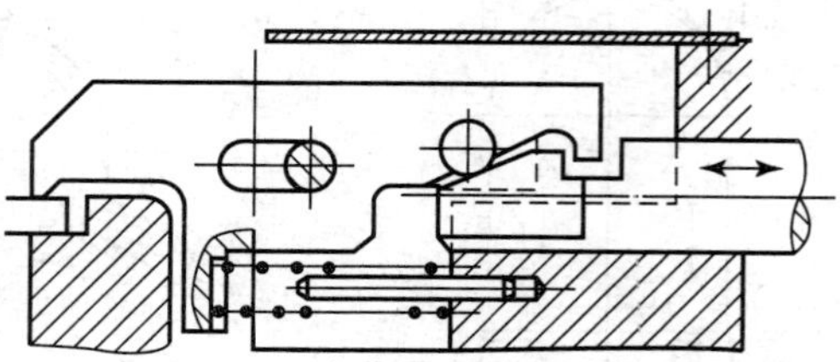

（b）

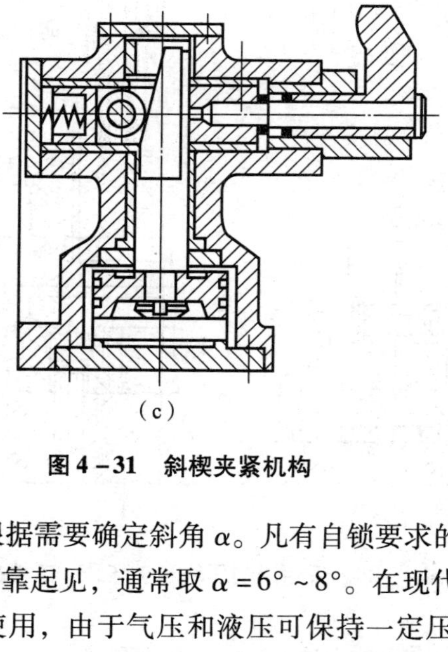

（c）

图 4－31　斜楔夹紧机构

选用斜楔夹紧机构时，应根据需要确定斜角 α。凡有自锁要求的楔块夹紧，其斜角 α 必须小于 2φ（φ 为摩擦角），为可靠起见，通常取 $\alpha=6°\sim8°$。在现代夹具中，斜楔夹紧机构常与气压、液压传动装置联合使用，由于气压和液压可保持一定压力，楔块斜角 α 不受此限，可取更大些，一般在 $15°\sim30°$ 范围内选择。斜楔夹紧机构结构简单，操作方便，但传力系数小，夹紧行程短，自锁能力差。

2. 螺旋夹紧机构

由螺钉、螺母、垫圈、压板等元件组成，采用螺旋直接夹紧或与其他元件组合实现夹紧工件的机构，统称为螺旋夹紧机构。螺旋夹紧机构不仅结构简单、容易制造，而且自锁性能好、夹紧可靠，夹紧力和夹紧行程都较大，是夹具中用得最多的一种夹紧机构。

（1）简单螺旋夹紧机构。

这种装置有两种形式。图 4－32（a）所示的机构螺杆直接与工件接触，容易使工件受损害或移动，一般只用于毛坯和粗加工零件的夹紧。图 4 – 32（b）所示的是常用的螺旋夹紧机构，其螺钉头部常装有摆动压块，可防止螺杆夹紧时带动工件转动和损伤工件表面，螺杆上部装有手柄，夹紧时不需要扳手，操作方便、迅速。当工件夹紧部分不宜使用扳手，且夹紧力要求不大的部位，可选用这种机构。简单螺旋夹紧机构的缺点是夹紧动作慢，工件装卸费时。为了克服这一缺点，可以采用如图 4 – 33 所示的快速螺旋夹紧机构。

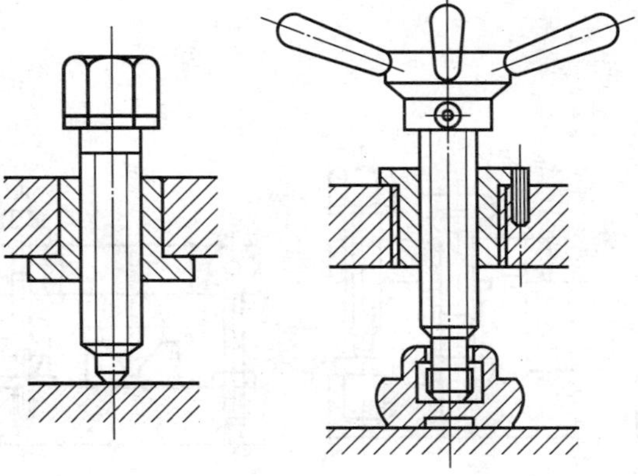

（a）　（b）

图 4 – 32　简单螺旋夹紧机构

（a）螺杆与工件直接接触；（b）螺杆与工件不直接接触

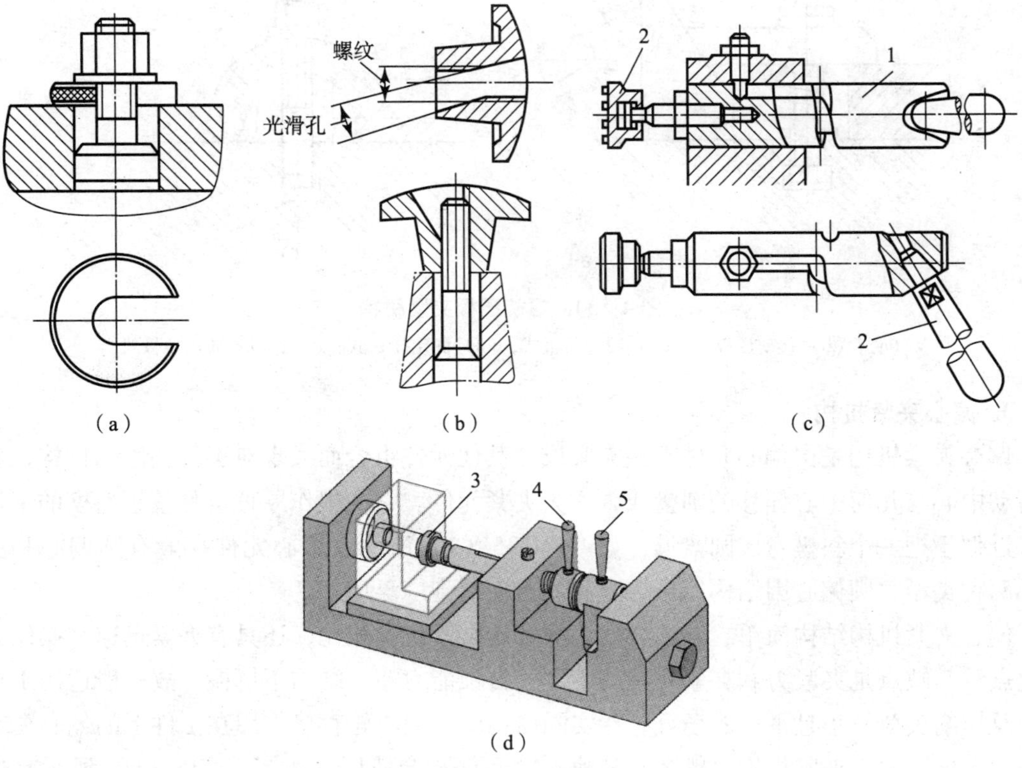

（a）　（b）　（c）

（d）

图 4 – 33　快速螺旋夹紧机构

1—夹紧轴；2，4，5—手柄；3—摆动压块

(2) 螺旋压板夹紧机构。

在夹紧机构中，结构形式变化最多的是螺旋压板机构，常用的螺旋压板夹紧机构如图 4－34 所示。选用时，可根据夹紧力大小的要求、工作高度尺寸的变化范围、夹具上夹紧机构允许占有的部位和面积进行选择。例如，当夹具中只允许夹紧机构占很小面积，而夹紧力又要求不很大时，可选用如图 4－34（a）所示的螺旋钩形压板夹紧机构。又如工件夹紧高度变化较大的小批量、单件生产，可选用如图 4－34（e）和（f）所示的通用压板夹紧机构。

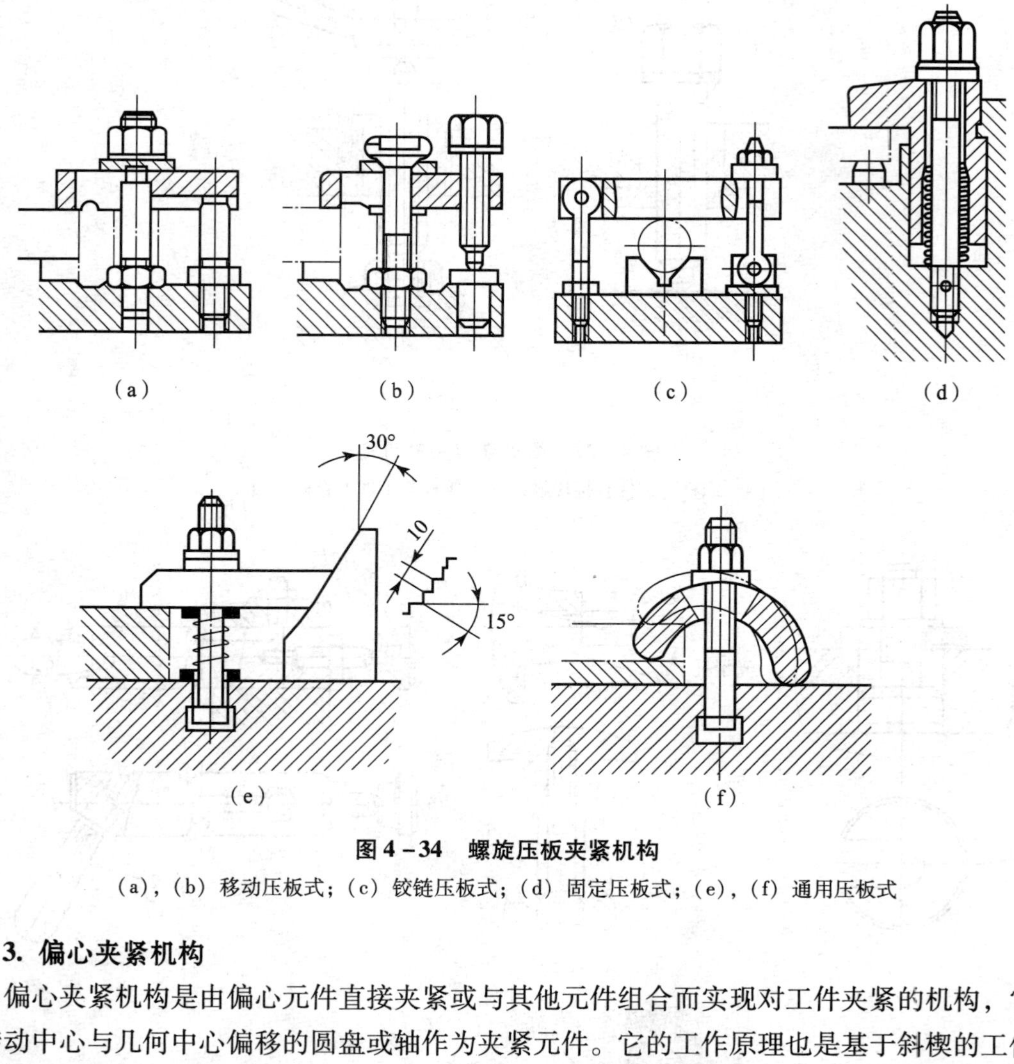

图 4－34　螺旋压板夹紧机构

(a)，(b) 移动压板式；(c) 铰链压板式；(d) 固定压板式；(e)，(f) 通用压板式

3. 偏心夹紧机构

偏心夹紧机构是由偏心元件直接夹紧或与其他元件组合而实现对工件夹紧的机构，它是用转动中心与几何中心偏移的圆盘或轴作为夹紧元件。它的工作原理也是基于斜楔的工作原理，近似于把一个斜楔弯成圆盘形，如图 4－35（a）所示。偏心元件一般有圆偏心和曲线偏心两种类型，圆偏心因结构简单、容易制造而得到广泛应用。

偏心夹紧机构结构简单、制造方便，与螺旋夹紧机构相比，还具有夹紧迅速、操作方便等优点；其缺点是夹紧力和夹紧行程均不大，自锁能力差，结构不抗振，故一般适用于夹紧行程及切削负荷较小且平稳的场合。在实际使用中，偏心轮直接作用在工件上的偏心夹紧机构并不多见。偏心夹紧机构一般多和其他夹紧元件联合使用。如图 4－35（b）所示是偏心压板夹紧机构。

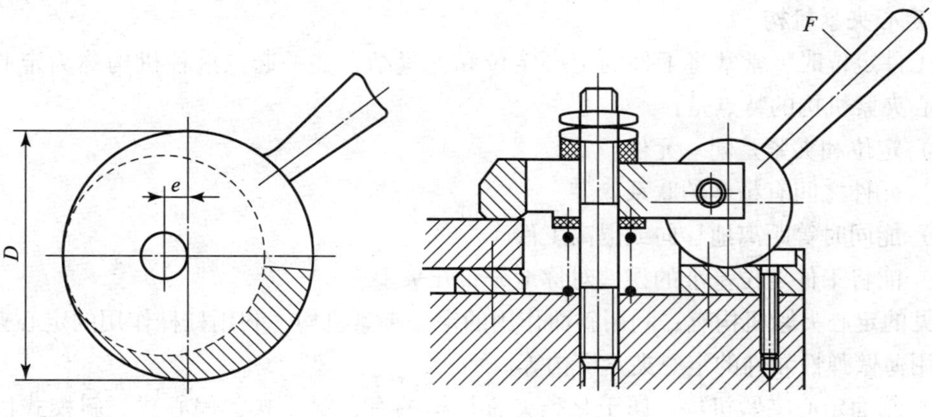

（a）　　　　（b）

图 4－35　偏心压板夹紧机构

（a）工作原理；（b）偏心压板结构

4. 铰链夹紧机构

铰链夹紧机构是一种增力夹紧机构。由于其机构简单，增力倍数大，所以在气压夹具中获得较广泛的运用，以弥补气缸或气室力量的不足。如图 4－36 所示是铰链夹紧机构的三种基本结构。图 4－36（a）为单臂铰链夹紧机构，臂的两头是铰链的连线，一头带滚子。图 4－36（b）为双臂单作用铰链夹紧机构。图 4－36（c）为双臂双作用铰链夹紧机构。

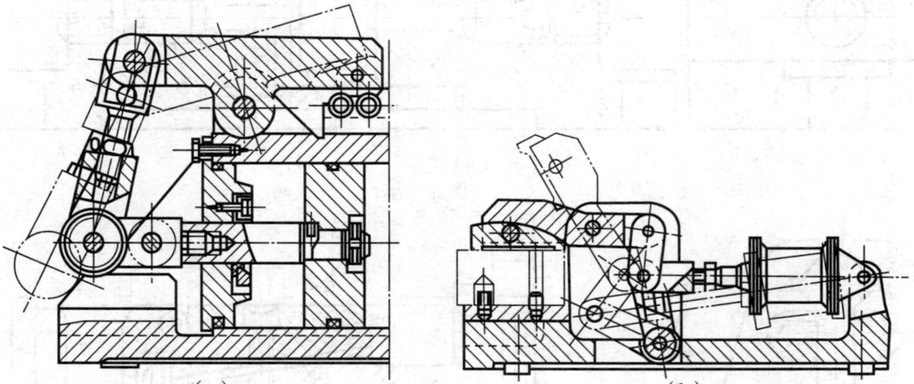

（a）　　　　（b）

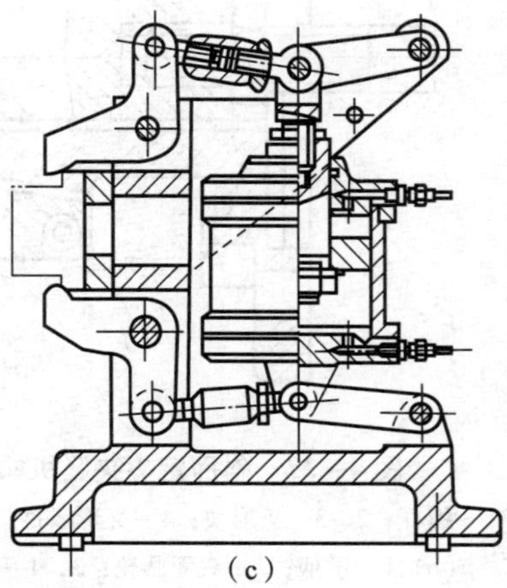

（c）

图 4－36　铰链夹紧机构

5. 定心夹紧机构

在工件定位时，常常将工件的定心定位和夹紧结合在一起，这种机构称为定心夹紧机构。定心夹紧机构的特点是：

（1）定位和夹紧是同一元件。

（2）元件之间有精确的联系。

（3）能同时等距离地移向或退离工件。

（4）能将工件定位基准的误差对称地分布开来。

常见的定心夹紧机构有：利用斜面作用的定心夹紧机构、利用杠杆作用的定心夹紧机构以及利用薄壁弹性元件的定心夹紧机构等。

（1）斜面定心夹紧机构。属于此类夹紧机构的有：螺旋式、偏心式、斜楔式以及弹簧夹头等。图 4－37（a）为螺旋式定心夹紧机构；图 4－37（b）为偏心式定心夹紧机构；图 4－37（c）为斜面（锥面）定心夹紧机构。

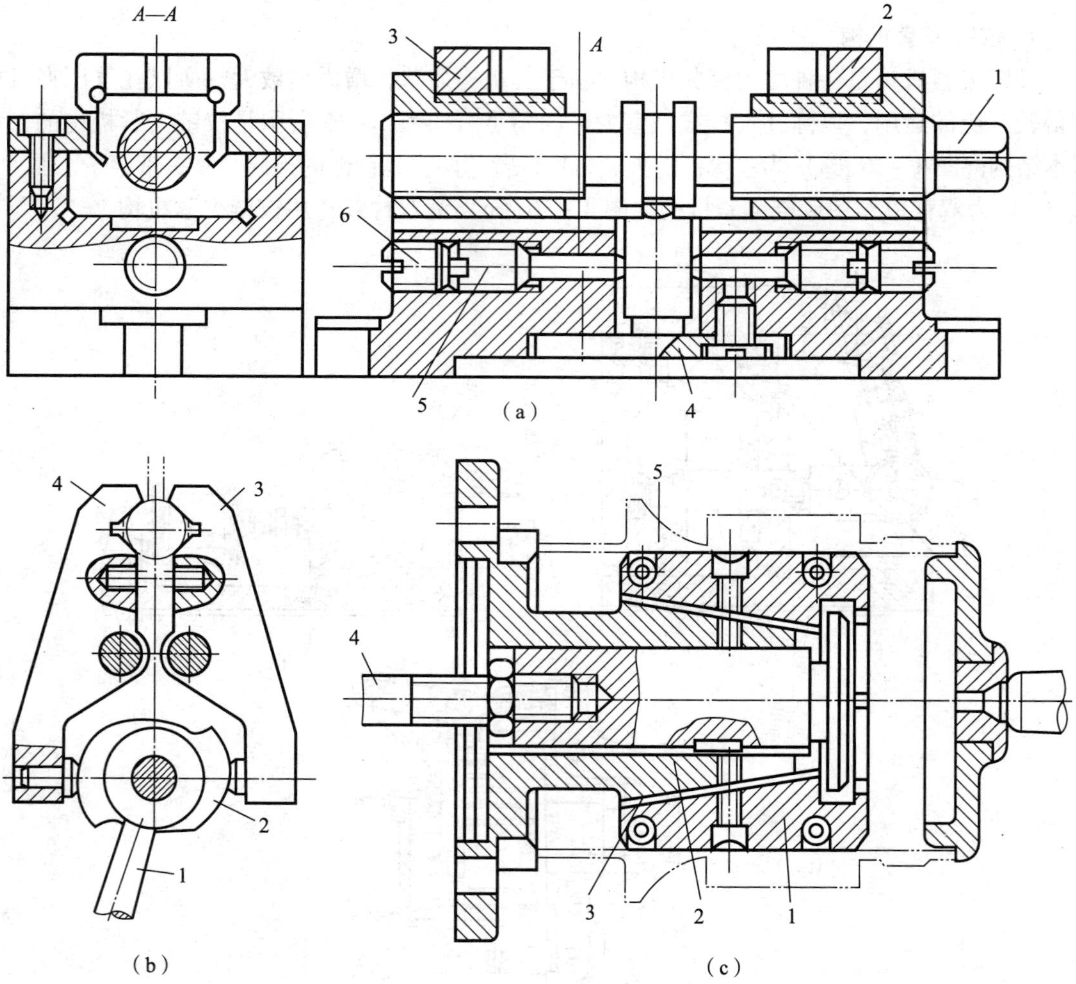

图 4－37　斜面定心夹紧机构

(a) 1—螺杆；2、3—V 形块；4—叉形零件；5，6—螺钉

(b) 1—手柄；2—双面凸轮；3，4—夹爪

(c) 1—夹爪；2—本体；3—弹簧卡圈；4—拉杆；5—工件

弹簧夹头亦属于利用斜面作用的定心夹紧机构。图 4－38 所示为弹簧夹头的结构简图。图中 1 为夹紧元件——弹簧套筒，2 为操纵件——拉杆。

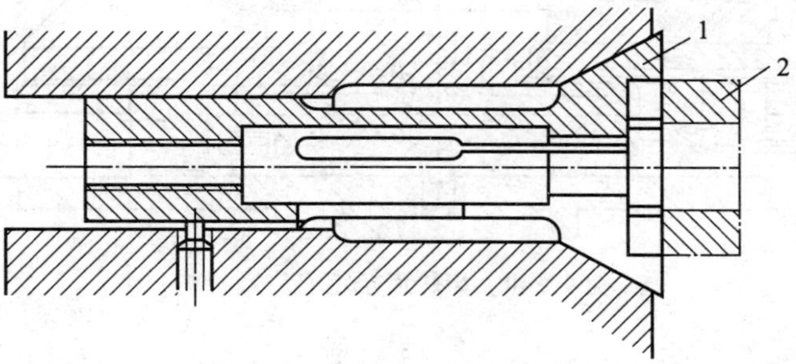

图 4－38　弹簧夹头的结构

（2）杠杆定心夹紧机构。图 4－39 所示的车床卡盘即属此类夹紧机构。气缸力作用于拉杆 1，拉杆 1 带动滑块 2 左移，通过三个钩形杠杆 3 同时收拢三个夹爪 4，对工件进行定心夹紧。夹爪的张开是靠滑块上的三个斜面推动的。

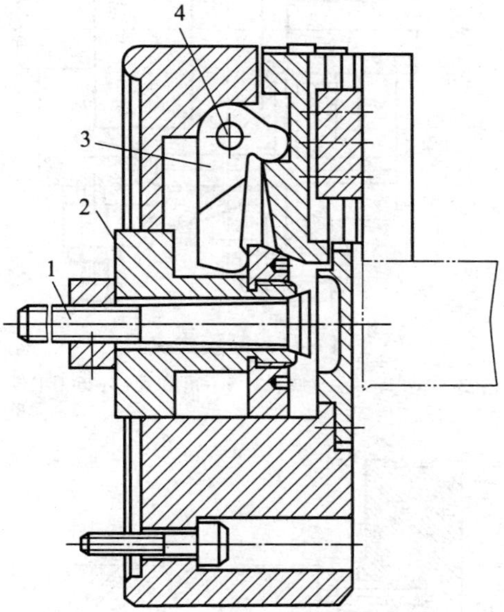

图 4－39　自动定心卡盘

1—拉杆；2—滑块；3—钩形杠杆；4—夹爪

图 4－40 所示为齿轮齿条传动的定心夹紧机构。气缸（或其他动力）通过拉杆推动右端钳口时，通过齿轮齿条传动，使左面钳口同步向心移动夹紧工件，使工件在 V 形块中自动定心。

（3）弹性定心夹紧机构。弹性定心夹紧机构是利用弹性元件受力后的均匀变形实现对工件的自动定心的。根据弹性元件的不同，有鼓膜式夹具、碟形弹簧夹具、液性塑料薄壁套筒夹具及折纹管夹具等。图 4－41 所示为鼓膜式夹具。图 4－42 所示为液性塑料定心夹具。

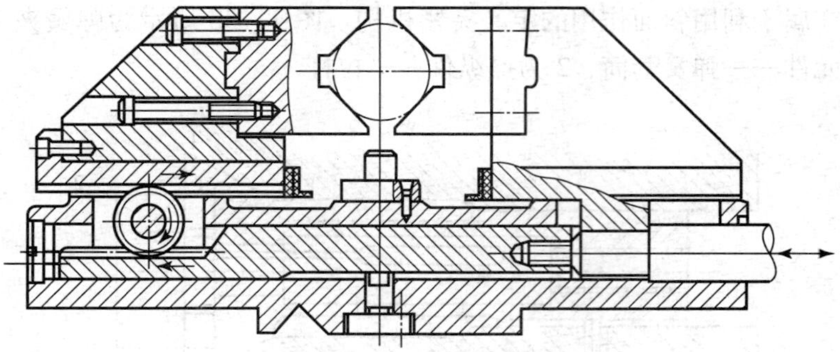

图 4－40　齿轮齿条定心夹紧机构

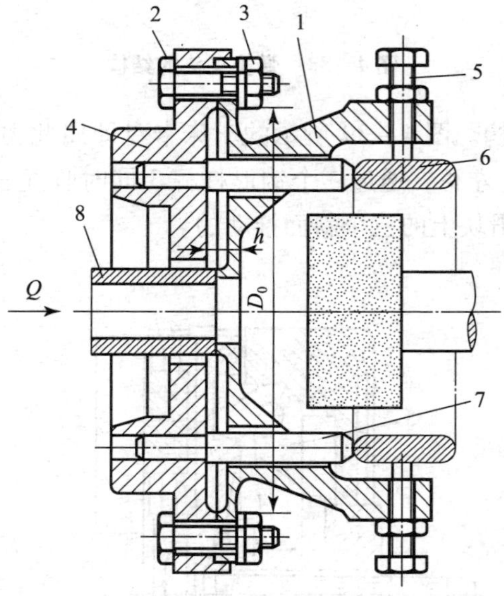

图 4－41　鼓膜式夹具

1—弹性盘；2—螺钉；3—螺母；4—夹具体；5—可调螺钉；6—工件；7—顶杆；8—推杆

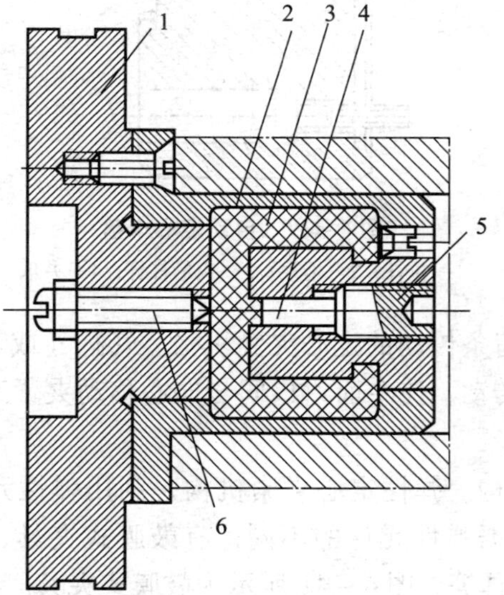

图 4－42　液性塑料定心夹具

1—夹具体；2—薄壁套筒；3—液体塑料；4—滑柱；5—螺钉；6—限位螺钉

6. 联动夹紧机构

在工件的装夹过程中，有时需要夹具同时有几个点对工件进行夹紧；有时则需要同时夹紧几个工件；而有些夹具除了夹紧动作外，还需要松开或固紧辅助支承等。这时为了提高生产率，减少工件装夹时间，可以采用各种联动机构。下面介绍一些常见的联动夹紧机构。

(1) 多点夹紧。多点夹紧是用一个原始作用力，通过一定的机构分散到数个点上对工件进行夹紧。图 4 - 43 所示为两种常见的浮动压头。图 4 - 44 所示为几种浮动夹紧机构的例子。

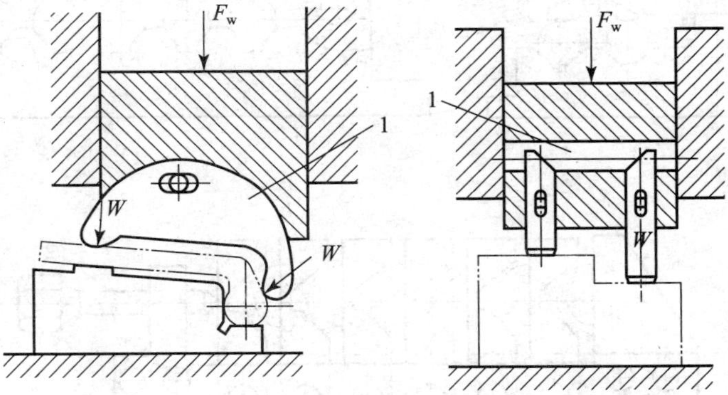

图 4 - 43　浮动压头

1—浮动零件

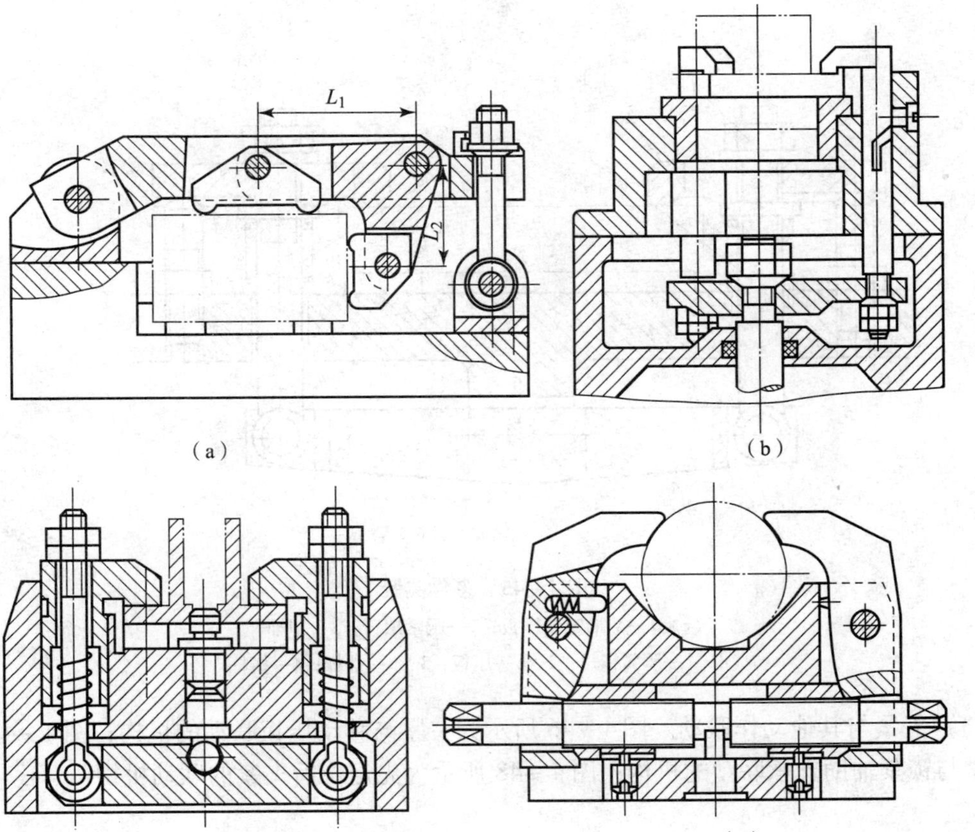

图 4 - 44　浮动夹紧机构

(a) 四点双向浮动；(b)，(c) 平行式多点夹紧；(d) 多点浮动夹紧

（2）多件夹紧。多件夹紧是用一个原始作用力，通过一定的机构实现对数个相同或不同的工件进行夹紧。图 4－45 所示为部分常见的多件夹紧机构。

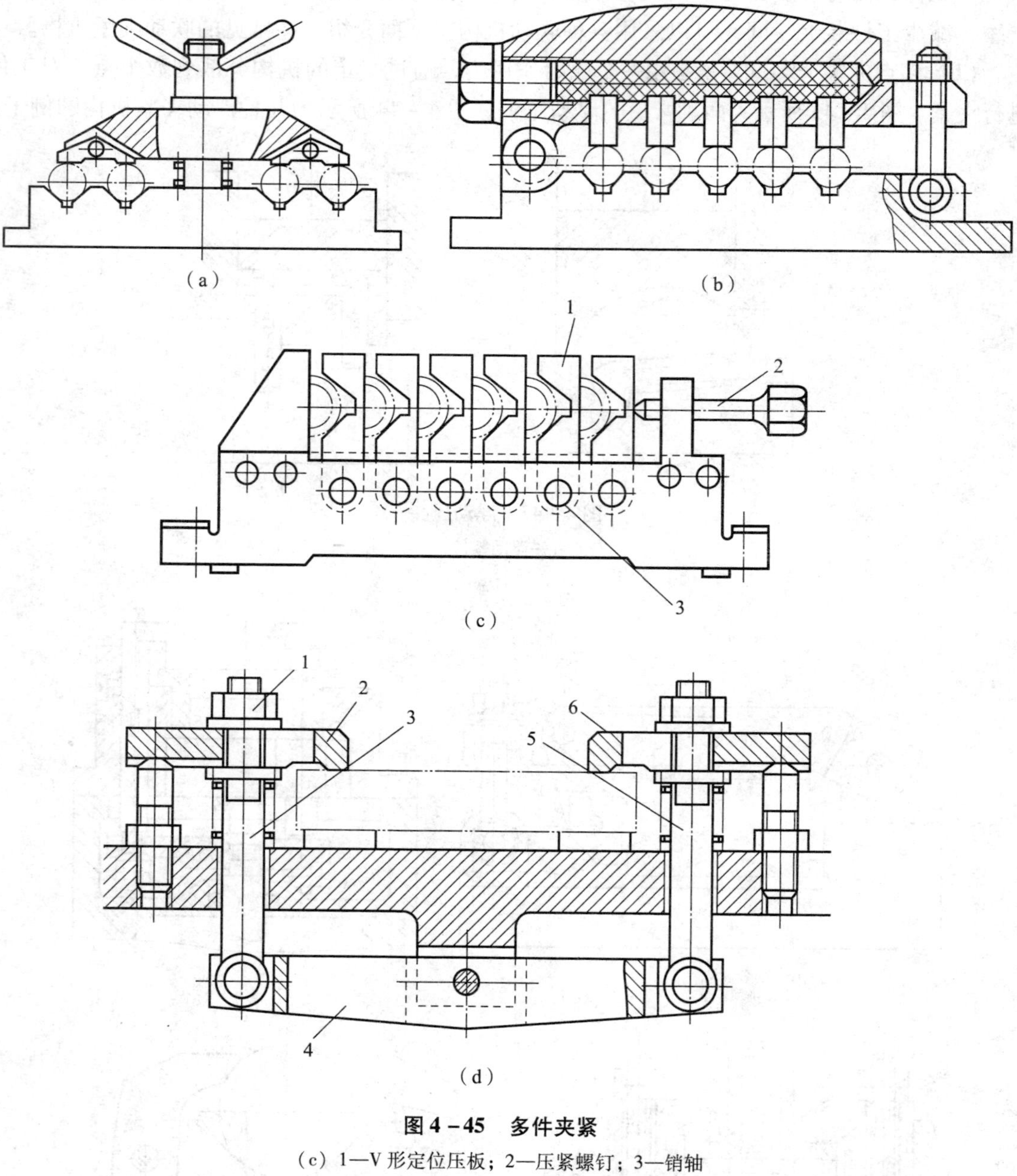

图 4－45　多件夹紧

（c）1—V 形定位压板；2—压紧螺钉；3—销轴

（d）1—压紧螺母；2、6—压板；3、5—螺杆；4—横杆

（3）夹紧与其他动作联动。图 4－46 所示为夹紧与移动压板联动的机构；图 4－47 所示为夹紧与锁紧辅助支承联动的机构；图 4－48 所示为先定位后夹紧的联动机构。

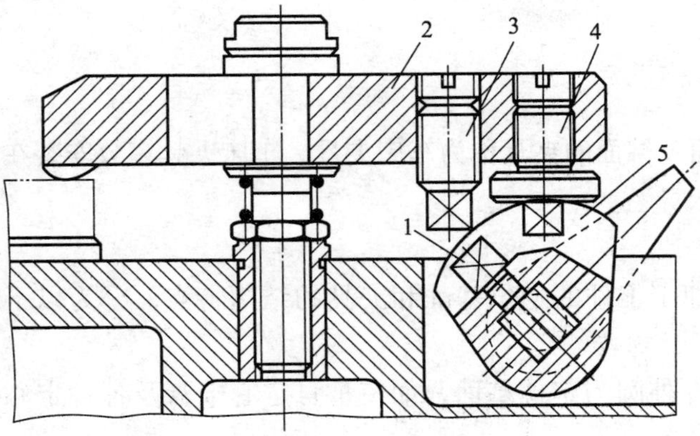

图 4－46　夹紧与移动压板联动机构

1—拔销；2—压板；3、4—螺钉；5—偏心轮

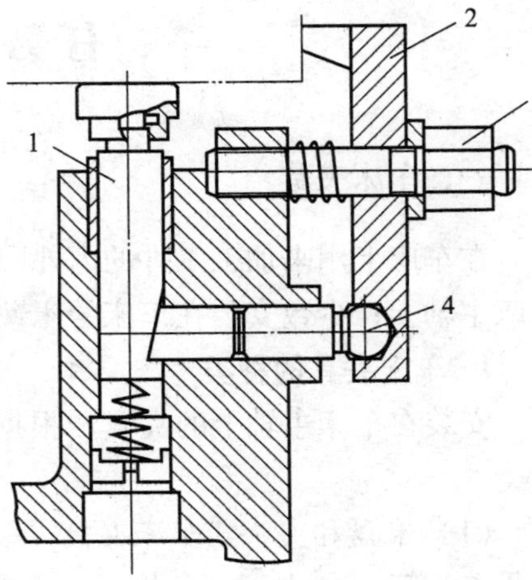

图 4－47　夹紧与锁紧辅助支承联动机构

1—辅助支承；2—压板；3—螺母；4—锁销

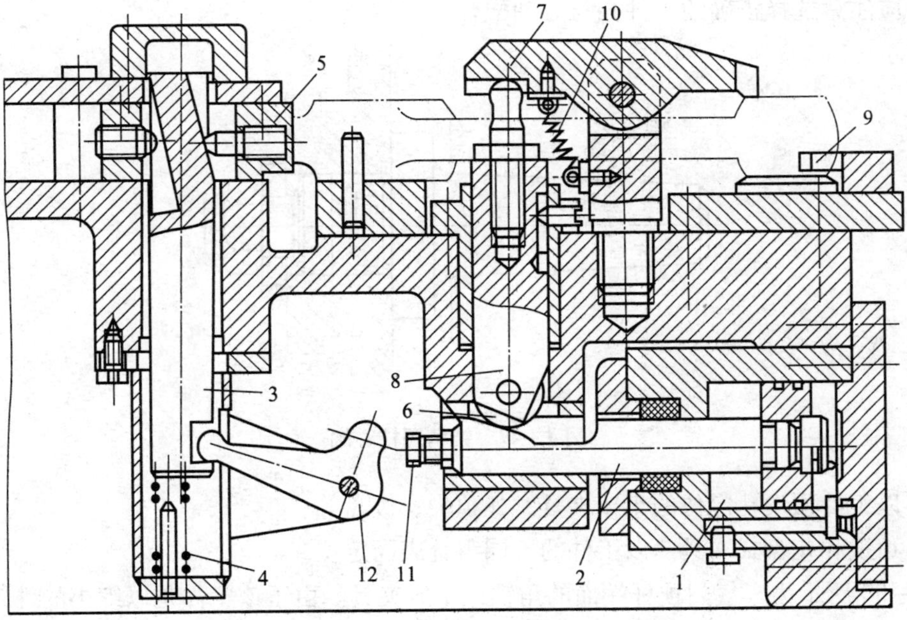

图 4－48　先定位后夹紧联动机构

1—油缸；2—活塞杆；3—推杆；4—弹簧；5—活块；6—滚子；7—压板；8—推杆；9—定位块；10—弹簧；11—螺钉；12—拨杆

任务四　典型机床夹具

一、车床夹具

在车床上用来加工工件的内外回转面及端面的夹具称为车床夹具。车床夹具多数安装在车床主轴上；少数安装在车床的床鞍或床身上。

1. 车床夹具的种类

安装在车床主轴上的夹具，根据被加工工件的定位基准和夹具的结构特点，分为以下四类。

（1）卡盘和夹头式车床夹具。以工件外圆为定位基面，如三爪自定心卡盘及各种定心夹紧卡头等。

（2）心轴式的车床夹具。以工件内孔为定位基面，如各种定位心轴（刚性心轴）、弹簧心轴等。

图4－49所示为一车床上常用的带锥柄的圆柱心轴。加工时，工件以内孔及端面为定位基准在心轴上定位，用螺母通过开口垫圈将工件夹紧。该心轴以锥柄与车床主轴连接。设计心轴时，应注意选择正确的工件孔与心轴配合。

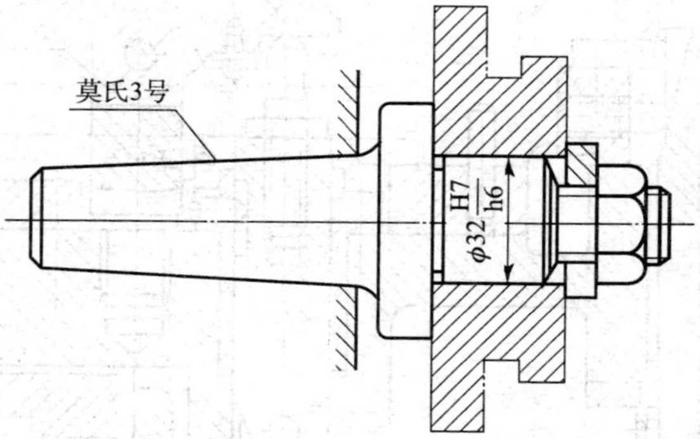

图4－49　锥柄圆柱心轴

（3）以工件顶尖孔定位的车床夹具。如顶尖、拨盘等。

（4）角铁和花盘式夹具。以工件的不同组合表面定位。

图4－50所示为车气门顶杆端面的角铁式车床夹具。由于该工件是以细小的外圆柱面定位，因此很难采用自动定心装置，于是采用半圆套定位元件，夹具体必然设计成角铁状。为了使夹具平衡，该夹具采用了在一侧钻平衡孔的办法。

当工件定位基面为单一圆柱表面或是与被加工表面轴线垂直的平面时，可采用各种通用车床夹具，如三爪自定心卡盘、四爪卡盘、顶尖、花盘等；当工件定位基面较复杂时，需要设计专用车床夹具。

2. 车床夹具的设计要点

车床夹具工作时，和工件随机床主轴或花盘一起高速旋转，具有离心力和不平衡惯量。因此设计夹具时，除了保证工件达到工序精度要求外，还应着重考虑以下问题。

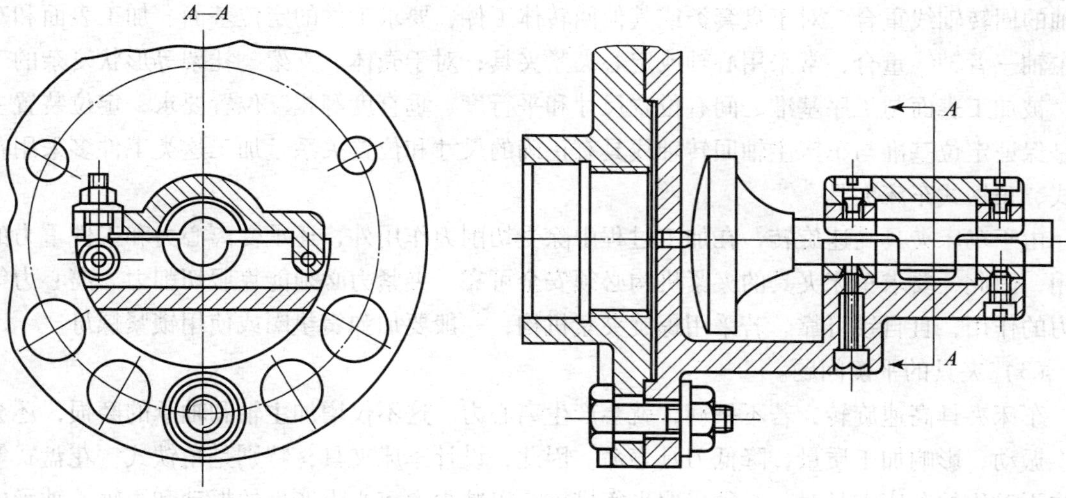

图 4－50　车气门顶杆端面的角铁式车床夹具

(1) 车床夹具的总体结构。

夹具结构应力求紧凑、轮廓尺寸小、重量轻。弯板式车床夹具的轮廓尺寸如图 4－51 所示，可参考以下数据。

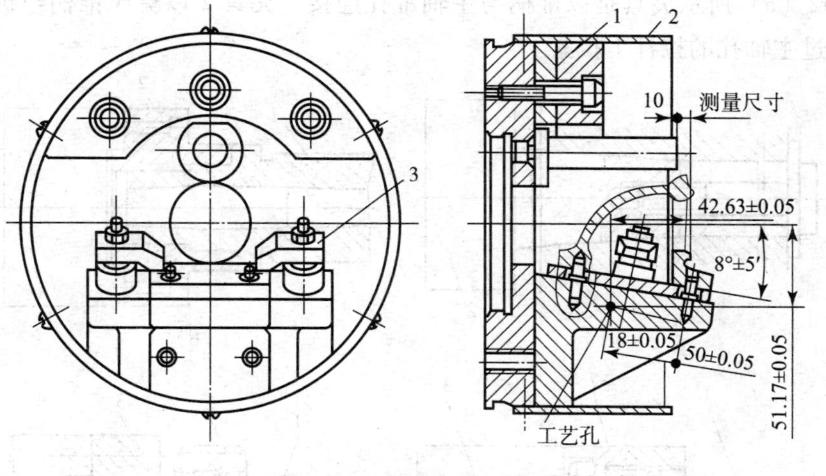

图 4－51　弯板式车床夹具

1—平衡块；2—防护罩；3—钩形压板

当夹具采用锥柄与机床主轴锥孔连接时，夹具上最大轮廓直径 $D<140$mm 或 $D\leqslant(2\sim3)d$，d 为锥柄大端的直径。

当夹具采用过渡盘与机床主轴连接时，在 $D<150$mm 时，$B/D\leqslant1.25$；$D=150\sim300$mm 时，$B/D\leqslant0.9$；$D>300$mm 时，$B/D\leqslant0.6$（B 为夹具的悬伸长度）。

当夹具为单支承的悬臂心轴时，其悬伸长度应小于直径的 5 倍。

当夹具为前后顶尖支承的心轴时，其悬伸长度应小于直径的 12 倍。

当夹具心轴直径大于 50～60mm 时，可采用中空结构，以减轻重量。

(2) 定位装置和夹紧装置的设计。

车床夹具主要用来加工回转体表面，定位装置的作用必须使工件加工表面的轴线与车床主轴的回转轴线重合。对于盘套类或其他回转体工件，要求工件的定位基面、加工表面和车床主轴三者轴线重合，常采用心轴或定心夹紧夹具；对于壳体、支架、托架等形状复杂的工件，被加工表面与工序基准之间有位置尺寸和平行度、垂直度等相互位置要求，定位装置主要是保证定位基准与车床主轴回转轴线具有正确的尺寸和位置关系，加工这类工件多采用花盘式、角铁式车床夹具。

由于车床夹具高速旋转，在加工过程中除受切削力作用外，还承受离心力和工件重力的作用，因此，要求车床夹具的夹紧机构必须安全可靠，夹紧力必须能克服切削力、离心力等外力的作用，且自锁可靠。若采用螺旋夹紧机构，一般要加弹簧垫圈或使用锁紧螺母。

（3）夹具的平衡问题。

车床夹具高速旋转，若不平衡，就会产生离心力。这不仅增加主轴和轴承的磨损，还会产生振动，影响加工质量，降低刀具寿命。因此，设计车床夹具，特别是角铁式、花盘式等结构不对称的车床夹具时，必须采取平衡措施，以减少由离心力产生的振动和主轴、轴承的磨损。生产中常用加平衡块或加工减重孔的办法，通过平衡试验，来达到平衡夹具的目的。

（4）夹具与机床的连接方式。

主要取决于夹具的结构和机床主轴前端的结构形式。图 4－52 所示是车床夹具与机床主轴常用的连接方式。

图 4－52（a）所示夹具是以锥柄与主轴锥孔连接，夹具 2 以莫氏锥柄与机床主轴配合定心，由通过主轴孔的拉杆 1 拉紧。

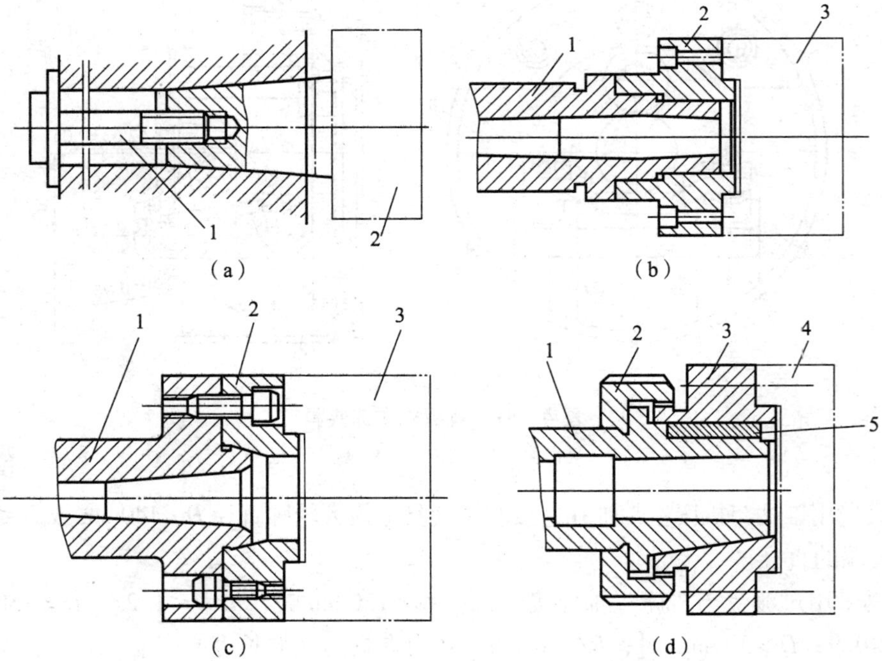

图 4－52　车床夹具与机床常用的连接方式

（a）1—拉杆；2—夹具

（b）1—主轴；2—过渡盘；3—夹具

（c）1—主轴；2—过渡盘；3—夹具

（d）1—主轴；2—锁紧螺母；3—过渡盘；4—夹具；5—键

图 4 – 52（b）所示是以主轴前端外圆柱面与夹具过渡盘连接（或直接与夹具连接），夹具 3 通过过渡盘 2 的内锥孔与主轴 1 的前端定心轴颈配合定心，并用螺钉紧固在一起。

图 4 – 52（c）所示是以主轴前端短圆锥面与夹具过渡盘连接，夹具 3 通过过渡盘 2 的内锥孔与主轴 1 前端的短锥面相配合定心，并用螺钉紧固在主轴上。

图 4 – 52（d）所示是以主轴前端长圆锥面与夹具过渡盘连接，夹具 4 通过过渡盘 3 的内锥孔与主轴 1 前端的长锥面相配合定心，并用锁紧螺母 2 紧固。在锥面配合处用键 5 连接传递扭矩。

二、钻床夹具

在各种钻床上用来钻、扩、铰孔的机床夹具称为钻床夹具，这类夹具的特点是装有钻套和安装钻套用的钻模板，故习惯上简称为钻模。

钻床夹具的种类很多，根据钻模板的工作方式分为以下五类。

（1）固定式钻模。

这类钻模在加工过程中固定不动。夹具体上设有安放紧固螺钉或便于夹压的部位。这类钻模主要用于立式钻床加工单孔，或在摇臂钻床上加工平行孔系。

图 4 – 53 所示是在阶梯轴的大端钻孔的固定式钻模。工序图已确定了定位基准，钻模上采用 V 形块 2 及其端面和手动拔销 5 定位，用偏心压板夹紧，夹具体周围留有供夹紧用的凸缘或 U 形槽。

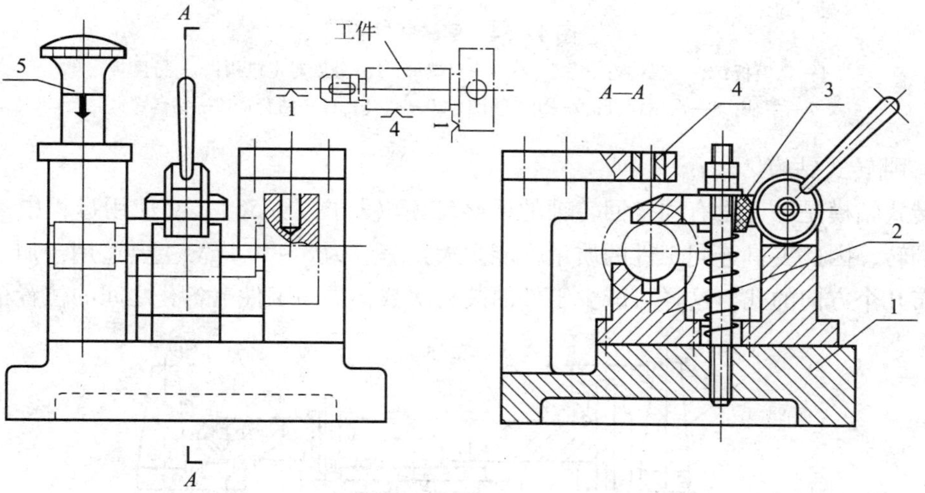

图 4 – 53　固定式钻模

1—夹具体；2—V 形块；3—偏心压板；4—钻套；5—手动拔销

（2）回转式钻模（图 4 – 54）。

回转式钻模用于加工工件上同一圆周上的平行孔系或分布在同一圆周上的径向孔系。回转式钻模的基本形式有立轴、卧轴和倾斜轴三种。工件一次装夹中，靠钻模依次回转加工各孔，因此这类钻模必须有分度装置。回转式钻模使用方便、结构紧凑，在成批生产中广泛使用。一般情况下，为缩短夹具设计和制造周期，提高工艺装备的利用率，夹具的回转分度部分多采用标准回转工作台。

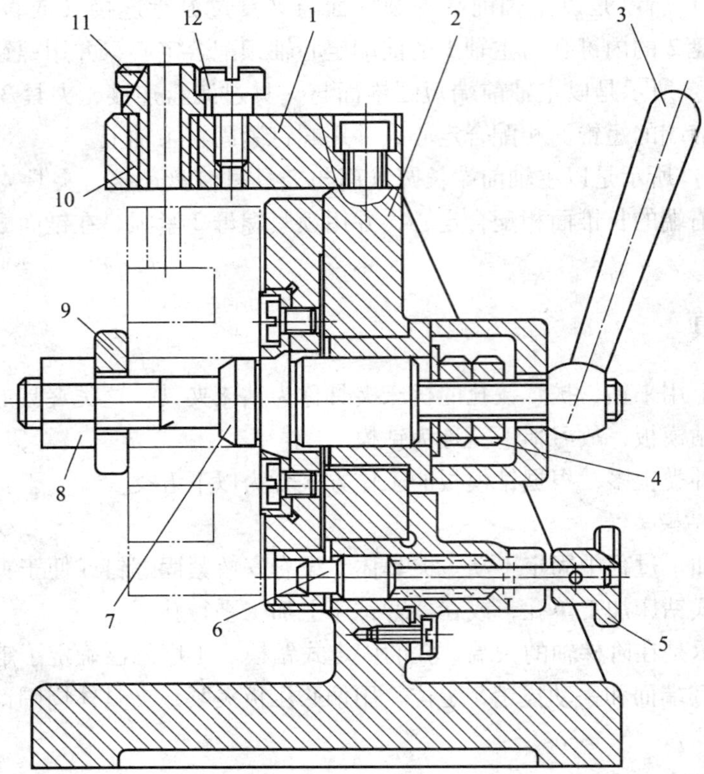

图 4-54 回转式钻模

1—钻模板；2—夹具体；3—手柄；4—双螺母；5—分度对定机构；6—分度板；7—主轴；8—六角螺母；9—快换垫圈；10—衬套；11—钻套；12—钻套螺钉

（3）翻转式钻模。

翻转式钻模是一种没有固定回转轴的回转钻模（见图 4-55）。在使用过程中，需要用手进行翻转，因此夹具连同工件的质量不能太大，一般为 8~10 kg。主要适用于加工小型工件上分布几个方向的孔，这样可减少工件的装夹次数，提高工件上各孔之间的位置精度。

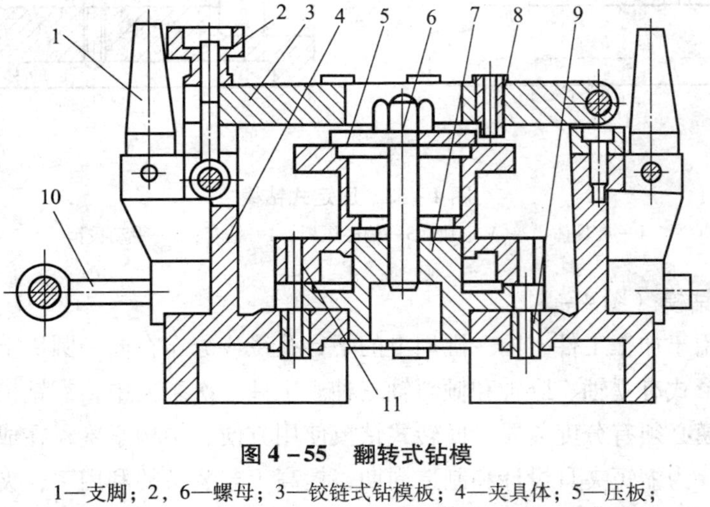

图 4-55 翻转式钻模

1—支脚；2，6—螺母；3—铰链式钻模板；4—夹具体；5—压板；7—定位销；8，9—钻套；10—手柄；11—工件

（4）盖板式钻模。

盖板式钻模没有夹具体，只有一块钻模板，在钻模板上除了装有钻套外，还有定位元件和夹紧装置。加工时，钻模板盖在工件上定位、夹紧即可。盖板式钻模的特点是定位元件、夹紧装置及钻套均设在钻模板上，钻模板在工件上装夹，因此结构简单、制造方便、成本低廉、加工孔的位置精度较高。它常用于床身、箱体等大型工件上的小孔加工，对于中小批量生产，凡需钻、扩、铰后立即进行倒角、锪平面、攻丝等工步的情况，使用盖板式钻模也非常方便。加工小孔的盖板式钻模，因切削力矩小，可不设夹紧装置。

（5）滑柱式钻模。

滑柱式钻模是带有升降台的通用可调夹具，在生产中应用较广。滑柱式钻模的平台上可根据需要安装定位装置，钻模板上可设置钻套、夹紧元件及定位元件等。滑柱式钻模已标准化，其结构尺寸可查阅“夹具设计手册”。

三、铣床夹具

铣床夹具主要用于加工平面、沟槽、缺口、花键、齿轮以及成形表面等。

按铣削时的进给方式不同，铣床夹具可分为直线进给式、圆周进给式和靠模进给式三种类型。

（1）直线进给式铣床夹具。

这类夹具安装在铣床工作台上，在加工中随工作台按直线进给方式运动。按照在夹具中同时安装工件的数目和工位多少分为单件加工、多件加工和多工位加工夹具。

图 4－56 所示是多件加工的直线进给式铣床夹具，该夹具用于在小轴端面上铣一通槽。

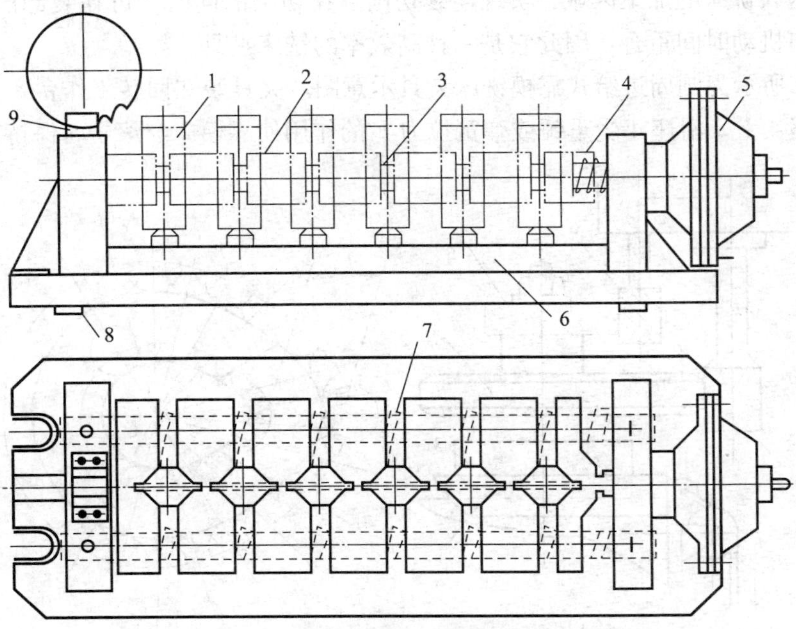

图 4－56　多件加工的直线进给式铣床夹具

1—小轴；2—活动 V 形块；3—弹簧；4—夹紧元件；
5—薄膜式气缸；6—支承钉；7—导向柱；8—定位键；9—对刀块

六个工件以外圆面在活动 V 形块 2 上定位，以一端面在支承钉 6 定位。活动 V 形块装在两根导向柱 7 上，V 形块之间用弹簧 3 分离。工件定位后，由薄膜式气缸 5 推动 V 形块 2 依次将工件夹紧。由对刀块 9 和定位键 8 来保证夹具与刀具和机床的相对位置。这类夹具生产率高，多用于生产批量较大的情况。

图 4 - 57 所示是利用进给时间装卸工件的多工位直线进给式铣床夹具，在铣床工作台上装有两个相同的夹具 1 和 3，每个夹具都可以分别装夹 5 个工件，铣刀 2 安放在两个夹具中间位置。当工作台向左直线进给时，铣刀便可铣削装在夹具 3 中的工件，与此同时，操作者便可在夹具 1 中装卸工件。待夹具 3 中的工件加工完后，工作台快速退至中间位置，然后向右直线进给，铣削装在夹具 1 中的工件，这时操作者便可装卸夹具 3 中的工件，如此不断进行。这种双向进给铣床夹具使辅助时间与机动时间重合，提高了生产率。

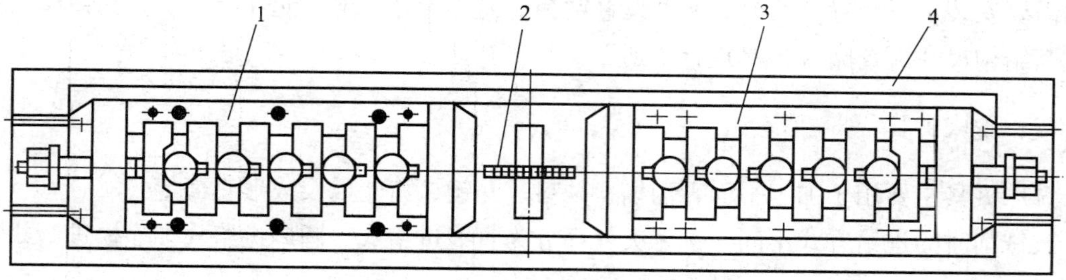

图 4 - 57　多工位直线进给式铣床夹具

1，3—夹具；2—铣刀；4—铣床工作台

（2）圆周进给式铣床夹具。

圆周进给式铣床夹具多用在回转工作台或回转鼓轮的铣床上，依靠回转台或鼓轮的旋转将工件顺序送入铣床的加工区域，实现连续切削。在切削的同时，可在装卸区域装卸工件，使辅助时间与机动时间重合，因此它是一种高效率的铣床夹具。

图 4 - 58 所示为圆周进给式靠模铣床夹具示意图。夹具装在回转工作台 3 上，回转工作台 3 装在滑座 4 上。滑座 4 受重锤或弹簧拉力 F 的作用使靠模 2 与滚子 5 保持紧密接触。滚

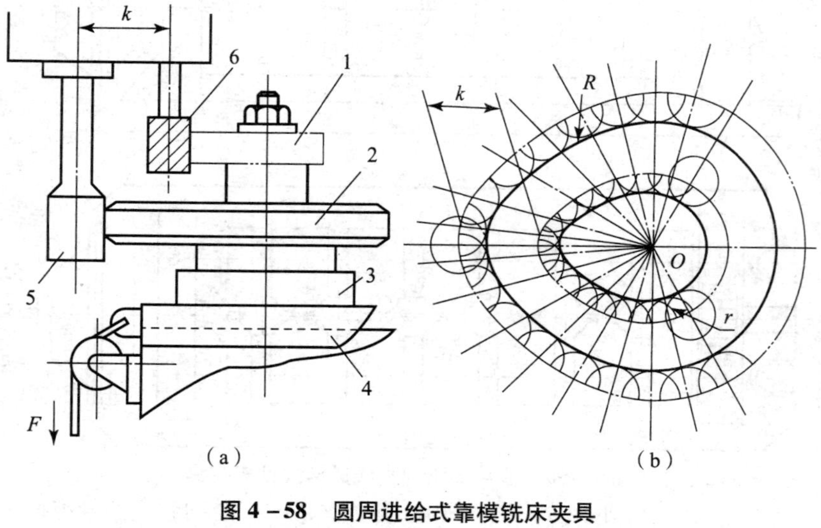

图 4 - 58　圆周进给式靠模铣床夹具

1—工件；2—靠模；3—回转工作台；4—滑座；5—滚子；6—铣刀

子5与铣刀6不同轴，两轴相距为 k。当转台带动工件回转时，滑座也带动工件沿导轨相对于刀具作径向辅助运动，从而加工出与靠模外形相仿的成形面。

（3）靠模进给式铣床夹具。

是一种带有靠模的铣床夹具，适用于在专用或通用铣床上加工各种非圆曲面。按照进给运动方式可分为圆周进给式和直线进给式两种。

图4－59所示为直线进给式靠模铣床夹具示意图。靠模3与工件1分别装在夹具上，夹具安装在铣床工作台上，滚子滑座5与铣刀滑座6两者连为一体，且保持两者轴线间的距离 k 不变。该滑座组合件在重锤或弹簧拉力 F 的作用下，使滚子4压紧在靠模上，铣刀2则保持与工件接触。当工作台作纵向直线进给时，滑座则得一横向辅助运动，使铣刀仿照靠模的轮廓在工件上铣出所需的形状。这种加工一般在靠模铣床上进行。

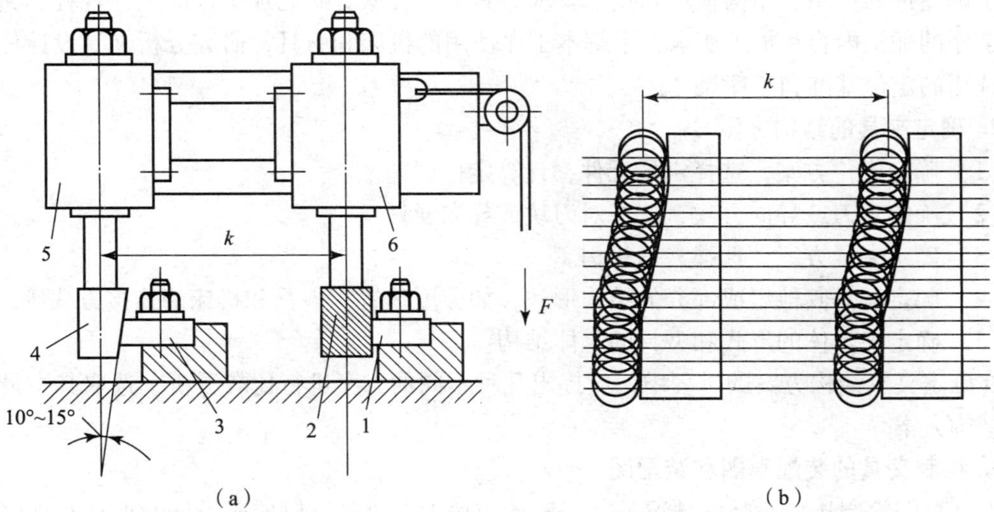

图4－59　直线进给式靠模铣床夹具

1—工件；2—铣刀；3—靠模；4—滚子；5—滚子滑座；6—铣刀滑座

任务五　机床夹具设计方法

一、机床夹具设计要求

1. 保证工件加工的各项技术要求

要求正确确定定位方案、夹紧方案，正确确定刀具的导向方式，合理制定夹具的技术要求，必要时要进行误差分析与计算。

2. 具有较高的生产效率和较低的制造成本

为提高生产效率，应尽量采用多件夹紧、联动夹紧等高效夹具，但结构应尽量简单，造价要低廉。

3. 尽量选用标准化零部件

尽量选用标准夹具元件和标准件，这样可以缩短夹具的设计制造周期，提高夹具设计质量和降低夹具制造成本。

4. 夹具操作方便、安全、省力

为便于操作，操作手柄一般应放在右边或前面；为便于夹紧工件，操纵夹紧件的手柄或扳手在操作范围内应有足够的活动空间；为减轻工人劳动强度，在条件允许的情况下，应尽量采用气动、液压等机械化夹紧装置。

5. 夹具具有良好的结构工艺性

所设计的夹具应便于制造、检验、装配、调整和维修。

二、机床夹具设计的内容及步骤

1. 明确设计要求，收集和研究有关资料

在接到夹具设计任务书后，首先，要仔细阅读加工件的零件图和与之有关的部件装配图，了解零件的作用、结构特点和技术要求；其次，要认真研究加工件的工艺规程，充分了解本工序的加工内容和加工要求，了解本工序使用的机床和刀具，研究分析夹具设计任务书上所选用的定位基准和工序尺寸。

2. 确定夹具的结构方案

（1）确定定位方案，选择定位元件，计算定位误差。

（2）确定对刀或导向方式，选择对刀块或导向元件。

（3）确定夹紧方案，选择夹紧机构。

（4）确定夹具其他组成部分的结构形式，如分度装置、夹具和机床的连接方式等。

（5）确定夹具体的形式和夹具的总体结构。

在确定夹具结构方案的过程中，应提出几种不同的方案进行比较分析，选取其中最为合理的结构方案。

3. 绘制夹具的装配草图和装配图

夹具总图绘制比例除特殊情况外，一般均应按1:1绘制，以使所设计的夹具有良好的直观性。总图上的主视图，应尽量选取与操作者正对的位置。

绘制夹具装配图可按以下顺序进行：用双点划线画出工件的外形轮廓和定位面、加工面；画出定位元件和导向元件；按夹紧状态画出夹紧装置；画出其他元件或机构；最后画出夹具体，把上述各组成部分联结成一体，形成完整的夹具。在夹具装配图中，被加工件视为透明体。

4. 确定并标注有关尺寸、配合及技术要求

（1）夹具总装配图上应标注的尺寸。

①工件与定位元件间的联系尺寸，例如：工件基准孔与夹具定位销的配合尺寸。

②夹具与刀具的联系尺寸，例如：对刀块与定位元件之间的位置尺寸及公差，钻套；锤套与定位元件之间的位置尺寸及公差。

③夹具与机床连接部分的尺寸，对于铣床夹具是指定位键与铣床工作台T形槽的配合尺寸及公差，对于车、磨床夹具指的是夹具连接到机床主轴端的连接尺寸及公差。

④夹具内部的联系尺寸及关键件配合尺寸，例如：定位元件间的位置尺寸，定位元件与夹具体的配合尺寸等。

⑤夹具外形轮廓尺寸。

（2）确定夹具技术条件在装配图上需要标出与工序尺寸精度直接有关的下列各有关夹

具元件之间的相互位置精度要求。

①定位元件之间的相互位置要求。

②定位元件与连接元件（夹具以连接元件与机床相连）或找正基面间的相互位置精度要求。

③对刀元件与连接元件（或找正基面）间的相互位置精度要求。

④定位元件与导向元件的位置精度要求。

5. 绘制夹具零件图

绘制装配图中非标准零件的零件图，其视图应尽可能与装配图上的位置一致。

6. 编写夹具设计说明书

最后根据上述内容编写夹具设计说明书，形成规范文件。

复习与思考题

4－1　机床夹具的作用是什么？

4－2　什么是过定位和欠定位？过定位在哪些情况下不允许出现？欠定位造成的后果是什么？

4－3　夹具体的结构形式常用的有哪些？

4－4　工件加工过程中为何不允许出现欠定位？

4－5　工件夹紧过程中对作用力有哪些要求？

4－6　常用基本夹紧机构有哪些？

4－7　简述对夹具的基本要求。

4－8　什么叫六点定位原则？

4－9　机床夹具由哪些部分组成？

4－10　车床夹具可分为哪几类？各有何特点？

项目五　典型零件的加工

任务一　轴类零件的加工

一、轴类零件的功用与结构特点

1. 功用

支承传动零件（齿轮、皮带轮等）、传动扭矩、承受载荷，以及保证装在主轴上的工件或刀具具有一定的回转精度。

2. 分类

轴类零件按其结构形状的特点，可分为光轴、阶梯轴、空心轴和异形轴（包括曲轴、凸轮轴、偏心轴等）四类，如图 5 - 1 所示。

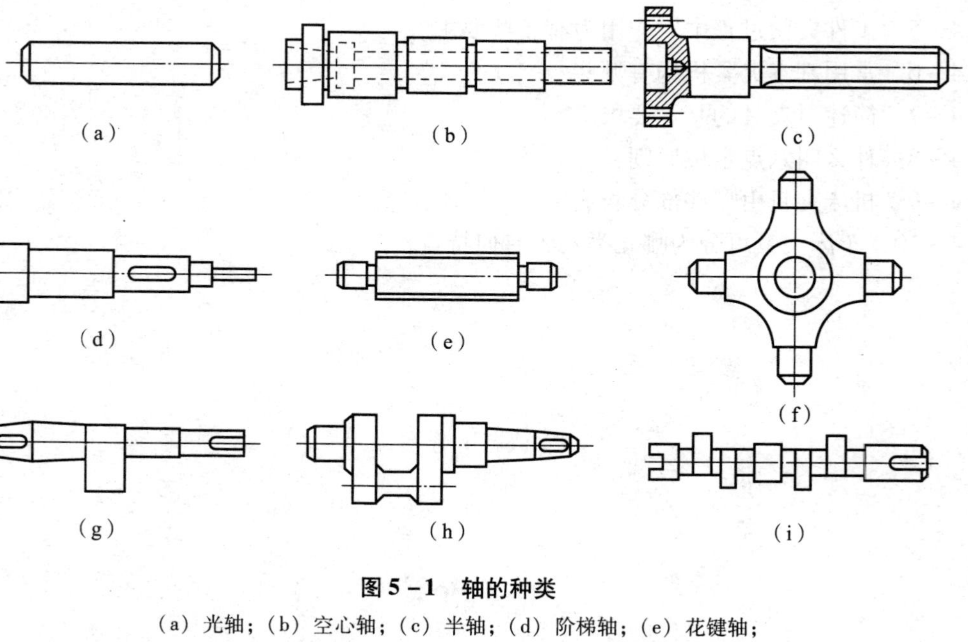

图 5 - 1　轴的种类

（a）光轴；（b）空心轴；（c）半轴；（d）阶梯轴；（e）花键轴；（f）十字轴；（g）偏心轴；（h）曲轴；（i）凸轮轴

若按轴的长度和直径的比例，又可分为刚性轴（$L/d \leq 12$）和挠性轴（$L/d > 12$）两类。

3. 表面特点

外圆、内孔、圆锥、螺纹、花键、横向孔。

二、主要技术要求

1. 尺寸精度

轴颈是轴类零件的主要表面，它影响轴的回转精度及工作状态。轴颈的直径精度根据其使用要求通常为 IT9 ~ IT6，精密轴颈可达 IT5。

2. 几何形状精度

轴颈的几何形状精度（圆度、圆柱度），一般应限制在直径公差点范围内。对几何形状精度要求较高时，可在零件图上另行规定其允许的公差。

3. 位置精度

主要是指装配传动件的配合轴颈相对于装配轴承的支承轴颈的同轴度，通常是用配合轴颈对支承轴颈的径向圆跳动来表示的；根据使用要求，规定高精度轴为 0.001 ~ 0.005mm，而一般精度轴为 0.01 ~ 0.03mm。

此外还有内外圆柱面的同轴度和轴向定位端面与轴心线的垂直度要求等。

4. 表面粗糙度

根据零件的表面工作部位的不同，可有不同的表面粗糙度值，例如普通机床主轴支承轴颈的表面粗糙度 Ra 为 0.63 ~ 0.16μm，配合轴颈的表面粗糙度 Ra 为 2.5 ~ 0.63μm，随着机器运转速度的增大和精密程度的提高，轴类零件表面粗糙度值的要求也将越来越小。

三、轴类零件的材料和毛坯

合理选用材料和规定热处理的技术要求，对提高轴类零件的强度和使用寿命有重要意义，同时，对轴的加工过程也有极大的影响。

1. 轴类零件的材料

一般轴类零件常用 45 钢，根据不同的工作条件采用不同的热处理规范（如正火、调质、淬火等），以获得一定的强度、韧性和耐磨性。

对中等精度而转速较高的轴类零件，可选用 40Cr 等合金钢。这类钢经调质和表面淬火处理后，具有较高的综合力学性能。精度较高的轴，有时还用轴承钢 GCr15 和弹簧钢 65Mn 等材料，它们通过调质和表面淬火处理后，具有更高耐磨性和耐疲劳性能。

对于高转速、重载荷等条件下工作的轴，可选用 20CrMnTi、20Mn2B、20Cr 等低碳合金钢或 38CrMoAlA 氮化钢。低碳合金钢经渗碳淬火处理后，具有很高的表面硬度、抗冲击韧性和心部强度，而热处理变形却很小。

2. 轴类零件的毛坯

轴类零件的毛坯最常用的是圆棒料和锻件，只有某些大型的、结构复杂的轴才采用铸件。

四、轴类零件的预加工

轴类零件在切削加工之前，应对其毛坯进行预加工。预加工包括校正、切断、切端面钻中心孔、荒车。

1. 校正

校正棒料毛坯在制造、运输和保管过程中产生的弯曲变形，以保证加工余量均匀及送料装夹的可靠。校正可在各种压力机上进行。

2. 切断

当采用棒料毛坯时，应在车削外圆前按所需长度切断。切断应在弓锯床上进行，高硬度棒料的切断可在带有薄片砂轮的切割机上进行。

3. 切端面钻中心孔

中心孔是轴类零件加工最常用的定位基准面，为保证钻出的中心孔不偏斜，应先切端面后再钻中心孔。

4. 荒车

如果轴的毛坯是自由锻件或大型铸件，则需要进行荒车加工，以减少毛坯外圆表面的形状误差，使后续工序的加工余量均匀。

五、典型主轴类零件加工工艺分析

轴类零件的加工工艺因其用途、结构形状、技术要求、产量大小的不同而有差异。轴的工艺规程编制是生产中最常遇到的工艺工作。

1. 轴类零件加工的主要问题

轴类零件加工的主要问题是如何保证各加工表面的尺寸精度、表面粗糙度和主要表面之间的相互位置精度。

轴类零件加工的典型工艺路线如下：

毛坯及其热处理→预加工→车削外圆→铣键槽等→热处理→磨削。

2. CA6140 主轴加工工艺分析

（1）支承轴颈的技术要求。

主轴两支承轴颈 A、B 的圆度允差 0.005mm，径向跳动允差 0.005mm，两支承轴颈的 1∶12 锥面接触率 >70%，表面粗糙度 $Ra0.4\mu m$。支承轴颈直径按 IT5 ~ IT7 级精度制造。

主轴外圆的圆度要求，对于一般精度的机床，其允差通常不超过尺寸公差的 50%，对于提高精度的机床，则不超过 25%，对于高精度的机床，则应在 5% ~10%。

（2）锥孔的技术要求。

主轴锥孔（莫氏 6 号）对支承轴颈 A、B 的跳动，近轴端允差 0.005mm，离轴端 300mm 处允差 0.01mm，锥面的接触率 >70%，表面粗糙度 $Ra0.4\mu m$，硬度要求 HRC48。

（3）短锥的技术要求。

短锥对主轴支承轴颈 A、B 的径向跳动允差 0.008mm，端面 D 对轴颈 A、B 的端面跳动允差 0.008mm，锥面及端面的粗糙度均为 $Ra0.8\mu m$。

（4）空套齿轮轴颈的技术要求。

空套齿轮的轴颈对支承轴颈 A、B 的径向跳动允差为 0.015mm。

（5）螺纹的技术要求。

这是用于限制与之配合的压紧螺母的端面跳动量所必须的要求。因此在加工主轴螺纹时，必须控制螺纹表面轴心线与支承轴颈轴心线的同轴度，一般规定不超过 0.025mm。

从上述分析可以看出，主轴的主要加工表面是两个支承轴颈、锥孔、前端短锥面及其端面、装齿轮的各个轴颈等。而保证支承轴颈本身的尺寸精度、几何形状精度、两个支承轴颈之间的同轴度、支承轴颈与其他表面的相互位置精度和表面粗糙度，则是主轴加工的关键。

3. CA6140 主轴加工工艺过程分析

（1）主轴毛坯的制造方法及热处理。

批量：大批；材料：45 钢；毛坯：模锻件。

①材料。

在单件小批生产中，轴类零件的毛坯往往使用热轧棒料。

对于直径差较大的阶梯轴，为了节约材料和减少机械加工的劳动量，则往往采用锻件。单件小批生产的阶梯轴一般采用自由锻，在大批大量生产时则采用模锻。

②热处理。

45 钢，在调质处理（235HBS）之后，再经局部高频淬火，可以使局部硬度达到 HRC62 ~ 65，再经过适当的回火处理，可以降到需要的硬度（例如 CA6140 主轴规定为 HRC52）。

9Mn2V，这是一种含碳 0.9% 左右的锰钒合金工具钢，淬透性、机械强度和硬度均比 45 钢为优。经过适当的热处理之后，可满足高精度机床主轴的尺寸精度稳定性的要求。例如，万能外圆磨床 M1432A 头架和砂轮主轴就采用这种材料。

38CrMoAl，这是一种中碳合金氮化钢，由于氮化温度比一般淬火温度低 540 ~ 550℃，变形更小，硬度也很高（HRC >65，中心硬度 HRC >28），并具有优良的耐疲劳性能，故高精度半自动外圆磨床 MBG1432 的头架轴和砂轮轴均采用这种钢材。

此外，对于中等精度而转速较高的轴类零件，多选用 40Cr 等合金结构钢，这类钢经调质和高频淬火后，具有较高的综合机械性能，能满足使用要求。有的轴件也选用滚珠轴承钢如 GCr15 和弹簧钢如 65Mn 等材料。这些钢材经调质和表面淬火后，具有极高的耐磨性和耐疲劳性能。要求在高速和重载条件下工作的轴类零件，可选用 18CrMnTi、20Mn2B 等低碳合金钢，这些钢料经渗碳淬火后具有较高的表面硬度、冲击韧性和心部强度，但热处理所引起的变形比 38CrMoAl 为大。

凡要求局部高频淬火的主轴，要在前道工序中安排调质处理（有的钢材则用正火），当毛坯余量较大时（如锻件），调质放在粗车之后、半精车之前，以便因粗车产生的内应力得以在调质时消除；当毛坯余量较小时（如棒料），调质可放在粗车（相当于锻件的半精车）之前进行。高频淬火处理一般放在半精车之后，由于主轴只需要局部淬硬，故对精度有一定要求，而不需淬硬部分的加工，如车螺纹、铣键槽等工序，均安排在局部淬火和粗磨之后。对于精度较高的主轴在局部淬火及粗磨之后还需低温时效处理，以使主轴的金相组织和应力状态保持稳定。

（2）定位基准的选择。

对实心的轴类零件，精基准面就是顶尖孔，满足基准重合和基准统一，而对于像 CA6140A 的空心主轴，除顶尖孔外还有轴颈外圆表面，并且两者应交替使用，互为基准。

（3）加工阶段的划分。

主轴加工过程中的各加工工序和热处理工序均会不同程度地产生加工误差和应力，因此要划分加工阶段。主轴加工基本上划分为以下三个阶段。

①粗加工阶段。

a. 毛坯处理。毛坯备料、锻造和正火。

b. 粗加工。锯去多余部分，铣端面、钻中心孔和荒车外圆等。

②半精加工阶段。

a. 半精加工前热处理。对于45 钢一般采用调质处理以达到220～240HBS。

b. 半精加工。车工艺锥面（定位锥孔）、半精车外圆端面和钻深孔等。

③精加工阶段。

a. 精加工前热处理。局部高频淬火。

b. 精加工前各种加工。粗磨定位锥面、粗磨外圆、铣键槽和花键槽，以及车螺纹等。

c. 精加工。精磨外圆和内外锥面以保证主轴最重要表面的精度。

（4）加工顺序的安排和工序的确定。

具有空心和内锥特点的轴类零件，在考虑支承轴颈、一般轴颈和内锥等主要表面的加工顺序时，可有以下几种方案。

①外表面粗加工→钻深孔→外表面精加工→锥孔粗加工→锥孔精加工；

②外表面粗加工→钻深孔→锥孔粗加工→锥孔精加工→外表面精加工；

③外表面粗加工→钻深孔→锥孔粗加工→外表面精加工→锥孔精加工。

针对CA6140 车床主轴的加工顺序，可将几种方案作以下的分析比较。

第一方案：在锥孔粗加工时，由于要用已精加工过的外圆表面作精基准面，会破坏外圆表面的精度和粗糙度，所以此方案不宜采用。

第二方案：在精加工外圆表面时，还要再插上锥堵，这样会破坏锥孔精度。另外，在加工锥孔时不可避免地会有加工误差（锥孔的磨削条件比外圆磨削条件差些），加上锥堵本身的误差等就会造成外圆表面和内锥面的不同轴，故此方案也不宜采用。

第三方案：在锥孔精加工时，虽然也要用已精加工过的外圆表面作为精基准面，但由于锥面精加工的加工余量已很小，故而磨削力不大；同时锥孔的精加工已处于轴加工的最终阶段，对外圆表面的精度影响不大；加上这一方案的加工顺序，可以采用外圆表面和锥孔互为基准，交替使用，能逐步提高同轴度。

经过这一比较可知，像CA6140 主轴这类的轴件加工顺序，以第三方案为佳。通过方案的分析比较也可看出，轴类零件各表面的先后加工顺序，在很大程度上与定位基准的转换有关。当零件加工用的粗、精基准选定后，加工顺序就大致可以确定了。因为各阶段开始总是先加工定位基准面，即先行工序必须为后面的工序准备好所用的定位基准。例如：CA6140 主轴工艺过程，一开始就铣端面打中心孔，这是为粗车和半精车外圆准备定位基准，半精车外圆又为深孔加工准备了定位基准，半精车外圆也为前后的锥孔加工准备了定位基准。反过来，前后锥孔装上锥堵后的顶尖孔，又为此后的半精加工和精加工外圆准备了定位基准，而最后磨锥孔的定位基准则又是上工序磨好的轴颈表面。

工序的确定要按加工顺序进行，应当掌握两个原则。

①工序中的定位基准面要安排在该工序之前加工。例如：深孔加工所以安排在外圆表面粗车之后，是为了要有较精确的轴颈作为定位基准面，以保证深孔加工时壁厚均匀。

②对各表面的加工要粗、精分开，先粗后精，多次加工，以逐步提高其精度和粗糙度。主要表面的精加工应安排在最后。

为了改善金属组织和加工性能而安排的热处理工序，如退火、正火等，一般应安排在机械加工之前。

为了提高零件的机械性能和消除内应力而安排的热处理工序，如调质、时效处理等，一般应安排在粗加工之后，精加工之前。

（5）大批生产和小批生产工艺过程的比较。

①定位基准的选择。

如表 5－1 所示。

表 5－1　不同生产类型下主轴加工定位基准的选择

工序名称	定位基准面	
	大批生产	小批生产
加工顶尖孔	毛坯外圆	划线
粗车外圆	顶尖孔	顶尖孔
钻深孔	粗车后的支承轴颈	夹一端，托另一端
半精车和精车	两端锥堵的顶尖孔	夹一端，顶另一端
粗、精磨外锥	两端锥堵的顶尖孔	两端锥堵的顶尖孔
粗、精磨外圆	两端锥堵的顶尖孔	两端锥堵的顶尖孔
粗、精磨难孔	两支承轴颈外表面或靠近两支承轴颈的外圆表面	夹小端，托大端

②轴端两顶尖孔的加工。

在单件小批生产时，多在车床或钻床上通过划线找正加工。

在成批生产时，可在中心孔钻床上加工。专用机床可在同一工序中铣出两端面并打好顶尖孔。

③外圆表面的加工。

在单件小批生产时，多在普通车床上进行；而在大批生产时，则广泛采用高生产率的多刀半自动车床或液压仿形车床等设备。

④深孔加工。

在单件小批生产时，通常在车床上用麻花钻头进行加工。在大批量生产中，可采用锻造的无缝钢管作为毛坯，从根本上免去了深孔加工工序；若是实心毛坯，可用深孔钻头在深孔钻床上进行加工；如果孔径较大，还可采用套料的先进工艺。

⑤花键轴加工。

在单件小批生产时，常在卧式铣床上用分度头分度以圆盘铣刀铣削；而在成批生产（甚至小批生产）都广泛采用花键滚刀在专用花键轴铣床上加工。

⑥前后支承轴颈以及与其有较严格的位置精度要求的表面精加工。

在单件小批生产时，多在普通外圆磨床上加工；而在成批大量生产中多采用高效的组合磨床加工。

六、主轴加工中的几个工艺问题

1. 锥堵和锥堵心轴的使用

对于空心的轴类零件，若是通孔直径较小的轴，可直接在孔口倒出宽度不大于 2mm 的 60°锥面，以代替中心孔。而当通孔直径较大时，则不宜用倒角锥面代之，一般都采用锥堵或锥堵心轴的顶尖孔作为定位基准。

使用锥堵或锥堵心轴时应注意的事项。

（1）一般不中途更换或拆装，以免增加安装误差。

（2）锥堵心轴要求两个锥面同轴，否则拧紧螺母后会使工件变形。

2. 顶尖孔的研磨

因热处理、切削力、重力等的影响，常常会损坏顶尖孔的精度，因此在热处理工序之后和磨削加工之前，对顶尖孔要进行研磨，以消除误差。常用的研磨方法有以下几种。

（1）用铸铁顶尖研磨。

（2）用油石或橡胶轮研磨。

（3）用硬质合金顶尖刮研。

（4）用中心孔磨床磨削。

任务二　箱体类零件的加工

一、箱体零件的功用及结构

1. 功用

箱体是用来支承或安置其他零件或部件的基础零件。它将机器和部件中的轴、套、齿轮等有关零件连接成一个整体，并使之保持正确的相互位置，以传递转矩或改变转速来完成规定的动作。

2. 箱体的结构特点

箱体的壁厚较薄约为10～30mm，且壁厚不均匀，形状比其他零件复杂。尽管箱体零件的结构形状因其在机器中的功用不同而有很大差别，但也有共同的特点。其内部呈腔形，在箱体壁上有多种形状的凸起平面及较多的轴承交承孔和紧固孔。这些平面和轴承孔的精度要求较高、粗糙度要求较低，且有较高的相互位置精度要求。箱体零件不但加工部位较多，而且加工的难度也较大。箱体的加工表面主要是平面和孔系。

3. 分类

箱体零件从结构功能上看可分为两大类：整体式和分体式。

二、箱体零件的主要技术要求

1. 孔的尺寸精度、几何形状精度和表面粗糙度

一般情况下，主轴孔的尺寸精度为IT6，表面粗糙度 Ra 为1.6～0.4μm，其他支承孔的尺寸精度一般应在孔的公差范围内，要求高的孔的形状公差不超过孔公差的1/2～1/3。

（1）支承孔之间的相互位置精度和孔距尺寸精度。

同轴孔之间应有一定的同轴度要求。否则，将引起轴的装配困难，轴承的运转情况恶化，磨损加剧及温度升高，从而影响机器的精度和正常运转。

一般，各支承孔轴心线的平行度为(0.01～0.02)/100mm，主轴孔的同轴度为0.012mm，其他支承孔的同轴度为0.02mm。

（2）主要平面的加工精度和表面粗糙度。

平面加工精度包括平面的形状精度和相互位置精度。因为箱体的主要平面往往是装配基面或是加工中的定位基面，故其加工精度直接影响机器的总装精度和加工时的定位精度。

一般，主要平面的平面度为0.03～0.06mm；表面粗糙度 Ra 为1.6～0.4μm；平面间的平行度在全长范围内约为0.05～0.2mm；垂直度为0.1/300mm。

2. 支承孔与主要平面间的尺寸精度及相互位置精度

箱体上各支承孔对装配基面有一定的距离尺寸精度和平行度要求，对端面有一定的垂直度要求。这些精度要求都将影响箱体部件装配后的精度。

三、零件的材料与毛坯

一般箱体零件的材料多采用灰铸铁。常用牌号为HT150和HT200。

铸造毛坯的造型方式一般与生产批量有关。当单件小批生产时，采用木模手工造型，其缺点是毛坯铸造精度低，加工余量较大；当大批大量生产且毛坯尺寸不太大时，常采用金属模机器造型。这种毛坯的精度较高，加工余量可适当减小。根据工厂的生产经验，下列数据可供参考：一般平面的加工总余量为6～12mm；孔半径方向的总余量为5～15mm，对手工木模造型应取大值。成批生产直径小于30mm的孔，或单件小批生产直径小于50mm的孔时，均不预先铸出。零件铸造后应进行时效处理，以便消除铸件内应力，保证其加工后精度的稳定性。

在单件小批生产条件下，形状简单的箱体也可采用钢板焊接。对某些特定场合，也可采用其他材料。如飞机发动机箱体，为减轻重量，常用镁铝合金。

四、零件的结构工艺性

箱体零件的结构形状比较复杂，不同的结构形状和使用要求有其不同的结构工艺性。下面仅从机械加工的角度，分析箱体零件结构工艺性的共性问题。

1. 基本孔

箱体上的孔通常有通孔、阶梯孔、盲孔和相交孔等。通孔最为常见，其中以短圆柱孔为多。

在通孔内又以孔长 L 与孔径 D 之比 $L/D<1.5$ 的短圆柱孔工艺性为最好（箱体外壁上多为这种孔）。

阶梯孔的工艺性与“孔径比”有关。孔径相差越小则工艺性越好；孔径相差越大，且其中最小孔径又很小，则工艺性越差。若孔径相差较大，即存在较大的内端面时，则一般情况下，锪镗内端面比较困难，难以达到精度和表面粗糙度的要求。

相贯通的交叉孔的工艺性也较差，如图5－2所示，为改善工艺性，可将其中直径小的孔不铸通，先加工主轴大孔，再加工小孔。

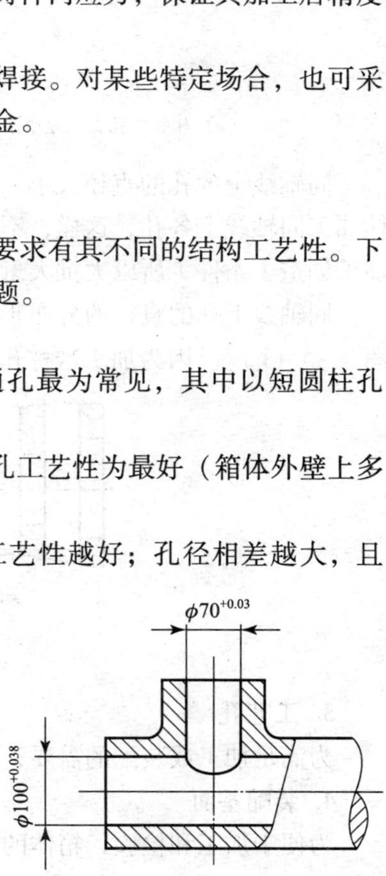

图5－2　交叉孔的结构工艺性

盲孔的工艺性最差，不易加工。在精镗或精铰盲孔时，若用手动送进，其内端面更难加工，故盲孔的工艺性差，设计时应尽量避免。若结构上允许，可将盲孔钻通而改成阶梯孔，以改善其工艺性。

2. 同轴线上的孔

同一轴线上孔径的大小向一个方向递减（见图5-3），可使镗孔时，镗杆从一端伸入，逐个加工或同时加工同轴线上的几个孔，以保证较高的同轴度和生产率。

为使同轴线的各孔能同时加工，必须使相邻两孔的直径差大于加工余量，否则刀具无法通过前孔到达后孔的加工位置［见图5-4（a）］此外，在设有中间导向时，如图5-4（b）所示，除导套直径 D_2 应小于前孔尺寸 D_1 减去余量外，后孔尺寸 D_3 也应小于导套尺寸 D_2，以免刀具刮中间导套。

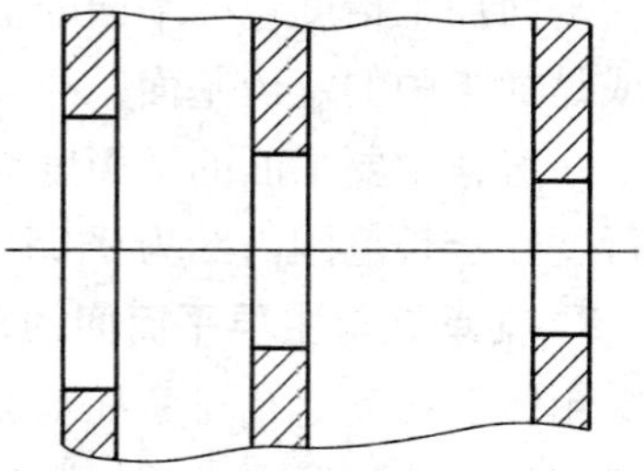

图5-3 同轴孔的结构工艺性

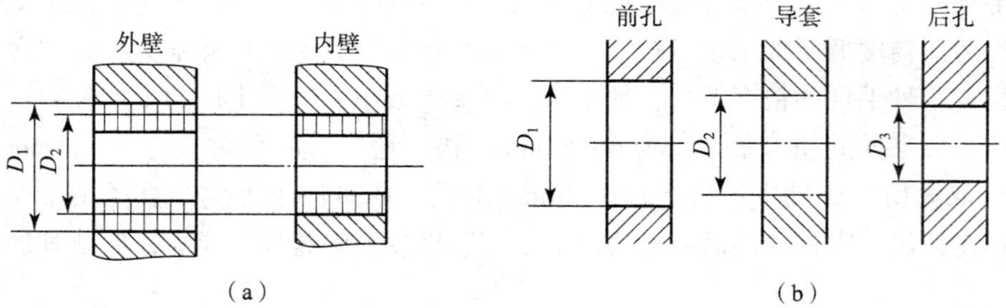

图5-4 同轴线上的孔的加工

（a）相邻二孔直径差小于加工余量时的工艺性；（b）应用中间导向支承加工时的工艺性

同轴线上的孔的直径大小从两边向中间递减［见图5-5（a）］，可使刀杆从两边进入箱体加工同轴线上各孔，这样，不仅缩短了镗杆的长度，提高了镗杆的刚性，而且为双面同时加工创造了条件，所以大批大量生产的床头箱，常采用此种孔径分布形式。

同轴线上孔的直径的分布形式，应尽量避免中间隔壁上的孔径大于外壁上的孔径［见图5-5（b）］。因为加工这种孔时，要将刀杆伸进箱体后装刀、对刀，结构工艺性差。

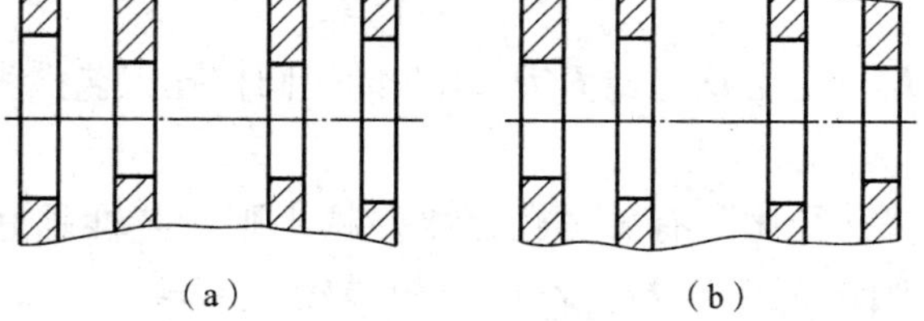

图5-5 同轴孔的结构工艺性

3. 工艺孔

为满足加工或装配的需要，可增设必要的工艺孔。

4. 装配基面

为便于加工和检验，箱体的装配基面尺寸应尽量大，形状应尽量简单。

5. 凸台

箱体外壁上的凸台应尽可能在一个平面上，如图5-6所示，以便可以在一次走刀中加工出来，而无须调整刀具的位置，使加工简单方便。

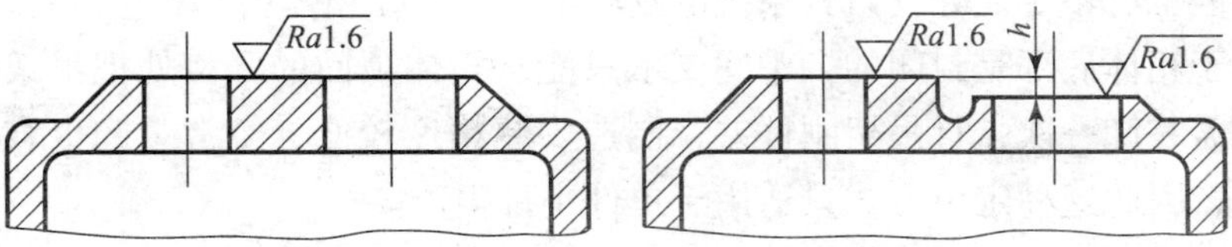

图 5-6　箱体凸台的结构工艺性

6. 紧固孔与螺孔

箱体上的紧固孔和螺孔的尺寸规格应尽量一致，以减少刀具数量和换刀次数。此外，为保证箱体有足够的动刚度与抗振性，应酌情合理使用筋板、筋条，加大圆角半径，收小箱口，加厚主轴前轴承口厚度。

五、箱体加工工艺过程及分析

1. 箱体类零件加工的一般工艺路线

对于中小批生产，其加工工艺路线大致是：

铸造→划线→平面加工→孔系加工→钻小孔→攻丝。

大批大量生产的工艺路线大致是：

铸造→加工精基准平面及两工艺孔→粗加工其他各平面→精加工精基准平面→粗、精镗各纵向孔→加工各横向孔和各次要孔→钳工去毛刺。

以上为整体式箱体的加工工艺路线，对于分离式箱体，同样按“先面后孔”及“粗、精分阶段加工”这两个原则安排工艺路线。但是整个加工过程必须先对箱盖和底座分别加工对合面、底面、紧固孔和定位销孔，然后再合箱加工轴承孔及其端面等。

2. 不同批量箱体生产的共性

（1）加工顺序为先面后孔。

（2）加工阶段粗、精分开。

（3）工序间安排时效处理。

普通精度的箱体，一般在铸造之后安排一次人工时效处理。

一些高精度的箱体或形状特别复杂的箱体，在粗加工之后还要安排一次人工时效处理，以消除粗加工所造成的残余应力。

（4）一般都用箱体上的重要孔作为粗基准。

箱体零件一般都用它上面的重要孔作为粗基准，如主轴箱都用主轴孔作为粗基准。

3. 不同批量箱体生产的特殊性

（1）粗基准的选择。

虽然箱体类零件一般都选择重要孔作为粗基准，但随着生产类型的不同，实行以主轴孔为粗基准的工件，其装夹方式是不同的。

中小批生产时，由于毛坯精度较低，一般采用划线装夹。

大批大量生产时，毛坯精度较高，可采用夹具装夹。

（2）精基准的选择。

箱体加工精基准的选择也与生产批量大小有关。

单件小批生产用装配基准作为定位基准。这种定位方式符合基准重合原则，消除了基准不重合误差，但也有不足之处：刀具系统的刚度不足，当在箱体内部相应的部位设置镗杆导向支承时，由于箱体底部是封闭的，中间支承只能从箱体顶面的开口处把吊架伸入箱体内，每加工一件就需装卸一次，且吊架刚性差，制造安装精度较低，经常装卸也容易产生误差，增加辅助时间，因此这种定位方式只适用于单件小批生产。

大批量生产时采用一面双孔作为精基准。主轴箱常以顶面和两定位销孔为精基准，这种定位方式，箱口朝下，中间导向支架可固定在夹具上。由于简化了夹具结构，提高了夹具的刚度，同时工件装卸也比较方便，因而提高了孔系的加工质量和劳动生产率。但应该指出：这一定位方式也存在一定的问题，由于定位基准与设计基准不重合，产生了基准不重合误差。为保证箱体的加工精度，必须提高作为定位基准的箱体顶面和两定位销孔的加工精度。

（3）所用设备依批量不同而异。

单件小批生产一般都在通用机床上加工，各工序原则上靠工人技术熟练程度和机床工作精度来保证。而大批量箱体的加工则广泛采用组合加工机床、专用夹具等，大大地提高了生产效率。

六、箱体类零件的孔系加工

孔系指在箱体上一系列有相互位置精度要求的孔，可分为平行孔系、同轴孔系和交叉孔系。

孔系的加工方法不仅与生产规模有关，而且也与孔系的精度要求相关。下面分别介绍各种孔系加工及其保证精度要求的方法。

1. 平行孔系加工

平行孔系的主要技术要求是各孔中心线之间及孔中心线与基准面之间的距离尺寸精度和相互位置精度。平行孔系精度要求的方法有以下几种。

（1）找正法。

找正法是在通用机床上借助一些辅助装置去找正各个被加工孔的正确位置。如图 5－7 所示。

①划线找正法。

②心轴块规找正法。

③样板找正法。

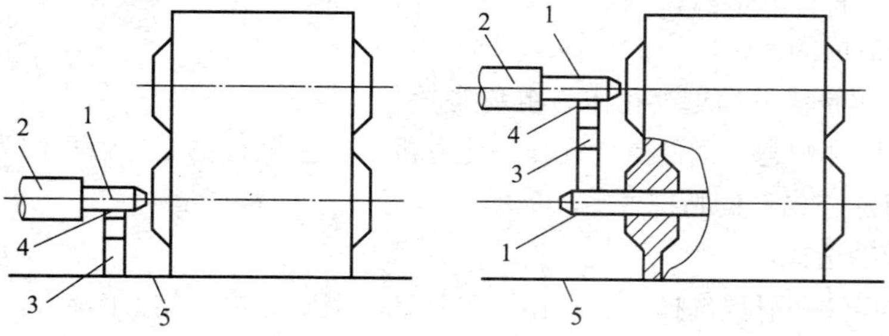

图 5－7　找正法

1—心轴；2—主轴；3—块规；4—塞尺；5—镗床工作台

（2）镗模法。

镗模是一种镗孔夹具。它既具有工件的定位夹紧装置，又具有支承和引导镗刀杆的模板装置。由于镗杆与机床多采用浮动连接，故机床精度对加工精度的影响甚小。

（3）坐标法。

①定义。坐标法是把被加工孔之间的孔距尺寸换算为两个互相垂直的坐标尺寸，然后按此坐标尺寸，通过控制机床的坐标位移，精确地调整机床主轴与工件在水平和垂直方向的相对位置，以间接保证孔距精度的方法。

②测量装置。为保证工作台和主轴的位移精度，必须在镗床上加上坐标测量装置。

③原始孔的选择。首先，加工的第一排孔应位于箱壁的一侧，依次加工其他各孔时，工作台只朝一个方向移动。其次，原始孔还应有较高的尺寸精度和较低的表面粗糙度，以保证加工过程中重新校验坐标原点的准确性。另外，安排加工顺序时要把有孔距要求的两孔紧密地连在一起，以减少坐标尺寸的累积误差对孔距精度的影响。

2. 同轴孔系加工

在成批生产中为保证同轴孔系的同轴度常使用镗模进行加工。

单件小批生产时，在通用机床上加工，一般不采用镗模。这时可用如下方法保证同轴线孔的同轴度。

（1）利用已加工孔作支承导向。

如图 5－8 所示，箱体前壁孔加工好后，在孔内装一导向套，借以支承和引导镗杆来加工后壁上的同轴孔。这种方法适用于加工前后两壁相隔较近时的同轴孔。一般需有专用的导套。

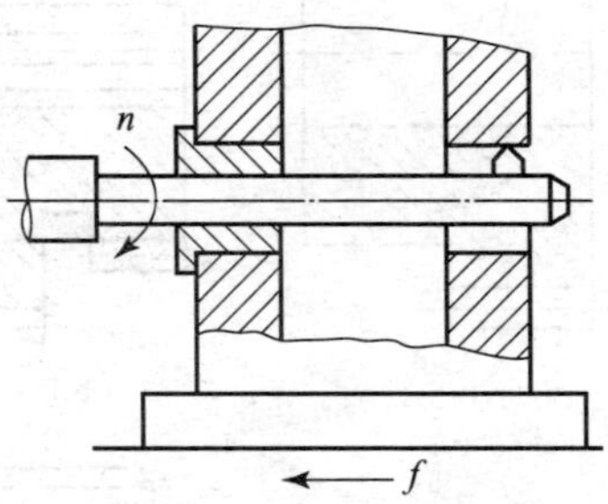

图 5－8　利用已加工孔作支承导向

（2）利用镗床后立柱上的导向套作支承导向。

利用镗床后立柱上的导向套作支承导向解决了因镗杆悬伸过长而挠度大，进而影响同轴度的问题。但需用较长的镗杆，且后立柱导套的调整麻烦、费时，因此，此方法只适用于大型箱体的孔系加工。

（3）从箱体两侧进行镗孔。

从箱体两侧进行镗孔（见图 5－9），即采用调头镗或两次装夹的办法。

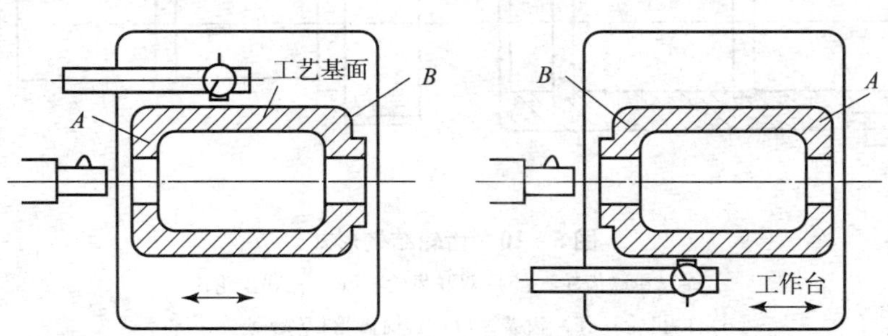

图 5－9　从箱体两侧进行镗孔

3. 交叉孔系加工

交叉（或相交）孔系主要应保证各孔的垂直度要求。加工时应先将精度要求高或表面粗糙度要求较低的孔全部加工好，然后加工另外与之相交叉（或相交）的孔。一般在普通镗床上用工作台上的直角对准装置进行加工控制。由于它是挡块装置，故结构简单，但精度较低。欲提高精度，可用芯棒与百分表找正法找正。

任务三 圆柱齿轮的加工

一、齿轮的功用与结构特点

1. 功用

齿轮的功用是按规定的速比传递运动和动力。

2. 结构

齿轮结构如图 5－10 所示，分为轮体和齿圈两大部分。

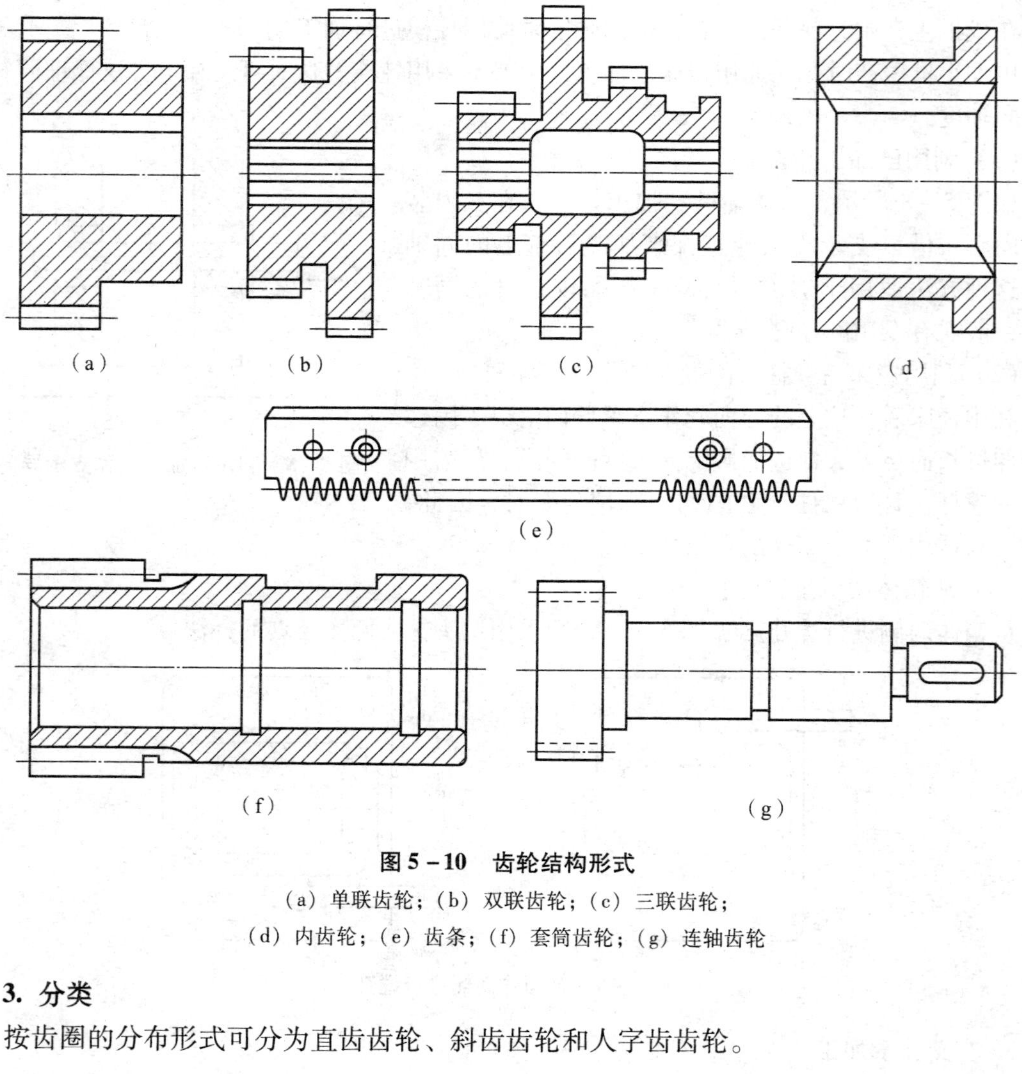

图 5－10 齿轮结构形式

(a) 单联齿轮；(b) 双联齿轮；(c) 三联齿轮；
(d) 内齿轮；(e) 齿条；(f) 套筒齿轮；(g) 连轴齿轮

3. 分类

按齿圈的分布形式可分为直齿齿轮、斜齿齿轮和人字齿齿轮。

二、齿轮的技术要求

齿轮传动有如下几方面的精度要求。

(1) 传递运动的准确性；

（2）工作的平稳性；

（3）齿面接触的均匀性；

（4）有一定的齿侧间隙。

在 GB/T 10095.2—2008 标准中规定了齿轮传动有 12 个精度等级，精度由高到低依次为 1 级、2 级……12 级。其中常用的精度等级为 6～9 级。7 级精度是基础级，是设计中普遍采用且在一般条件下用滚、插、剃三种切齿方法就能得到的精度等级。

按齿轮各项误差对传动性能的主要影响，标准中将齿轮每个精度等级的各项公差分成三个公差组：传递运动的准确性、传动的平稳性、载荷的均匀性。

根据齿轮的精度等级，齿轮的工作齿面和基准面应有相应的表面粗糙度要求。如表 5－2 所示。

表 5－2　齿轮孔、齿轮轴和齿面的表面粗糙度　　（Ra：μm）

精度等级	5	6	7	8	9
齿轮孔	0.4～0.2	0.8	1.6～0.8	1.6	3.2
齿轮轴	0.2	0.4	0.8	1.6	1.6
齿形面	0.4	0.8～0.4	0.8	3.2	6.3

三、齿轮的材料与毛坯及热处理

1. 齿轮的材料

对一般传力齿轮，齿轮材料应具有一定的接触疲劳强度、弯曲疲劳强度和耐磨性要求。

对受冲击载荷的齿轮传动，其轮齿容易折断。此时，要求材料有较大的机械强度和较好的冲击韧性。

对高精度齿轮，要求材料淬火时变形小，并具有较好的精度保持性。

此外，还应考虑齿轮的结构情况，如大直径齿轮可选用铸钢和铸铁。

齿轮材料：
- 中碳钢、中碳合金结构钢
- 渗碳钢
- 铸钢
- 铸铁
- 夹布胶木
- 尼龙

2. 齿轮的毛坯

（1）圆钢。

（2）锻件。

（3）铸钢。用于直径较大、形状复杂且受力较大的齿轮。一般适用于直径在 400～600mm 以上的齿轮。

（4）铸铁。机械强度较差，但加工性能好，成本低，故适用于受力不大、无冲击的低速齿轮。

除上述毛坯外，对高速轻载齿轮，为减少噪声，可用夹布胶木制造，或用尼龙、塑料压铸成型。

3. 齿轮的热处理

（1）切齿前的预备热处理。

切齿前常用的热处理方法有：

①退火。铸铁毛坯应进行退火，以便使内部组织均匀，消除内应力和改善切削性能。

②正火。铸钢毛坯要正火，其作用与退火相同、低碳钢的锻件毛坯，其正火主要是为了改善材料的切削性能。

③调质。中碳钢锻件毛坯调质处理的目的，一是为了提高材料的机械性能，二是为切齿后需淬火的齿轮提供良好的条件。

（2）切齿后的热处理。

切齿后的热处理主要是为了提高齿面硬度。它的具体方法有：

①高频表面淬火。淬火后轮齿变形较小，齿面硬度较高，芯部韧性好，是最常用的表面淬火方法。

②整体淬火。这种方法简便易行，但淬火后常引起内孔变形、端面翘曲及径向跳动增大。由于齿芯韧性不好，故轮齿容易冲击折断。

③化学热处理。对含碳量比较低的齿坯材料，可采用齿面渗碳淬火及渗氮、氰化等化学处理。这种齿面硬度很高，齿芯韧性较好，可用于高速或有冲击的齿轮。由于表面硬化层较薄，故不宜用于重载齿轮。

四、齿轮加工的一般工艺路线

齿轮加工过程可大致分为齿坯加工和齿形加工两个阶段。其主要工艺有两方面：一是齿坯内孔（或轴颈）和基准端面的加工精度，它是齿轮加工、检验和装配的基准，对齿轮质量影响很大；二是齿形的加工精度，它直接影响齿轮传动质量，是整个齿轮加工的核心。

1. 齿坯加工阶段

齿坯加工主要包含毛坯制备、内孔和基准端面加工、圆和其他表面加工等过程。

内孔和基准端面应在一次装夹中加工，以保证基准端面对内孔的垂直度要求；外圆精加工应以内孔在芯轴上定位，以保证外圆对内孔的同轴度要求。

齿坯的加工方案与轮体结构、技术要求及生产规模等多种因素有关。

2. 齿形加工阶段

齿形加工方案的选择，主要取决于齿轮的精度等级、生产批量和热处理方法等。对于 8 级及 8 级以下精度的不淬硬齿轮，用铣齿、滚齿或插齿等方法都可直接达到加工精度要求；对此精度等级的淬硬齿轮，需在淬火前将精度提高一级，以保证淬火后达到预期精度，其加工方案可采用：

滚（插）齿→齿端加工→齿面淬火→修正内孔。

对 6 ~ 7 级精度淬硬齿轮有如下两种加工方案。

（1）剃－珩齿方案：滚（插）齿→齿端加工→剃齿→表面淬火→修正基准→珩齿。

（2）磨齿方案：滚（插）齿→齿端加工→渗碳淬火→修正基准→磨齿。

剃－珩齿方案生产率高，广泛用于 7 级精度齿轮的成批生产中。磨齿方案的生产率低，一般用于 6 级精度以上或淬火后变形较大的齿轮。单件小批生产或 5 级精度以上的齿轮一般采用磨齿方案。

对于不淬硬的7级精度齿轮，可用滚齿方案。

目前一些机床厂和汽车拖拉机厂使用滚（插）齿→冷挤齿的加工方案，此方案可稳定地获得7级精度，适用于大批量生产。

五、齿坯机械加工

齿坯加工工艺主要取决于轮体结构形状和生产批量，对轴类和盘类齿轮，其齿坯的加工工艺与一般轴和圆盘零件基本相同，唯加工时应重点保证齿形加工基准面的精度要求。轴齿轮的基准面是轴颈，盘形齿轮的基准面是孔和端面。由于齿坯的外圆、端面或内孔常作为齿形加工、测量和装配的基准，因而这些对齿形的加工有重要的影响。下面以盘形齿轮为例分析齿坯加工的主要过程。

1. 中小批生产的齿坯加工

（1）以齿坯外圆或凸缘作为粗基准，用三爪卡盘装夹，在普通车床或转塔车床上粗加工外圆、端面和内孔；

（2）夹紧外圆，精镗内孔和基准端面；

（3）以内孔在芯轴上定位，精车外圆、端面及其他表面。

对花键孔齿坯，其加工方案大致相仿，可以为：

粗加工外圆、端面和花键底孔→以花键底孔定位，端面支承拉出花键→以花键孔在芯轴上定位，精车外圆、端面及其他表面。

2. 大批量生产的齿坯加工

对于圆柱孔或花键孔的齿轮，其齿坯均采用高生产率机床加工，如拉床、多轴自动或多刀半自动车床等。其加工方案为：

（1）以外圆为粗基准，粗加工端面和内孔（或花键）底孔；

（2）以端面支承拉孔（内孔或花键孔）；

（3）以孔在芯轴上定位，在多刀半自动车床上粗车外圆、端面；

（4）不卸下芯轴，在另一台车床上继续精车外圆、端面及其他表面。

对直径较小的齿坯，可采用棒料在卧式多轴自动或半自动车床上将外圆、基准端面和内孔在一道工序中全部加工完成。

六、齿形加工方法

- 齿形加工方法
  - 仿形法
    - 铣齿
    - 磨齿
    - 拉齿
  - 展成法
    - 滚齿
    - 插齿
    - 剃齿
    - 磨齿
    - 珩齿

1. 滚齿工艺特点

滚齿是加工外啮合直齿和斜齿圆柱齿轮最常用的一种方法。滚齿加工的尺寸范围很大，小至仪器仪表中的小模数齿轮，大到矿山和化工机械中的大型齿轮。

滚齿用于未淬硬齿形的粗、精加工。对于8、9级精度的齿轮，滚齿后可直接获得。如果采用A级齿轮滚刀和高精度滚齿机，也可直接加工出7级精度的齿轮。对于7级精度以上的齿轮，通常用滚齿作为剃齿或磨齿等精加工前的粗加工和半精加工工序。

滚齿加工时，齿面是由滚刀的刀齿包络而成的，由于参加切削的刀齿数有限，且滚刀沿工件轴向进给时，会在齿面留下纵向波纹，故齿面较为粗糙。

2. 插齿加工原理与工艺特点

插齿加工是运用一对圆柱齿轮啮合的展成原理加工齿形。插齿时，插齿刀与齿坯之间保持一定的啮合关系，插齿刀做往复切削运动、圆周和径向进给运动及让刀运动，工件做相应的展成运动。

由于滚齿是连续铣削，而插齿有空回程，故插齿的生产率比滚齿低。但对于模数较小和宽度窄的齿轮，由于滚刀的切入长度大，如不采用多件叠合加工，则插齿的生产率反而高于滚齿。

从加工精度看，插齿加工的齿形误差较小。但插齿时引起齿轮切向误差的环节比滚齿多，会使被加工齿轮产生更大的周节累积误差，故插齿所得齿轮的公法线长度变动较大。

3. 剃齿

（1）加工原理。

剃齿是齿轮的一种精加工方法。利用刀具和工件齿面之间的相对滑动进行切削，这是剃齿的基本原理。

（2）工艺特点。

剃齿加工有如下工艺特点。

①剃齿时，对齿圈径向跳动有修正作用。但剃齿对公法线长度变动没有修正作用。由于剃齿刀本身的修正作用，剃齿对基节偏差和齿形误差有较强的修正能力。

②剃齿前的齿轮精度应比剃齿后低一级。但由于剃齿后不能修正齿轮公法线长度变动，故剃齿前此项精度不能低于剃齿后的要求。

此外，还应控制剃齿前的齿圈径向跳动，因为过大的径向跳动量可能会转化为公法线长度变动。

③剃齿只能加工未淬硬的齿轮。

④剃齿生产率很高。

4. 珩齿

珩齿原理与剃齿相似，珩轮与工件类似于一对螺旋齿轮呈无侧隙啮合，利用啮合处的相对滑动，并在齿面间施加一定的压力来进行珩齿。在工作时，珩轮带动工件高速正反向转动，工件沿轴向做往复运动及沿径向做进给运动。与剃齿不同的是，开车后其一次径向进给到预定位置，故开始时齿面压力接大，随后逐渐减小，直至压力消失时珩齿便结束。

与剃齿相比较，珩齿具有以下工艺特点。

（1）珩齿速度低。

（2）齿面质量高。

（3）珩轮弹性较大，对各项误差修正作用不强。

（4）珩齿余量小。

（5）珩齿生产率甚高。

5. 磨齿

磨齿是目前齿形加工中精度最高的一种方法。它既可磨削未淬硬齿轮，也可磨削淬硬的齿轮。

复习与思考题

5－1　中心孔在轴类零件加工中起什么作用？

5－2　如何合理安排轴上键槽、花键加工顺序？

5－3　箱体类零件有什么结构特点？技术要求有哪些？

5－4　箱体类零件加工工序顺序安排应遵循哪些原则？

5－5　齿轮类零件毛坯有哪些形式？各应用于什么场合？

5－6　滚齿和插齿各有何特点？

项目六　机械零件加工质量的分析

任务一　机械加工精度概述

一、概述

1. 加工精度与加工误差

在项目二的任务六中已经提及加工精度的概念，但是还不具体。这里，将专门介绍、讨论有关机械加工精度的内容。

高产，优质，低消耗，产品技术性能好，使用寿命长，这是机械制造企业的基本要求，而质量则是最根本的问题。机械加工质量指标包括两方面的参数：一方面是宏观几何参数，指机械加工精度；另一方面是微观几何参数和表面物理机械性能等方面的参数，指机械加工表面质量。

所谓机械加工精度，是指零件在加工后的几何参数（尺寸大小，几何形状，表面间的相互位置）的实际值与理论值相符合的程度。符合程度高，加工精度就高；反之则加工精度低。机械加工精度包括尺寸精度、形状精度、位置精度三项内容，三者既有联系，也有区别。

由于机械加工中的种种原因，不可能把零件做得绝对精确，总会产生偏差，这种偏差即加工误差。实际生产中的加工精度的高低用加工误差的大小表示。加工误差小，则加工精度高；反之则低。保证零件的加工精度就是设法将加工误差控制在允许的偏差范围内；提高零件的加工精度就是设法降低零件的加工误差。

随着对产品性能要求的不断提高和现代加工技术的发展，对零件的加工精度要求也在不断地提高。一般来说，零件的加工精度越高则加工成本越高，生产率则相对越低。因此，设计人员应根据零件的使用要求，合理地确定零件的加工精度，工艺人员则应根据设计要求、生产条件等采取适当的加工工艺方法，以保证零件的加工误差不超过零件图上规定的公差范围，并在保证加工精度的前提下，尽量提高生产率和降低成本。

2. 获得零件加工精度的方法

（1）获得尺寸精度的方法。

在机械加工中获得尺寸精度的方法有试切法，调整法，定尺寸刀具法，自动控制法和主动测量法等五种。

①试切法。

通过试切→测量→调整→再试切反复进行，直到被加工尺寸达到要求的精度为止的加工方法。试切法不需要复杂的装备，加工精度取决于工人的技术水平和量具的精度，常用于单件小批生产。

②调整法。

按零件规定的尺寸预先调整机床、夹具、刀具和工件的相互位置，并在加工一批零件的过程中保持这个位置不变，以保证零件加工尺寸精度的加工方法。调整法生产效率高，对调整工的要求高，对操作工的要求不高，常用于成批及大量生产。

③定尺寸刀具法。

用具有一定形状和尺寸精度的刀具进行加工，使加工表面达到要求的形状和尺寸的加工方法。如用钻头，铰刀，键槽铣刀等刀具的加工即为定尺寸刀具法。定尺寸刀具法生产率较高，加工精度较稳定，广泛地应用于各种生产类型。

④自动控制法。

把测量装置，进给装置和控制机构组成一个自动加工系统，使加工过程中的尺寸测量、刀具的补偿和切削加工一系列工作自动完成，从而自动获得所要求的尺寸精度的加工方法。该方法生产率高，加工精度稳定，劳动强度低，适应于批量生产。

⑤主动测量法。

在加工过程中，边加工边测量加工尺寸，并将测量结果与设计要求比较后，或使机床工作，或使机床停止工作的加工方法。该方法生产率较高，加工精度较稳定，适应于批量生产。

（2）获得几何形状精度的方法。

在机械加工中获得几何精度的方法有轨迹法，成形法，仿形法和展成法等四种。

①轨迹法。

依靠刀尖运动轨迹来获得形状精度的方法。刀尖的运动轨迹取决于刀具和工件的相对成形运动，因而所获得的形状精度取决于成形运动的精度。普通车削，铣削，刨削和磨削等均为刀尖轨迹法。

②成形法。

利用成形刀具对工件进行加工的方法。成形法所获得的形状精度取决于成形刀具的形状精度和其他成形运动精度。用成形刀具或砂轮进行车、铣、刨、磨、拉等加工的均为成形法。

③仿形法。

刀具依照仿形装置进给获得工件形状精度的方法。如使用仿形装置车手柄，铣凸轮轴等。

④展成法。

又称为范成法，它是依据零件曲面的成形原理，通过刀具和工件的展成切削运动进行加工的方法。展成法所得的被加工表面是刀刃和工件在展成运动过程中所形成的包络面，刀刃必须是被加工表面的共轭曲线。所获得的精度取决于刀刃的形状和展成运动的精度。滚齿，插齿等均为展成法。

（3）获得位置精度的方法。

工件的位置精度取决于工件的安装（定位和夹紧）方式及其精度。获得位置精度的方法有以下三种。

①找正安装法。

找正是用工具和仪表根据工件上的有关基准，找出工件有关几何要素相对于机床的正确位置的过程。用找正法安装工件称为找正安装，找正安装可分为：

a. 划线找正安装。

即用划针以毛坯或半成品上所划的线为基准找正它在机床上正确位置的一种安装方法。

b. 直接找正安装。

即用划针和百分表或通过目测直接在机床上找正工件正确位置的安装方法。此法的生产率较低，对工人的技术水平要求高，一般只用于单件小批生产中。

②夹具安装法。

夹具是用以安装工件和引导刀具的装置。在机床上安装好夹具，将工件放在夹具中定位，能使工件迅速获得正确位置，并使其固定在夹具和机床上。因此，工件定位方便，定位精度高且稳定，装夹效率也高。

③机床控制法。

利用机床本身所设置的保证相对位置精度的机构保证工件位置精度的安装方法。如坐标镗床，数控机床等。

3. 影响加工精度的因素及其分析

在机械加工过程中，机床、夹具、刀具和工件组成了一个完整的系统，称为工艺系统，工件的加工精度问题涉及整个工艺系统的精度问题。工艺系统中各个环节所存在的误差，在不同的条件下，以不同的程度和方式反映为工件的加工误差，是产生加工误差的根源，因此工艺系统的误差被称为原始误差。这些误差，一部分与工艺系统本身的结构状态有关，一部分与切削过程有关。按照这些误差的性质可归纳为以下四个方面。

（1）工艺系统的几何误差。包括加工方法的原理误差、机床的几何误差、夹具的制造误差、工件的装夹误差以及工艺系统磨损所引起的误差。

（2）工艺系统受力变形所引起的误差。

（3）工艺系统热变形所引起的误差。

（4）工件的内应力引起的误差。

为清晰起见，可将加工过程中可能出现的种种原始误差归纳如下：

- 原始误差
  - 与工艺系统初始状态有关（几何误差）
    - 原理误差
    - 工件装夹误差
    - 调整误差
    - 机床误差
      - 机床主轴回转误差
      - 机床导轨误差
      - 机床传动误差
    - 夹具误差
    - 刀具误差
  - 与工艺过程有关（动误差）
    - 工艺系统受力、受热变形引起的误差
    - 工件内应力引起的变形误差
    - 刀具磨损引起的误差
    - 测量误差

4. 加工精度的研究方法

研究机械加工精度的方法主要有分析计算法和统计分析法。分析计算法是在掌握各种原始误差对加工精度影响规律的基础上，分析工件加工中所出现的误差可能是哪一种或哪几种主要原始误差所引起的，并找出原始误差与加工误差之间的影响关系，通过估算来确定工件加工误差的大小，再通过试验测试来加以验证。统计分析法是对具体加工条件下得到的几何参数进行实际测量，然后运用数理统计学方法对这些测试数据进行分析处理，找出工件加工误差的规律和性质，进而控制加工质量。分析计算法主要是在对单项原始误差进行分析计算的基础上进行的；统计分析法则是在对有关的原始误差进行综合分析的基础上进行的。在实际生产中上述两种方法常常结合起来使用，可先用统计分析法寻找加工误差产生的规律，初步判断产生加工误差的可能原因，再运用分析计算法进行分析、试验，以便迅速有效地找出影响工件加工精度的主要原因。

二、工艺系统的几何误差

工艺系统的几何误差主要有加工原理误差，机床、刀具、夹具的制造误差和磨损以及机床、刀具、夹具和工件的安装调整误差等。

1. 加工原理误差

加工原理误差是指由于采用了近似的加工方法、近似的成形运动或近似的刀具轮廓进行加工所产生的误差。为了获得规定的加工表面，刀具和工件之间必须实现准确的成形运动，机械加工中称此为加工原理。理论上应采用理想的加工原理和完全准确的成形运动以获得精确的零件表面。但实践中，完全精确的加工原理常常很难实现，有时加工效率很低；有时会使机床或刀具的结构极为复杂，制造困难；有时由于结构环节多，造成机床传动中的误差增加，或使机床刚度和制造精度难以保证。因此，采用近似的加工原理以获得较高的加工精度是保证加工质量和提高生产率和经济性的有效工艺措施。

例如，齿轮滚齿加工用的滚刀就有两种原理误差：一是近似廓型原理误差，即由于制造上的困难，采用阿基米德基本蜗杆或法向直廓基本蜗杆代替渐开线基本蜗杆；二是由于滚刀刀刃数有限，所切出的齿形实际上是一条由微小折线组成的折线面，和理论上的光滑渐开线有差异，这些都会产生加工原理误差。又如用模数铣刀成形铣削齿轮，模数相同而齿数不同的齿轮，齿形参数是不同的。理论上，同一模数，不同齿数的齿轮就要用相应的不同锯齿形刀具加工。实际上，为精简刀具数量，常用一把模数铣刀加工某一齿数范围内的齿轮，即采用了近似的刀刃轮廓，这同样会产生加工原理误差。

2. 机床的几何误差

机械加工中，刀具相对于工件的切削成形运动一般是通过机床完成的，因此工件的加工精度在很大程度上取决于机床的精度。

机床的切削成形运动主要有两大类，即主轴的回转运动和移动件的直线运动，因此，机床的制造误差对工件加工精度影响较大的主要有主轴的回转运动误差、导轨的直线运动误差以及传动链误差。

（1）主轴回转误差。

①主轴回转误差的概念及基本型式。

机床主轴是用以装夹工件或刀具的基准，并将运动和动力传递给工件和刀具。因此主轴的回转误差，对工件的加工精度有直接影响。所谓主轴的回转误差是指主轴的实际回转轴线相对其理想回转轴线（一般用平均回转轴线来代替）的漂移或偏离量。

理论上，主轴回转时，其回转轴线的空间位置是固定不变的，即瞬时速度为零。而实际上，由于主轴部件在加工、装配过程中的各种误差和回转时的受力、受热等因素，主轴在每一瞬时回转轴心线的空间位置都处于变动状态，造成轴线相对于平均回转轴线的漂移，也即产生了回转误差。

主轴的回转误差可分为三种基本形式。

轴向窜动——主轴实际回转轴线沿平均回转轴线方向的轴向运动，如图 6－1(a) 所示。它主要影响端面形状和轴向尺寸精度。

径向跳动——主轴实际回转轴线始终平行于平均回转轴线方向的径向运动，如图 6－1(b) 所示。

角度摆动——瞬时回转轴线与平均回转轴线成一角度倾斜，交点位置固定不变的运动，如图 6－1(c) 所示。它主要影响工件的形状精度，车外圆时，会产生锥形；镗孔时，将使孔呈椭圆形。

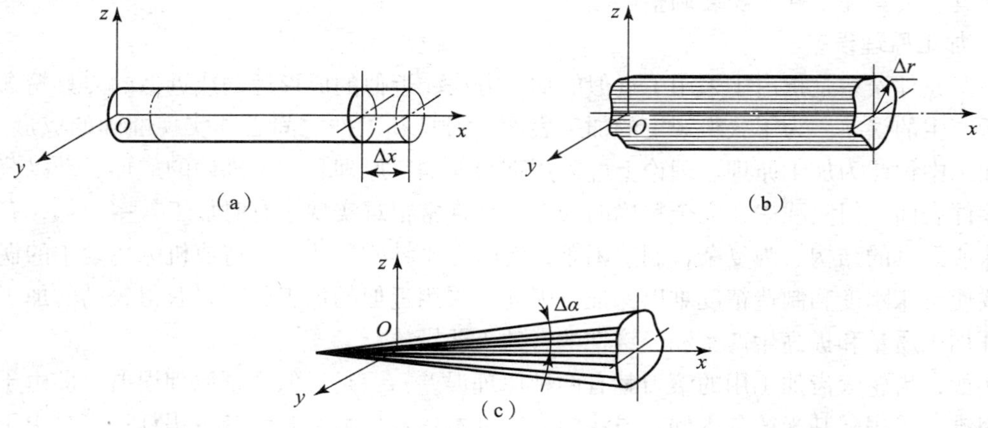

图 6－1　主轴回转误差的基本形式

(a) 轴向窜动；(b) 径向跳动；(c) 角度摆动

主轴工作时，其回转运动误差常常是以上三种基本形式的合成运动造成的。

②主轴回转误差的影响因素。

影响主轴回转精度的主要因素是主轴轴颈的同轴度误差、轴承的误差、轴承的间隙、与轴承配合零件的误差及主轴系统的径向不等刚度和热变形等。

当主轴采用滑动轴承时，轴承误差主要是指主轴颈和轴承内孔的圆度误差和波度误差。对于工件回转类机床（如车床、磨床等），切削力的方向大体上是不变的，主轴在切削力的作用下，主轴颈以不同部位和轴承内孔的某一固定部位相接触。因此，影响主轴回转精度的，主要是主轴轴颈的圆度误差和波度误差，而轴承孔的形状误差影响较小。如果主轴颈是椭圆形的，那么，主轴每回转一周，主轴回转轴线就径向圆跳动两次，如图 6－2(a) 所示。主轴轴颈表面如有波度，主轴回转时将产生高频的径向圆跳动。对于刀具回转类机床（如镗床等），由于切削力方向随主轴的回转而回转，主轴颈在切削力作用下总是以其某一固定部位与轴承内表面的不同部位接触。因此，对主轴回转精度影响较大的是轴承孔的圆度误差。如果轴承孔是椭圆形的，则主轴每回转一周，就径向圆跳动一次，如图 6－2(b) 所示。轴承内孔表面如有波度，同样会使主轴产生高频径向圆跳动。

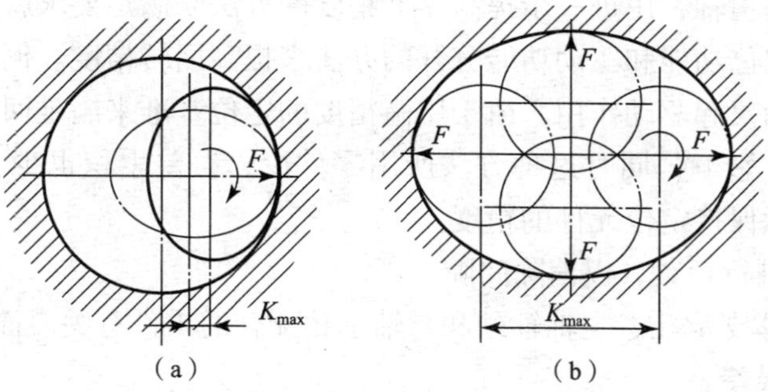

图 6－2　主轴采用滑动轴承的径向跳动

（a）工件回转类机床；（b）刀具回转类机床

K_{max}—最大跳动量

主轴采用滚动轴承时，轴承内、外圈滚道的圆度误差和波度对回转精度的影响，与上述滑动轴承的情况相似。分析时可视外圈滚道相当于轴承孔，内圈滚道相当于轴颈。因此，对工件回转类机床，滚动轴承内圈滚道圆度误差对主轴回转精度影响较大，主轴每回转一周，径向圆跳动两次；对刀具回转类机床，外圆滚道圆度误差对主轴精度影响较大，主轴每回转一周，径向圆跳动一次。

滚动轴承的内、外圈滚道如有波度，则不管是工件回转类机床还是刀具回转类机床，主轴回转时都将产生高频径向圆跳动。

滚动轴承滚动体的尺寸误差会引起主轴回转的径向圆跳动。当最大的滚动体通过承载区一次，就会使主轴回转轴线发生一次最大的径向圆跳动。回转轴线的跳动周期与保持架的转速有关。由于保持架的转速近似为主轴转速的 1/2，所以主轴每回转两周，主轴轴线就径向圆跳动一次。

推力轴承滚道端面误差会造成主轴的端面圆跳动。滚锥、向心推力轴承的内外滚道的倾斜既会造成主轴的端面圆跳动，又会引起径向圆跳动和摆动。主轴轴承的间隙过大，会使主轴工作时油膜厚度增大，刚度降低（油膜承载能力降低），当工作条件变化时（载荷、转速等），油楔厚度变化较大，主轴轴线的跳动量增大。

除轴承本身之外，与轴承相配的零件（主轴、箱体孔等）的精度和装配质量都会对主轴回转精度产生影响，如主轴轴颈的尺寸和形状误差会使轴承内圈变形。主轴前后轴颈之间，箱体前后轴承孔之间的同轴度误差会使轴承内外圈滚道相对倾斜，引起主轴回转轴线的径向和轴向跳动。此外，轴承定位端面与轴心线的垂直度误差、轴承端面之间的平行度误差等都会让主轴回转轴线产生轴向窜动。

③提高主轴回转精度的措施。

主轴回转精度是影响加工精度的重要因素之一。为提高回转精度，主要可采取以下几方面措施。

a. 提高主轴部件的精度。根据机床精度要求，选择相应的高精度轴承，合理确定主轴颈、箱体主轴孔，调整螺母等零件的尺寸精度和形状精度。这样可以减少影响回转精度的原始误差。

b. 使主轴回转精度不依赖于主轴部件。由于组成主轴部件的零件多，累积误差大，对回转精度要求很高的主轴，用进一步提高零件精度的方法来满足要求就比较困难。因此可以考虑使主轴部件的定位功能和驱动功能分开的办法来提高回转精度。例如，磨外圆时，工件由死顶尖定位，主轴仅起驱动作用。由于用高精度的定位基准来满足回转精度要求，主轴部件的误差就不再产生影响；同时这种方法所用零件少，误差累积也少，所以能提高回转精度，但使用中须注意保持定位元件的精度。

c. 对滚动轴承进行预紧，以消除间隙。

d. 提高主轴箱体支承孔、主轴轴颈和与轴承相配合的零件有关表面的加工精度。

（2）机床导轨误差。

机床导轨是机床中确定某些主要部件相对位置的基准，也是某些主要部件的运动基准，它的各项误差直接影响被加工工件的精度。在机床的精度标准中，直线导轨的导向精度一般包括导轨在水平面内的直线度、在垂直面内的直线度以及前后导轨的平行度（扭曲）等几项主要内容。

机床安装得不正确、水平调整得不好，会使床身产生扭曲，破坏导轨原有的制造精度，特别是长床身机床，如龙门刨床、导轨磨床以及重型、刚性差的机床。机床安装时要有良好的基础，否则将因基础下沉而造成导轨弯曲变形。

导轨误差的另一个重要因素是导轨磨损。机床在使用过程中，机床导轨磨损不均匀，使导轨产生直线度、扭曲度等误差，从而使溜板在水平面和垂直面内发生位移。

导轨误差对加工精度产生的影响如下。

①在水平面内，车床导轨的直线度误差或导轨对主轴轴心线的平行度误差，会使被加工的工件产生鼓形或鞍形。图 6－3（a）表示导轨在水平方向的直线度误差；图 6－3（b）表示由于导轨的直线度误差使工件产生的鞍形误差。由图 6－3（b）可知，这个鞍形误差与车床导轨上的直线度误差完全一致，即机床导轨误差将直接反映到被加工的工件上。

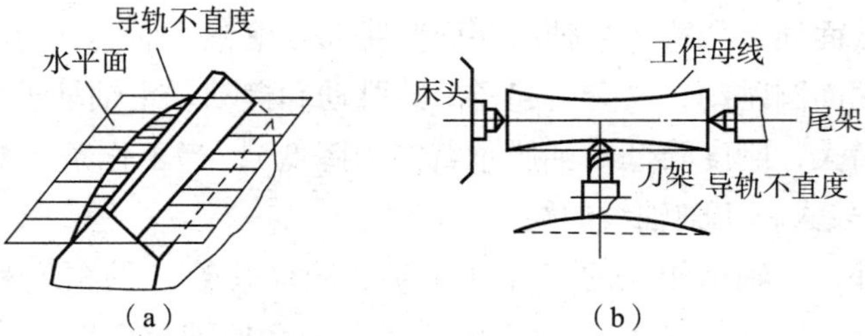

图 6－3　导轨在水平面内的直线度误差引起的加工误差

②在垂直平面内车床导轨的直线度误差，也同样能使工件产生直径方向的误差，但是这个误差不大（处在误差非敏感方向）。因为当刀尖沿切线方向偏移 Δz 时（见图 6－4），工件的半径由 R 增致 R'，其增加量为 ΔR。从图可知：

$$R' = \sqrt{R^2 + \Delta Z^2} \approx R + \frac{\Delta Z^2}{2R}$$

故

$$\Delta R = R' - R = \frac{\Delta Z^2}{2R} = \frac{\Delta Z^2}{D} \qquad (6-1)$$

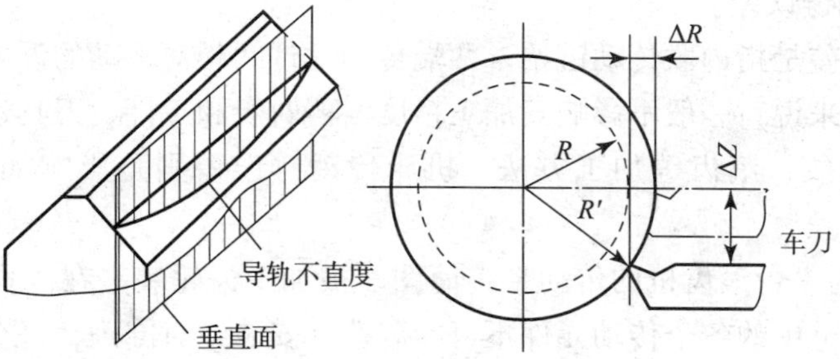

图 6－4　导轨在垂直面内的直线度误差

由于 ΔZ 很小，ΔZ^2 就更小，而 D 比较大，所以式（6－1）中 ΔR 是很小的，可以说对零件的形状精度影响很小。但对平面磨床、龙门刨床及铣床等来说，导轨在垂直面的直线度误差会引起工件相对砂轮（刀具）的法向位移，其误差将直接反映到被加工零件上，形成形状误差（见图 6－5）。

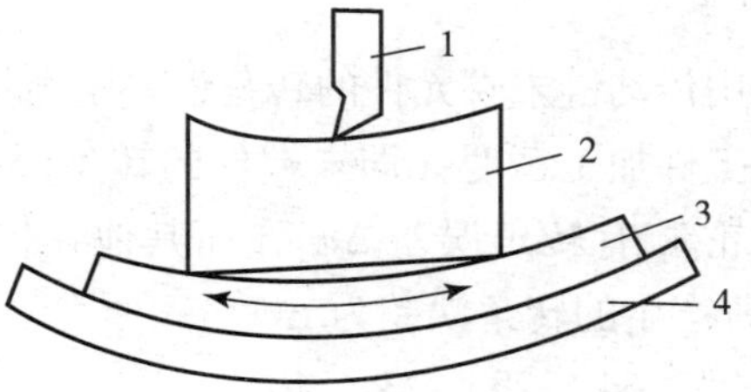

图 6－5　龙门刨床导轨在垂直面内的直线度误差

1—刨刀；2—工件；3—工作台；4—床身导轨

③车床导轨的扭曲度，也会使刀尖相对工件产生偏移（在水平方向和垂直方向的位移）。如图 6－6 所示，设车床中心高为 H，导轨宽度为 B，则导轨扭曲量 Δ 引起的刀尖在工件径向的变化量为

$$\Delta R = \Delta Y \approx \frac{H}{B}\Delta x$$

这一误差将使工件产生圆柱度误差。

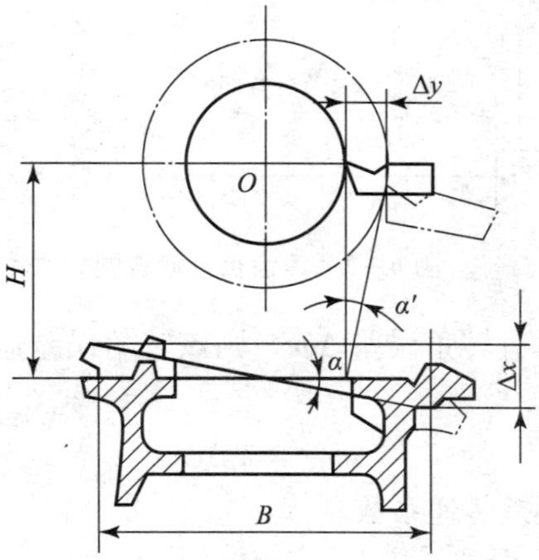

图 6－6　车床导轨扭曲对工件形状精度影响

（3）机床传动链误差。

机床传动链误差是指内联传动链始末两端传动元件间相对运动的误差。传动链误差对圆柱表面和平面加工来说，一般不影响其加工精度，但对于和工件、刀具运动有严格内联系的加工表面，如车螺纹、滚齿等加工方法，机床传动链误差则是影响加工精度的主要因素之一。

图6－7所示为一台滚齿机的传动系统简图，被加工齿轮装夹在工作台上，它与蜗轮同轴回转。由于传动链中的各个传动元件不可能制造、安装绝对准确，每个传动元件的误差都将通过传动链影响被加工齿轮的加工精度。其工件转角为

$$\phi_n(\phi_g) = \phi_d \times \frac{64}{16} \times \frac{23}{23} \times \frac{23}{23} \times \frac{46}{46} \times i_c \times i_f \times \frac{1}{96}$$

式中：ϕ_n（ϕ_g）——工件转角；

ϕ_d——滚刀转角；

i_c——差动轮系的传动比，在滚切直齿时，$i_c = 1$；

i_f——分度挂轮传动比。

传动链传动误差一般可用传动链末端元件的转角误差来衡量，但由于各传动件在传动链中所处的位置不同，它们对工件加工精度（即末端件的转角误差）的影响程度也是不同的。假设滚刀轴均匀旋转，若齿轮 z_1 有转角误差 $\Delta\phi_1$，而其他各传动件无误差，则传到末端件（亦即第 n 个传动元件）上所产生的转角误差为 $\Delta\phi_{1n}$

$$\Delta\phi_{1n} = \Delta\phi_1 \times \frac{64}{16} \times \frac{23}{23} \times \frac{23}{23} \times \frac{46}{46} \times i_c \times i_f \times \frac{1}{96} = k_1 \Delta\phi_1$$

式中，k_1 为 z_1 到末端件的传动比。由于它反映了 z_1 的转角误差对末端元件传动精度的影响，故又称之为误差传递系数。

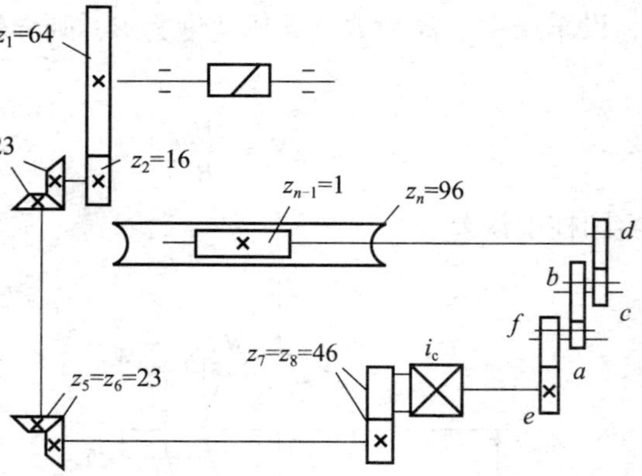

图6－7　滚齿机传动链图

同理，若第 j 个传动元件有转角误差 $\Delta\phi_j$，则该转角误差通过相应的传动链传递到工作台上的转角误差为：

$$\Delta\phi_{jn} = k_j \Delta\phi_j$$

式中，k_j 为第 j 个传动件的误差传递系数。

由于所有的传动件都存在误差，因此，各传动件对工件精度影响的总和 $\Delta\phi_\Sigma$ 为各传动元件所引起末端元件转角误差的叠加

$$\Delta\phi_{\Sigma} = \sum_{j=1}^{n} k_j \Delta\phi_j$$

从上式可知，为了减小传动误差，$\Delta\phi_{\Sigma} = \sum_{j=1}^{n} k_j \Delta\phi_j$ 可采取以下措施。

①提高传动元件，特别是末端件的制造精度和装配精度。如滚齿机工作台部件中作为末端传动件的分度蜗轮副的精度要比传动链中其他齿轮的精度高1～2级。

②减少传动件数目，缩短传动链，使误差来源减少。

③消除传动链中齿轮的间隙。各传动副零件间存在的间隙，会使末端件的瞬时速度不均匀，速比不稳定，从而产生传动误差。例如：数控机床的进给系统，在反向时其传动链间的间隙会使运动滞后于指令脉冲，造成反向死区而影响传动精度。

④采用误差校正机构（校正尺、偏心齿轮、行星校正机构、数控校正装置、激光校正装置等）对传动误差进行补偿。采用此方法是根据实测准确的传动误差值，采用修正装置让机床做附加的微量位移，其大小与机床传动误差相等，但方向相反，以抵消传动链本身的误差。在精密螺纹加工机床上都有此校正装置。

⑤尽可能采用降速传动。因为传动件在同样原始误差的情况下，采用降速传动时 $k_j < 1$，传动误差被缩小，因而对加工误差的影响较小。速度降得越多，对加工误差的影响越小。

3. 刀具几何误差

机械加工中常用的刀具有：一般刀具、定尺寸刀具、成形刀具以及展成法刀具。不同的刀具误差对工件加工精度的影响情况不一样。

一般刀具（如普通车刀、单刃镗刀和面铣刀、刨刀等）的制造误差对加工精度没有直接影响，但对于用调整法加工的工件，刀具的磨损对工件尺寸或形状精度有一定影响。这是因为加工表面的形状主要是由机床精度来保证，而加工表面的尺寸则主要由调整决定。

定尺寸刀具（如钻头、铰刀、圆孔拉刀、键槽铣刀等）的尺寸误差和形状误差直接影响被加工工件的尺寸精度和形状精度。这类刀具若安装和使用不当，也会影响加工精度。

成形刀具（如成形车刀、成形铣刀、盘形齿轮铣刀、成形砂轮等）的误差主要影响被加工面的形状精度。

展成法刀具（如齿轮滚刀、花键滚刀、插齿刀等）的刀刃形状必须是加工表面的共轭曲线，因此刀刃的几何形状误差会直接影响加工表面的形状精度。

任何刀具在切削过程中都不可避免地要产生磨损，并由此引起工件尺寸和形状的改变（即误差）。例如：用成形刀具加工时，刀具刃口的不均匀磨损将直接复映在工件上，造成形状误差；在加工较大表面（一次走刀需较长时间）时，刀具的尺寸磨损会严重影响工件的形状精度；用调整法加工一批工件时，刀具的磨损会扩大工件尺寸的分散范围。

4. 夹具几何误差

夹具的作用是使工件相对于刀具和机床具有正确的位置，因此夹具的制造误差对工件的加工精度特别是位置精度有很大的影响。例如：用镗模进行箱体的孔系加工时，箱体和镗杆的相对位置是由镗模来决定，机床主轴只起传递动力的作用，这时工件上各孔的位置精度就完全依靠夹具（镗模）来保证。

夹具误差包括制造误差、定位误差、夹紧误差、夹具安装误差、对刀误差等。这些误差主要与夹具的制造与装配精度有关，所以在夹具的设计制造以及安装时，凡影响零件加工精度的尺寸和形位公差都应严格控制。

夹具的制造精度必须高于被加工零件的加工精度。精加工时（IT8～IT6），夹具主要尺寸的公差一般可规定为被加工零件相应尺寸公差的1/2～1/3；粗加工时（IT11以下），因工件尺寸公差较大，夹具的精度则可规定为零件相应尺寸公差的1/5～1/10。

夹具在使用过程中，定位元件、导向元件等工作表面的磨损、碰伤，会影响工件的定位精度和加工表面的形状精度。如镗模上镗套的磨损，会使镗杆与镗套间的间隙增大并造成镗孔后的几何形状误差。因此夹具应定期检验、及时修复或更换磨损元件。

辅助工具，如各种卡头、芯轴、刀夹等的制造误差和磨损，同样也会引起加工误差。

5. 调整误差

在零件加工中的每一个工序，为了获得被加工表面的形状、尺寸和位置精度，都需要对机床、夹具和刀具进行这样或那样的调整。而任何调整都不会绝对准确，总会带来一定的误差，这种原始误差称为调整误差。

当用试切法加工时，影响调整误差的主要因素是测量误差和进给系统精度。在低速微量进给中，进给系统常会出现“爬行”现象，其结果往往会使刀具的实际进给量比刻度盘的数值偏大或偏小些，造成加工误差。

在调整法加工中，当用定程机构调整时，调整精度取决于行程挡块、靠模及凸轮等机构的制造精度和刚度，以及与其配合使用的离合器、控制阀等的灵敏度。当用样件或样板调整时，调整精度取决于样件或样板的制造、安装和对刀精度。

三、工艺系统受力变形引起的误差

1. 基本概念

工艺系统在切削力、传动力、惯性力、夹紧力以及重力等外力作用下，会产生相应的弹性变形和塑性变形，从而破坏刀具和工件之间已调整好的正确位置关系，使工件产生几何形状误差和尺寸误差。

例如，车削细长轴时，在切削力的作用下，工件因弹性变形而出现“让刀”现象。随着刀具的进给，在工件全长上切削时，背吃刀量会由大变小，然后由小变大，使工件加工后产生腰鼓形的圆柱度误差，如图6－8(a)所示。又如在内圆磨床上以横向切入法磨孔时，由于内圆磨头主轴的弹性变形，工件孔会出现带锥度的圆柱度误差，如图6－8(b)所示。所以说工艺系统的受力变形是一项重要的原始误差，它严重影响加工精度和表面质量。

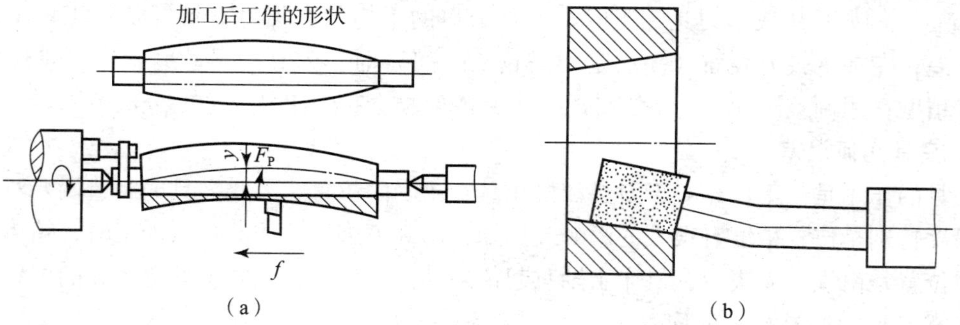

图6－8　工艺系统受力变形引起的加工误差

(a) 车削细长轴时的变形；(b) 切入法磨孔时磨杆的变形

工艺系统受力变形通常是弹性变形，一般来说，工艺系统反抗变形的能力越大，加工精度越高。我们用刚度的概念来表达工艺系统抵抗变形的能力。

在材料力学中，物体的静刚度 k 是指加到系统上的作用力 F 与由它所引起的在作用力方向上的变形量 y 的比值，即

$$k = \frac{F}{y} \tag{6-2}$$

式中：k——静刚度（N/mm）；

F——作用力（N）；

y——沿作用力 F 方向的变形（mm）。

在机械加工中，在各种外力作用下，工艺系统各部分将在各个受力方向产生相应的变形。工艺系统受力变形，主要研究误差敏感方向，即在通过刀尖的加工表面的法线方向的位移。因此，工艺系统的刚度 k_{xt} 可定义为：工件和刀具的法向切削分力 F_p 与在总切削力的作用下它们在该方向上的相对位移 y_{xt} 的比值，即

$$k_{xt} = \frac{F_p}{y_{xt}}$$

这里的法向位移是在总切削力的作用下工艺系统综合变形的结果，即在 F_c、F_p、F_f 共同作用下的 x 方向的变形，因此，工艺系统的总变形方向（y_{xt} 的方向）有可能出现与 F_p 的方向不一致的情况，当 y_{xt} 与 F_p 方向相反时，即出现负刚度。负刚度现象对保证加工质量是不利的，如车外圆时，会造成车刀刀尖扎入工件表面，故应尽量避免，如图 6－9 所示。

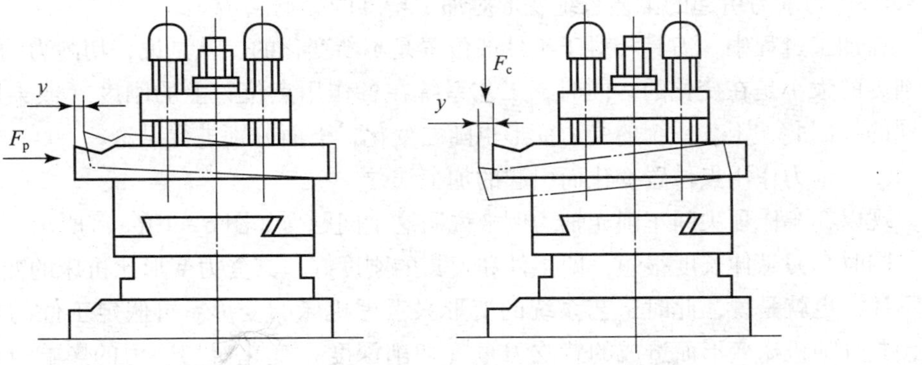

图 6－9　车削加工中的负刚度现象

2. 工艺系统刚度及其对加工过程的影响

（1）工艺系统刚度的计算。

工艺系统在切削力作用下，机床的有关部件、夹具、刀具和工件都有不同程度的变形，使刀具和工件在法线方向的相对位置发生变化，从而产生相应的加工误差。

工艺系统在某一处的法向总变形 y_{xt} 是各个组成环节在同一处的法向变形的叠加，即

$$y_{xt} = y_{jc} + y_{jj} + y_{dj} + y_{gj} \tag{6-3}$$

当工艺系统某处受法向力 F_p，其刚度和工艺系统各部件的刚度为

$$k_{xt} = \frac{F_p}{y_{xt}},\ k_{jc} = \frac{F_p}{y_{jc}},\ k_{jj} = \frac{F_p}{y_{jj}},\ k_{dj} = \frac{F_p}{y_{dj}},\ k_{gj} = \frac{F_p}{y_{gj}}$$

式中：y_{xt}——工艺系统的总变形（mm）；

y_{jc}——机床的受力变形（mm）；

y_{jj}——夹具的受力变形（mm）；

y_{dj}——刀具的受力变形（mm）；

y_{gj}——工件的受力变形（mm）；

k_{xt}——工艺系统的总刚度（N/mm）；

k_{jc}——机床的刚度（N/mm）；

k_{jj}——夹具的刚度（N/mm）；

k_{dj}——刀具的刚度（N/mm）；

k_{gj}——工件的刚度（N/mm）。

代入式（6-3）得工艺系统刚度的一般式为

$$k_{xt} = \frac{1}{\frac{1}{k_{jc}} + \frac{1}{k_{jj}} + \frac{1}{k_{dj}} + \frac{1}{k_{gj}}} \tag{6-4}$$

此式表明，已知工艺系统各组成部分的刚度，即可求得工艺系统的总刚度。

在用刚度计算一般式求解某一系统刚度时，应针对具体情况进行分析。如外圆车削时，车刀本身在切削力的作用下的变形对加工误差的影响很小，可略去不计，这时计算式中可省去刀具刚度一项。再如镗孔时，镗杆的受力变形严重地影响着加工精度，而工件（如箱体零件）的刚度一般较大，其受力变形很小，可忽略不计。

（2）切削力引起的工艺系统变形对加工精度的影响。

在加工过程中，刀具相对于工件的位置是不断变化的。就是说，切削力的作用点位置或切削力的大小是在变化的。同时，工艺系统在各作用点位置上的刚度（或柔度）一般是不相同的。因此，工艺系统的受力变形也随之变化，下面分别进行讨论。

①切削力作用点位置变化而引起的加工误差。

现以在车床顶尖间车削光轴为例来说明这个问题。如图6-10(a）所示，假定工件短而粗、同时车刀悬伸长度很短，即工件和刀具的刚度好，其受力变形比机床的变形小到可以忽略不计，也就是说，此时工艺系统的变形只考虑机床的变形。再假定工件的加工余量很均匀，并且随机床变形而造成的背吃刀量（切削深度）变化对切削力的影响也很小，即假定车刀切削过程中切削力保持不变。当车刀以径向力 F_p 进给到图6-10(a）所示的 x 位置，车床主轴箱受作用力 F_A，相应的变形 $y_{tj} = \overline{AA'}$；尾座受作用力 F_B，相应的变形 $y_{wz} = \overline{BB'}$；刀架受作用力 F_C，相应的变形 $y_{dj} = \overline{CC'}$。

这时工件轴心线 AB 位移到 $A'B'$，因而刀具切削点处工件轴线的位移 y_x 为

$$y_x = y_{tj} + \Delta = y_{tj} + (y_{wz} - y_{tj})\frac{x}{L}$$

考虑到刀架的变形 y_{dj} 与 y_x 的方向相反，所以机床的总变形 y_{jc} 为

$$y_{jc} = y_x + y_{dj} \tag{6-5}$$

由刚度的定义有

$$y_{tj} = \frac{F_A}{k_{tj}} = \frac{F_p}{k_{tj}}\left(\frac{L-x}{L}\right), y_{wz} = \frac{F_B}{k_{wz}} = \frac{F_p}{k_{wz}}\frac{x}{L}, y_{dj} = \frac{F_p}{k_{dj}} \tag{6-6}$$

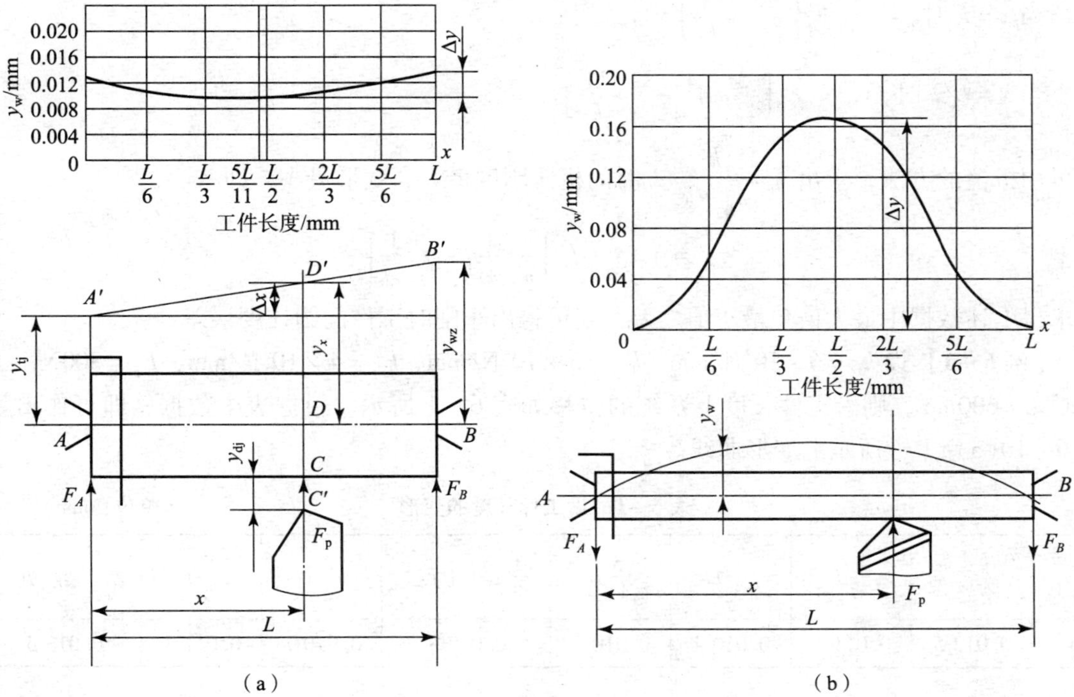

图 6－10　工艺系统变形随切削力位置变化而变化

（a）短粗轴；（b）细长轴

式中，k_{tj}、k_{wz}、k_{dj}分别为主轴箱（头架）、尾座和刀架的刚度。

代入式（6－5）得机床总的变形为

$$y_{jc} = F_p\left[\frac{1}{k_{tj}}\left(\frac{L-x}{L}\right)^2 + \frac{1}{k_{wz}}\left(\frac{x}{L}\right)^2 + \frac{1}{k_{dj}}\right] = y_{jc}(x) \tag{6-7}$$

这说明工艺系统的变形是 x 的函数。随着车刀位置（即切削力位置）的变化，工艺系统的变形也是变化的。变形大的地方，从工件上切去较少的金属层；变形小的地方，切去较多的金属层，因此加工出来的工件呈两端粗、中间细的鞍形，其轴截面的形状如图 6－11 所示。

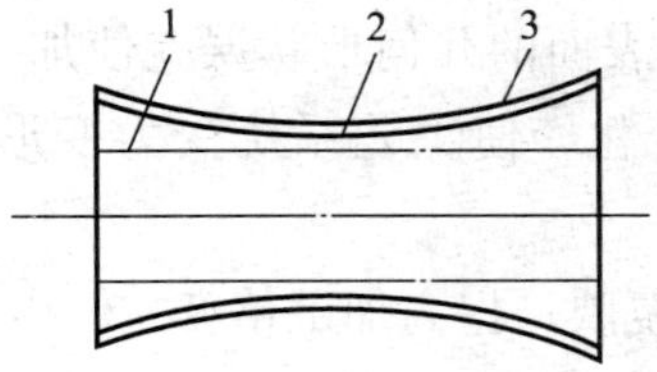

图 6－11　工件在顶尖上车削后的形状

1—机床不变形的理想情况；2—考虑主轴箱、尾座变化的情况；
3—包括考虑刀架变形在内的情况

当按上述条件车削时，工艺系统刚度实际为机床刚度。

当 $x=0$ 时，$y_{jc} = F_p\left[\frac{1}{k_{tj}} + \frac{1}{k_{dj}}\right]$。

当 $x=L$ 时，$y_{jc}=F_p\left[\frac{1}{k_{wz}}+\frac{1}{k_{dj}}\right]=y_{max}$。

当 $x=L/2$ 时，$y_{jc}=F_p\left[\frac{1}{4k_{tj}}+\frac{1}{4k_{wz}}+\frac{1}{k_{dj}}\right]$。

还可用极值的方法，求出 $x=\frac{k_{wz}}{k_{tj}+k_{wz}}L$ 时的机床刚度最大，变形最小，即

$$y_{jc}=y_{min}=F_p\left[\frac{1}{k_{tj}+k_{wz}}+\frac{1}{k_{dj}}\right]$$

再求得上述数据中最大值与最小值之差，就可得出车削时工件的圆柱度误差。

【例 6-1】 设 $k_{tj}=6\times10^4$N/mm，$k_{wz}=5\times10^4$N/mm，$k_{dj}=4\times10^4$N/mm，$F_p=300$N，工件长 $L=600$mm，则沿工件长度上系统的位移如表 6-1 所示。根据表中数据，即可作出如图 6-10(a) 上方所示的变形曲线。

表 6-1　沿工件长度的变形　（单位：mm）

x	0（主轴箱处）	$\frac{1}{6}L$	$\frac{1}{3}L$	$\frac{5}{11}L$	$\frac{1}{2}L$（中点）	$\frac{2}{3}L$	$\frac{5}{6}L$	L（尾座处）
y_x	0.012 5	0.011 1	0.010 4	0.010 2	0.010 3	0.010 7	0.011 8	0.013 5

工件的圆柱度误差为（0.013 5－0.010 2）mm＝0.003 3mm

若在两顶尖间车削细长轴，如图 6-10（b）所示。由于工件细长、刚度小，在切削力作用下，其变形大大超过机床、夹具和刀具所产生的变形。因此，机床、夹具和刀具的受力变形可略去不计，工艺系统的变形完全取决于工件的变形。加工中车刀处于图示位置时，工件的轴线产生弯曲变形。根据材料力学的计算公式，其切削点的变形量为

$$y_w=\frac{F_p}{3EL}\frac{(L-x)^2x^2}{L}$$

显然，当 $x=0$ 或 $x=L$ 时，$y_w=0$；当 $x=L/2$ 时，工件刚度最小，变形最大 $y_{wmax}=\frac{F_pL^3}{48EL}$。因此加工后的工件呈鼓形。

②切削力大小变化而引起的加工误差——误差复映规律。

在切削加工中，由于被加工表面的几何形状误差使加工余量发生变化，或工件材料的硬度不均匀等因素引起切削力变化，使工艺系统受力变形不一致，从而造成工件的加工误差。

增加走刀次数，可减小误差复映，提高加工精度，但生产率降低了。因此，提高工艺系统刚度，对减小误差复映系数具有重要意义。

当工件毛坯有形状误差（如圆度、圆柱度、直线度等）或相互位置误差（如偏心、径向圆跳动等）时，加工后仍然会有同类型的加工误差出现。在成批大量生产中用调整法加工一批工件时，若毛坯尺寸不一，那么加工后这批工件仍有尺寸不一的误差。

毛坯硬度不均匀，同样会造成加工误差。在采用调整法成批生产情况下，控制毛坯材料硬度的均匀性是很重要的。因为加工过程中走刀次数通常已定，如果一批毛坏材料的硬度差别很大，就会使工件的尺寸分散范围扩大，甚至超差。

③切削过程中受力方向变化引起的加工误差。

切削加工中，高速旋转的零部件（含夹具、工件和刀具等）的不平衡会产生离心力 F_Q。F_Q 在每一转中不断地改变方向，因此，它在 x 方向的分力大小的变化会让工艺系统的受力变形也随之变化而产生误差，如图 6－12 所示。当车削一个不平衡工件，离心力 F_Q 与切削力 F_x 方向相反时，将工件推向刀具，背吃刀量增加。当 F_Q 与切削力 F_x 方向相同时，工件被拉离刀具，背吃刀量减小。其结果都造成了工件的圆度误差。

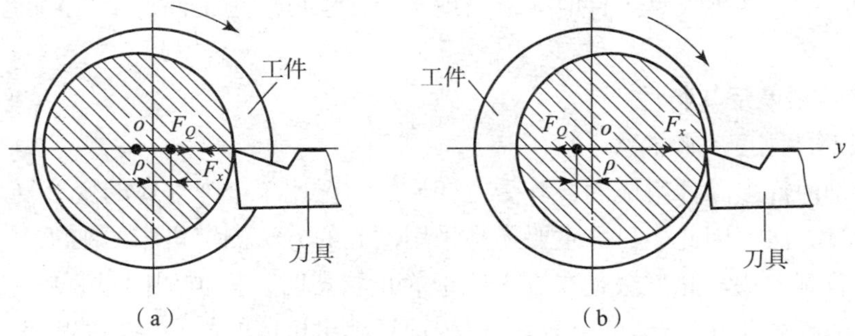

图 6－12　惯性力引起的加工误差

(a) F_Q 与 F_x 反向时；(b) F_Q 与 F_x 同向时

在车床或磨床类机床上加工轴类零件时，常用单爪拨盘带动工件旋转，如图 6－13 所示，传动力 F 在拨盘的每一转中，其方向是变化的，它在 x 方向的分力有时和切削力 F_x 同向，有时反向，因此，它所产生的加工误差和惯性力近似，会造成工件的圆度误差。为此，在加工精密零件时改用双爪拨盘或柔性连接装置带动工件旋转。

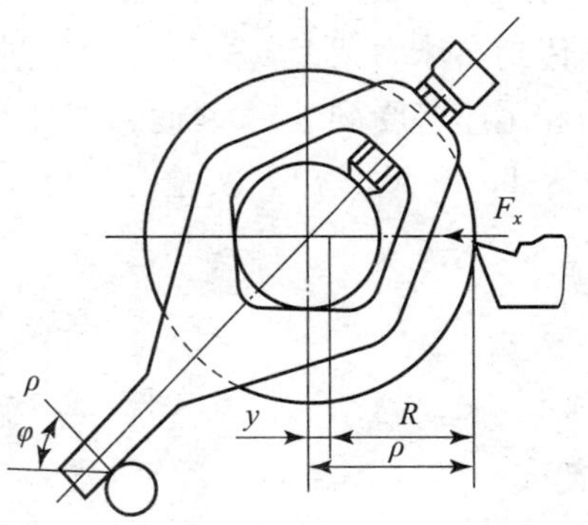

图 6－13　单爪拨盘传动力引起的加工误差

(3) 其他力产生变形对加工精度的影响。

①惯性力引起的加工误差。

惯性力对加工精度的影响比传动力的影响更易被人注意，因为它们与切削速度有密切的关系，并且常常引起工艺系统的受迫振动。

在高速切削过程中，工艺系统中如果存在高速旋转的不平衡构件，就会产生离心力，它和传动力一样，在 y 方向分力的大小随构件的转角变化呈周期性的变化，由它所引起的变形也相应的变化，从而造成工件的径向跳动误差。

因此，在机械加工中若遇到这种情况，为减小惯性力的影响，可在工件与夹具不平衡质量对称的方位配置一平衡块，使两者的离心力互相抵消。必要时还可适当降低转速，以减小离心力的影响。

②夹紧力引起的加工误差。

被加工工件在装夹过程中，由于刚度较低或夹紧力着力点位置不当，都会引起工件的变形，造成加工误差。特别是薄壁套、薄板等零件，易于产生加工误差。如图 6－20（a）、图 6－20（b）、图 6－20（c）所示为夹紧力引起的误差。

③机床部件和工件本身重量引起的加工误差。

在工艺系统中，由于零部件的自重也会产生变形，如大型立车、龙门铣床、龙门刨床的刀架横梁等由于主轴箱或刀架的重力而产生变形，摇臂钻床的摇臂在主轴箱自重的影响下产生变形，造成主轴轴线与工作台不垂直，铣镗床镗杆伸长而下垂变形等，它们都会造成加工误差。

对于大型工件的加工，工件自重引起的变形有时会成为产生加工形状误差的主要原因，因此在实际生产中，装夹大型工件时，恰当地布置支承可减小工件自重引起的变形，从而减小加工误差。

3. 机床部件刚度及其特性

（1）机床部件刚度实验曲线。

由于机床是由许多零件组成的，其受力变形的情况比单个弹性体的变形复杂，迄今尚无合适的简易计算方法。因此，目前主要还是采用试验的方法测定机床的刚度。

①单向静载测定法。此方法是在机床处于静止状态时，模拟切削过程中的主要切削力，对机床部件施加静载荷并测定其变形量，通过计算求出机床的静刚度。如图 6－14 所示，在车床两顶尖间装一根刚性很好的短轴 2，在刀架上装一螺旋加力器 5，在短轴与加力器之间安放传感器 4（测力环），当转动螺旋加力器中的螺钉时，刀架与短轴之间便产生了作用力，加力的大小可由测力环中的百分表 7 读出（测力环预先在材力试验机上标定）。作用力一方面传到车床刀架上，另一方面经过短轴传到前后顶尖上，若加力器位于短轴的中点，则主轴箱和尾座各受到 $F_P/2$，而刀架受到总的作用力 F_P。主轴箱、尾座和刀架的变形可分别从百分表 1、3、6 读出。实验时，可连续进行加载直到某一最大值，再逐渐减小。

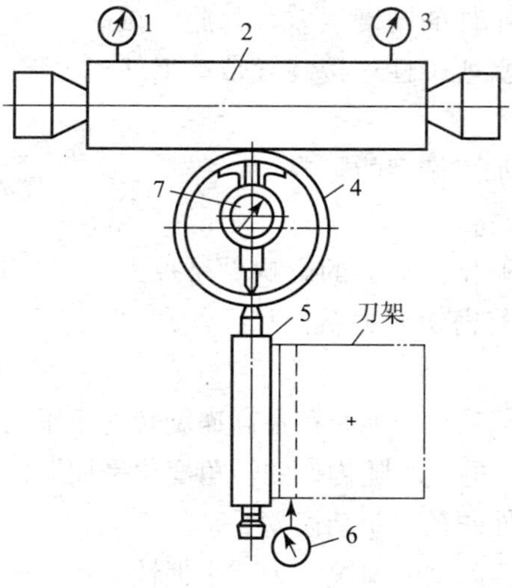

图 6－14　单向静载测定法

1，3，6，7—百分表；2—短轴；4—测力环；5—螺旋加力器

图 6－15 为一台中心高 200mm 车床的刀架部件刚度实测曲线。试验中进行了三次加载－卸载循环。由图可以看出，机床部件的刚度曲线有以下特点。

a. 变形与作用力不是线性关系，反映出刀架变形不纯粹是弹性变形。

b. 加载与卸载曲线不重合，两曲线间包容的面积代表了加载－卸载循环中所损失的能

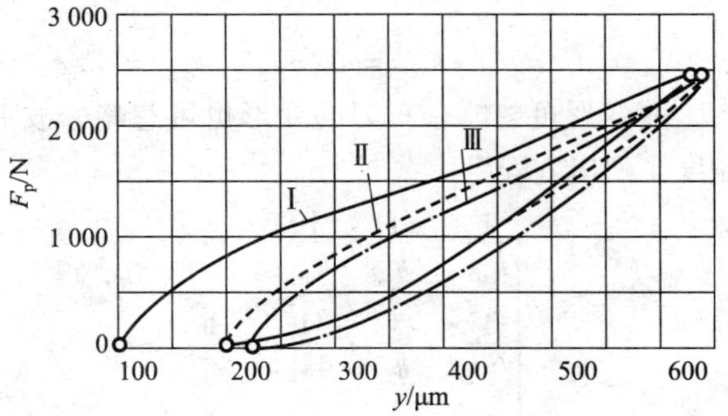

图 6－15　车床刀架的静刚度特性曲线

Ⅰ— 一次加载；Ⅱ—二次加载；Ⅲ—三次加载

量，也就是消耗在克服部件内零件间的摩擦和接触塑性变形所做的功。

c. 卸载后曲线不回到原点，说明有残留变形。在反复加载－卸载后残留变形逐渐接近于零。

d. 部件的实际刚度远比按实体所估算的小。

由于机床部件的刚度曲线不是线性的，其刚度 $k = \mathrm{d}F/\mathrm{d}y$ 就不是常数。通常所说的部件刚度是指它的平均刚度——曲线两端点连线的斜率。对本例，刀架的（平均）刚度 $k = 2\ 400/0.52\mathrm{N/mm} = 4\ 600\mathrm{N/mm}$，这只相当于一个截面积为 30mm × 30mm、悬伸长度为 200mm 的铸铁悬臂梁的刚度。

这种静刚度测定法，结构简单易行，但与机床加工时的受力状况出入较大，故一般只用来比较机床部件刚度的高低。

②工作状态测定法

静态测定法测定机床刚度，只是近似地模拟切削时的切削力，与实际加工条件毕竟不完全相同。采用工作状态测定法，比较接近实际。

工作状态测定法的依据是误差复映规律。如图 6－16 所示，在车床顶尖间安装一个刚度极大的心轴，心轴靠近前顶尖、后顶尖及中间三处各预先车出三个规定的台阶，各台阶的尺寸分别为 H_{11}、H_{12}、H_{21}、H_{22}、H_{31}、H_{32}。经过一次进给后测量台阶高度分别为 h_{11}、h_{12}、h_{21}、h_{22}、h_{31}、h_{32}，按下列计算式即可求出左、中、右台阶处的复映系数为

$$\varepsilon_1 = \frac{h_{11} - h_{12}}{H_{11} - H_{12}} \qquad \varepsilon_2 = \frac{h_{21} - h_{22}}{H_{21} - H_{22}} \qquad \varepsilon_3 = \frac{h_{31} - h_{32}}{H_{31} - H_{32}}$$

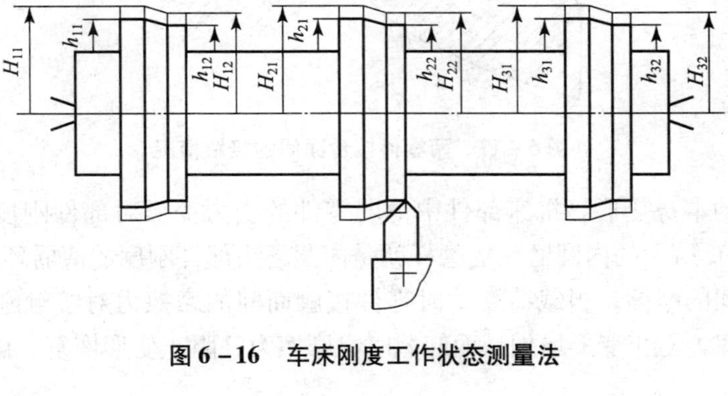

图 6－16　车床刚度工作状态测量法

三处的系统刚度为

$$k_{xt1} = C/\varepsilon_1 \qquad k_{xt2} = C/\varepsilon_2 \qquad k_{xt3} = C/\varepsilon_3$$

由于心轴刚度很大，其变形可忽略，车刀的变形也可忽略，故上面算得的三处系统刚度，就是三处的机床刚度。列出方程组

$$\begin{cases} \dfrac{1}{k_{xt1}} = \dfrac{1}{k_{tj}} + \dfrac{1}{k_{dj}} \\ \dfrac{1}{k_{xt2}} = \dfrac{1}{k_{tj}} + \dfrac{1}{4k_{wz}} + \dfrac{1}{k_{dj}} \\ \dfrac{1}{k_{xt3}} = \dfrac{1}{k_{wz}} + \dfrac{1}{k_{dj}} \end{cases}$$

求解上述方程组即可求得

$$\begin{cases} \dfrac{1}{k_{tj}} = \dfrac{1}{k_{xt1}} - \dfrac{1}{k_{dj}} \\ \dfrac{1}{k_{wz}} = \dfrac{1}{k_{xt3}} - \dfrac{1}{k_{dj}} \\ \dfrac{1}{k_{dj}} = \dfrac{2}{k_{xt2}} - \dfrac{1}{2}\left(\dfrac{1}{k_{xt1}} + \dfrac{1}{k_{xt2}}\right) \end{cases}$$

工作状态测定法的不足之处：不能得出完整的刚度特性曲线，而且由于工件材料不均匀等所引起的切削力变化，和切削过程中的其他随机性因素，都会给测定的刚度值带来一定的误差。

（2）影响机床部件刚度的因素。

①连接表面间接触变形。机械加工后零件的表面都存在着宏观和微观的几何形状误差，连接表面之间的实际接触面积只是名义接触面积的一小部分，如图6－17所示。在外力作用下，这些接触处将产生较大的接触应力，引起接触变形，其中既有表面层的弹性变形，又有局部的塑性变形，接触表面的塑性变形造成内变形。在多次加载－卸载循环以后，凸点被逐渐压平，弹性变形成分愈来愈大，塑性变形成分愈来愈小，接触状态逐渐趋于稳定，不再产生塑性变形。这就是部件刚度曲线不呈直线，以及刚度远比同尺寸实体的刚度要低得多的主要原因，也是造成残留变形和多次加载－卸载循环以后，残留变形才趋于稳定的原因之一。

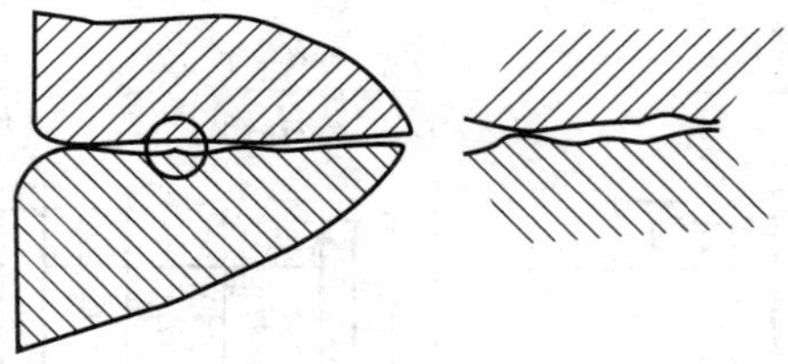

图6－17　两零件接合面间的接触情况

②薄弱零件的本身变形。机床部件中薄弱零件的受力变形对部件刚度的影响最大。例如，图6－18（b）所示的内圆磨头的磨杆就是内圆磨头部件刚度的薄弱环节。

③接合表面间的摩擦。当载荷变动时零件接触面间的摩擦力对接触刚度的影响较为显著。加载时，摩擦力阻止变形增加，而卸载时，摩擦力又阻止变形恢复。由于变形的不均匀

增减而引起的加工误差，同时也是造成刚度曲线中加载与卸载曲线不相重合的原因之一。

④接合面间的间隙。部件中各零件间如果有间隙，那么只要受到较小的力（克服摩擦力）就会使零件相互错动，故表现为刚度很低。间隙消除后，相应表面接触，才开始有接触变形和弹性变形，这时就表现为刚度较大。如果载荷是单向的，那么在第一次加载消除间隙后对加工精度的影响较小；如果工作载荷不断改变方向（如镗床、铣床的切削力）那么间隙的影响就不容忽视。而且，因间隙引起的位移，在去除载荷后不会恢复。

4. 减少工艺系统受力变形的途径

减小工艺系统受力变形是保证加工精度的有效途径之一。根据生产的实际情况，可采取以下几方面措施。

（1）提高接触刚度。

一般部件的接触刚度大大低于实体零件本身的刚度，所以提高接触刚度是提高工艺系统刚度的关键。常用的方法是改善工艺系统主要零件接触面的配合质量，如机床导轨副的刮研，配研顶尖锥体与主轴和尾座套筒锥孔的配合面，多次修研加工精密零件用的中心孔等。通过刮研改善配合的表面粗糙度和形状精度，使实际接触面积增加，从而有效提高接触刚度。

提高接触刚度的另一个措施是预加载荷，这样可消除配合面间的间隙，增加接触面积，减少受力后的变形，此方法常用于各类轴承的调整。

（2）提高工件的刚度，减少受力变形。

对刚度较低的工件，如叉架类、细长轴等，如何提高工件的刚度是提高加工精度的关键。其主要措施是减小支承间的长度，如安装跟刀架或中心架。如图 6－18(a) 所示是车削较长工件时采用中心架增加支承，图 6－18(b) 是车细长轴时采用跟刀架增加支承，以提高工件的刚度。

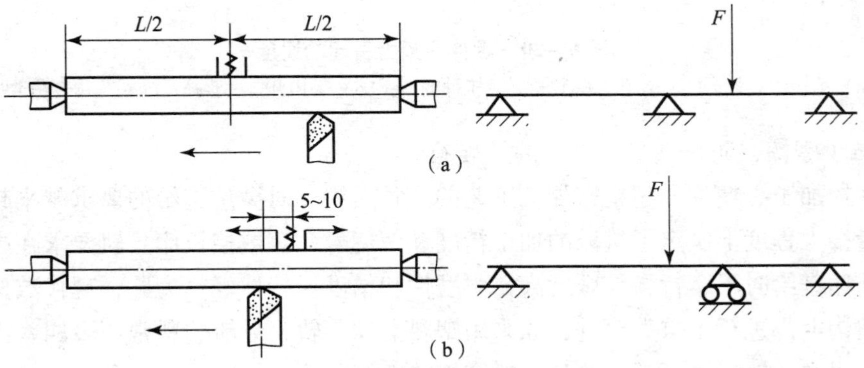

图 6－18　增加支承以提高工件的刚度

(a) 采用中心架；(b) 采用跟刀架

（3）提高机床部件刚度，减少受力变形。

在切削加工中，有时由于机床部件刚度低而产生变形和振动，影响加工精度和生产率的提高。图 6－19(a) 所示是在转塔车床上采用固定导向支承套，图 6－19(b) 所示是采用转动导向支承套，用加强杆和导向支承套提高部件的刚度。

（4）合理装夹工件，减少夹紧变形。

对刚性较差的工件选择合适的夹紧方法，能减小夹紧变形，提高加工精度。如图 6－20

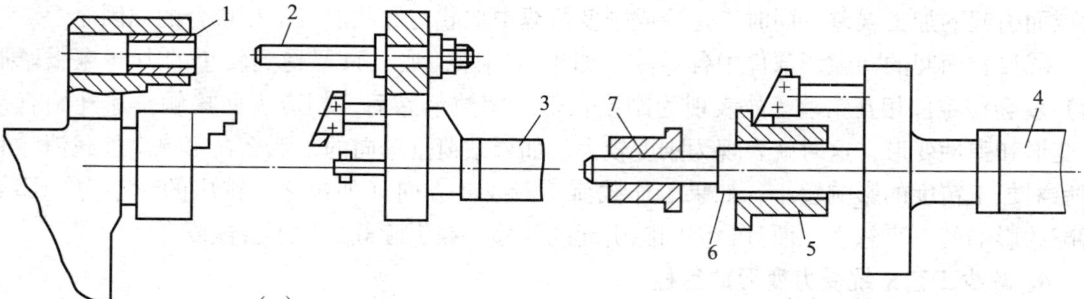

图6－19　提高部件刚度的装置

(a) 采用固定导向支承套；(b) 采用转动导向支承套

1—固定导向支承套；2，6—加强杆；3，4—六角刀架；5—工件；7—转动导向支承套

所示，薄壁套未夹紧前内外圆都是正圆形，由于夹紧方法不当，夹紧后套筒呈三棱形［见图6－20(a)］，镗孔后内孔呈正圆形［见图6－20(b)］，松开卡爪后镗孔的内孔又变为三棱形［见图6－20(c)］。为减小夹紧变形，应使夹紧力均匀分布，采用如图6－20(d) 所示的开口过渡环或图6－20(e) 所示的专用卡爪。

在夹具设计或工件的装夹中应尽量使作用力通过支承面或减小弯曲力矩，以减小夹紧变形。

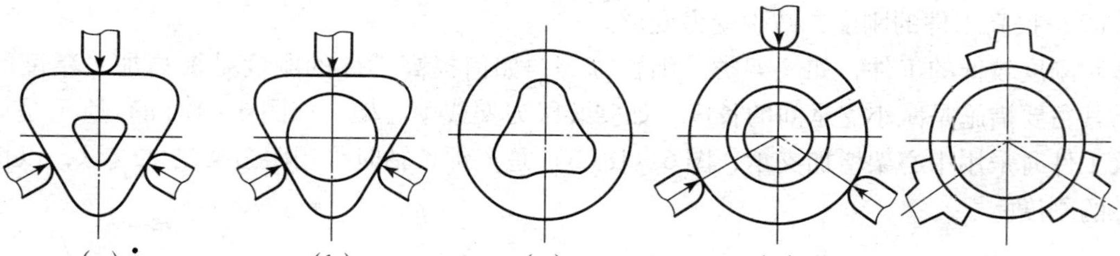

图6－20　零件夹紧力引起的误差

(a) 第一次夹紧；(b) 镗孔；(c) 松开后工件变形；(d) 采用开口过渡环；(e) 采用专用卡爪

(5) 减少摩擦，防止微量进给时的“爬行”。

随着数控加工、精密和超精密加工工艺的迅猛发展，对微量进给的要求越来越高，机床导轨的质量很大程度上决定了机床的加工精度和使用寿命。数控机床导轨要求在高速进给时不振动，低速进给时不爬行，灵敏度高，耐磨性和精度保持性好。为此，现代数控机床导轨在材料和结构上都进行了重大改进，如采用塑料滑动导轨，导轨塑料常用聚四氟乙烯导轨软带和环氧型耐磨导轨涂层两类。这种导轨摩擦特性好，能有效防止低速爬行，运行平稳，定位精度高，具有良好的耐磨性、减振性和工艺性。此外，还有滚动导轨和静压导轨。滚动导轨是用滚动体作循环运动；静压导轨是在两个相对运动的导轨面间通入压力油，使运动件浮起。这种导轨不但能长时间保持高精度，而且能高速运行，刚性好，承载能力强，摩擦系数极小，磨损小，寿命长，既无爬行也不会产生振动。

四、工艺系统受热变形引起的误差

1. 概述

在机械加工过程中，工艺系统在各种热源的影响下，常产生复杂的变形，从而破坏工件与刀具间相对运动，造成加工误差。据统计，在精密加工中，由于热变形引起的加工误差，约占总加工误差的40% ~70% 。高效、高精度、自动化加工技术的发展，使工艺系统热变形问题变得更为突出，已成为机械加工技术进一步发展的重要研究课题。

（1）工艺系统的热源。

引起工艺系统受热变形的“热源”大体分为内部热源和外部热源两大类。

内部热源主要指切削热和摩擦热，它们产生于工艺系统的内部，其热量主要是以热传导的形式传递的。外部热源主要是指工艺系统外部的、以对流传热为主要形式的环境温度（它与气温变化、通风、空气对流和周围环境等有关）和各种辐射热（包括由阳光、照明、暖气设备等发出的辐射热）。

切削热是由于切削过程中，切削层金属的弹性、塑性变形及刀具与工件、切屑之间的摩擦面产生的，这些热量将传给工件、刀具、夹具、切屑、切削液和周围介质，其分配百分比随加工方法不同而异。在车削时，大量的切削热由切屑带走，传给工件的为10% ~30% ，传给刀具的为1% ~5% 。孔加工时，大量切屑滞留在孔中，使大量的切削热传入工件。磨削时，由于磨屑小，带走的热量很少，故大部分传入工件。

摩擦热主要是机床和液压系统中的运动部分产生的，如电动机、轴承、齿轮等传动副、导轨副、液压泵、阀等。摩擦热是机床热变形的主要热源。

工艺系统的外部热源影响，主要是指环境温度变化和热辐射的影响，如靠近窗口的机床受到日光照射的影响，不同的时间机床温升和变形就会不同，而日光照射通常是单面的或局部的，其受到照射的部分与未被照射的部分之间产生温度差，从而使机床产生变形。这种影响对大型和精密工件的加工影响较大。

（2）工艺系统的热平衡。

工艺系统受各种热源的影响，其温度会逐渐升高。同时，它们也通过各种传热方式向周围散发热量。当单位时间内传入和散发的热量相等时，工艺系统达到了热平衡状态，从而工艺系统的热变形也就达到某种程度的稳定。

作用于工艺系统各组成部分的热源，其发热量、位置和作用的时间各不相同，各部分的热容量、散热条件也不一样，因此处于不同的空间位置上的各点在不同时间其温度也是不等的。物体中各点的温度分布称为温度场。当物体未达热平衡时，各点温度不仅是坐标位置的函数，也是时间的函数，这种温度场称为不稳态温度场；物体达到热平衡后，各点温度将不再随时间而变化，只是其坐标位置的函数，这种温度场称为稳态温度场。机床在开始工作的一段时间内，其温度场处于不稳定状态，其精度也是很不稳定的，工作一定时间后，温度才逐渐趋于稳定，其精度也比较稳定。因此，精密加工应在热平衡状态下进行。

2. 机床热变形引起的误差

不同类型的机床，其结构和工作条件相差很大，主要热源各不相同，因而热变形引起的加工误差也不相同。

车、铣、钻、镗等机床，主要热源是主轴箱轴承的摩擦热和主轴箱中油池的发热，这些使主轴箱及与它相连接部分的床身温度升高，从而引起主轴的抬高和倾斜。图6－21所示为车床空运转时主轴的温升和位移的测量结果。主轴在水平面内的位移仅10μm，而在垂直面内的位移却高达180 ~200μm。水平位移虽数值很小，但这对刀具水平安装的卧式车床来说属误差敏感方向，故对加工精度的影响就不能忽视。而垂直方向的位移对卧式车床影响不大，但对刀具垂直安装的自动车床和转塔车床来说，它对加工精度的影响就严重了。因此，对于机床热变形，最好控制在非误差敏感方向。

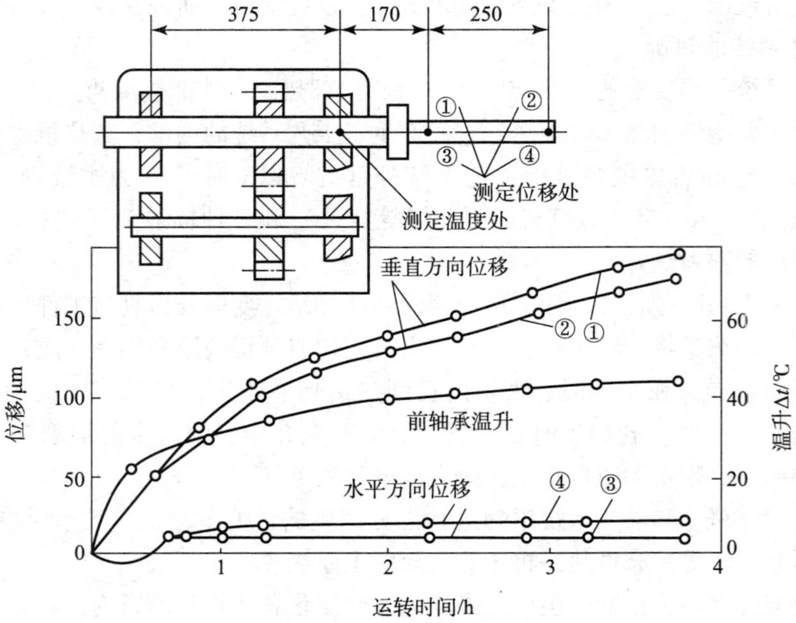

图 6-21　车床主轴箱热变形

磨床类机床通常都有液压传动系统并配有高速磨头，它的主要热源为砂轮主轴轴承的发热和液压系统的发热。其影响主要表现为砂轮架位移，工件头架的位移和导轨的变形。其中，砂轮架的回转摩擦热影响最大，而砂轮架的位移，则会直接影响被磨工件的尺寸。图 6-22 是外圆磨床温度分布和热变形的测量结果。当采用切入式定程磨削时，由于砂轮架轴心线的热位移，其影响将以大约两倍的数值直接反映到工件的直径上去，图 6-22（a）

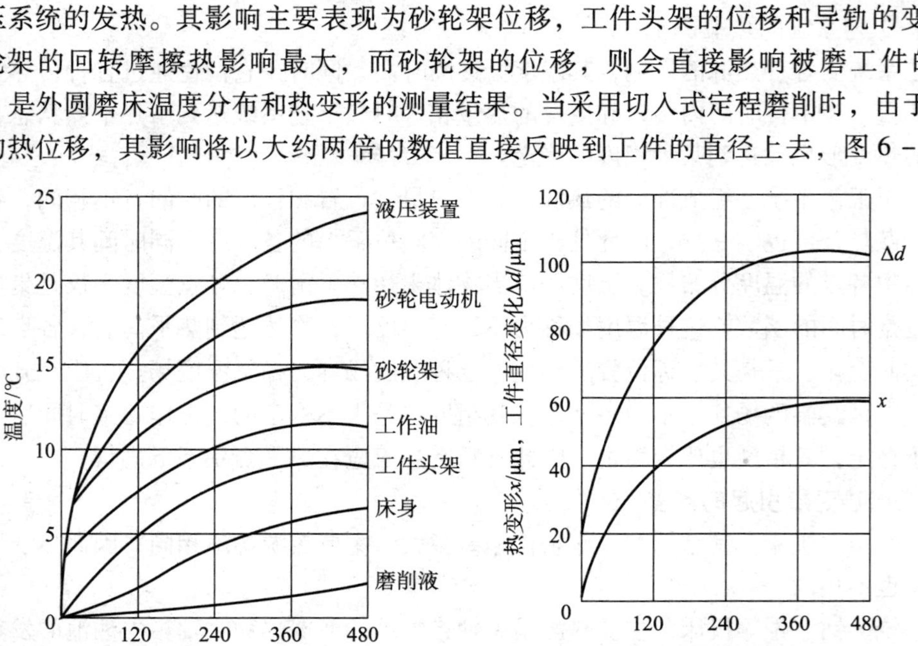

图 6-22　外圆磨床的温升和热变形

（a）运转时间和机床各部温升的变化；（b）热变形对工件误差的影响

表示各部分温升与运转时间的关系，图6－22（b）表示被磨工件直径变化 Δd 受热位移的影响情况，当 Δd 达 $100\mu m$，它与该机床工作台与砂轮架间的热变形基本相符。由此可见，影响加工尺寸一致性的主要因素是机床的热变形。

对大型机床如导轨磨床、外圆磨床、立式车床、龙门铣床等的长床身部件，机床床身的热变形将是影响其加工精度的主要因素。由于床身长，床身上表面与底面间的温差将使床身产生弯曲变形，表面呈中凸状，如图6－23所示。当床身长 $L=3\ 120mm$，高 $H=620mm$，导轨面与底面的温差 $\Delta t=1℃$ 时，床身的变形量 $\Delta=\alpha_1\Delta t\dfrac{L^2}{8H}=11\times10^{-6}\times1\times\dfrac{3\ 120^2}{8\times620}mm=0.022mm$（铸铁线膨胀系数 $\alpha_1=11\times10^{-6}℃^{-1}$），这样床身导轨的直线性明显受到影响。另外，立柱和拖板也因床身的热变形而产生相应的位置变化。常见几种机床的热变形趋势如图6－24所示。

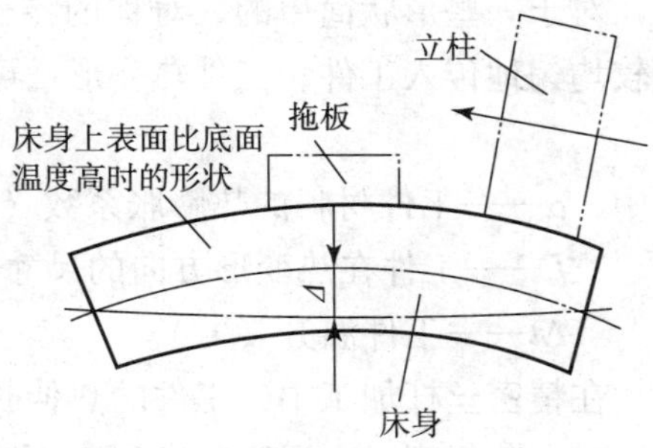

图6－23　床身纵向温差热效应的影响

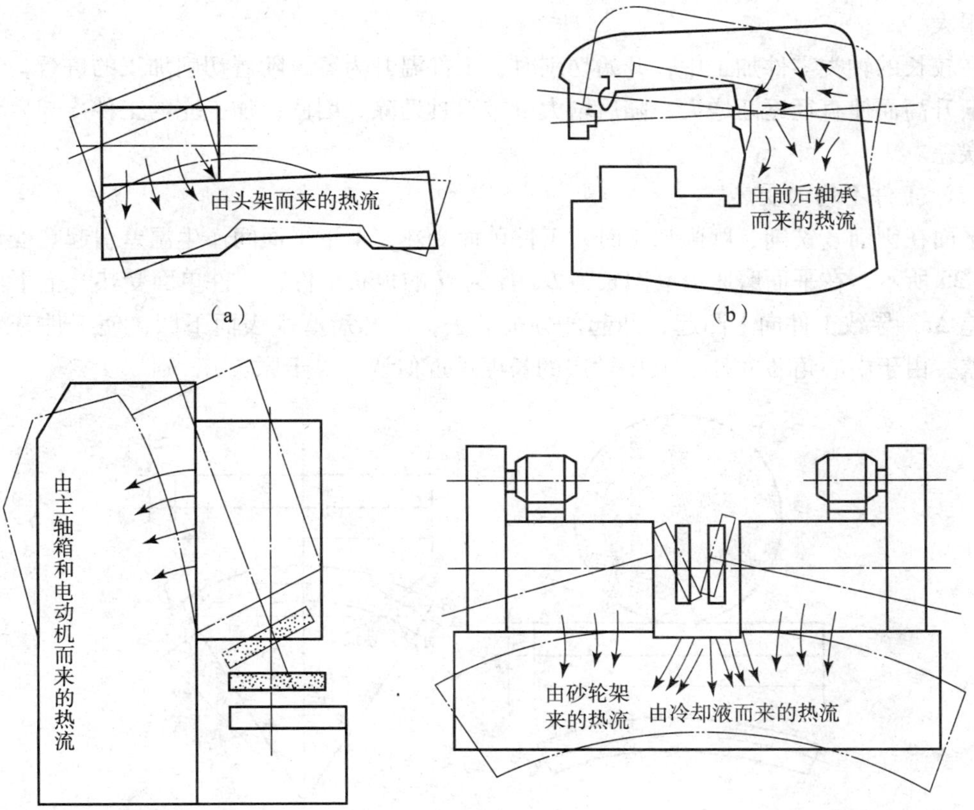

图6－24　几种机床的热变形趋势

(a) 车床；(b) 磨床；(c) 平面磨床；(d) 双端面磨床

3. 工件热变形引起的加工误差

切削加工中，工件的热变形主要是由切削热引起，但对于大型或精密零件，外部热源如环境温度、日光等辐射热的影响也不可忽视。对于不同的加工方法，不同的工件材料、形状和尺寸，工件的受热变形也不相同，可以归纳为下列几种情况来分析。

（1）工件均匀受热。

对于一些形状简单的、对称的零件，如轴、套筒等，加工时（如车削、磨削）切削热能较均匀地传入工件，工件热变形量可按下式估算

$$\Delta L = \alpha L \Delta t$$

式中，α——工件材料的热膨胀系数（$℃^{-1}$）；

L——工件在热变形方向的尺寸（mm）；

Δt——工件温升（℃）。

在精密丝杆加工中，工件的热伸长会产生螺距的累积误差。如在磨削400mm长的丝杠螺纹时，若每磨一次温度升高1℃，则被磨丝杠将伸长

$$\Delta L = 1.17 \times 10^{-5} \times 400 \times 1 = 0.0047\ (\text{mm})$$

而5级丝杠的螺距累积误差在400mm长度上不允许超过5μm。因此热变形对工件加工精度影响很大。

在较长的轴类零件加工中，开始切削时，工件温升为零，随着切削加工的进行，工件温度逐渐升高而使直径逐渐增大，随后增大量被刀具切除，因此，加工完的工件冷却后将出现锥度误差。

（2）工件不均匀受热。

平面在刨削、铣削、磨削加工时，工件单面受热，上下平面间产生温差引起热变形。如图6－25所示，在平面磨床上磨削长为L、厚为H的板状工件，工件单面受热，上下面间形成温差Δt，导致工件向上凸起，凸起部分被磨去，冷却后磨削表面下凹，使工件产生平面度误差。由于中心角ϕ很小，其中性层的长度可近似认为等于原长L，则

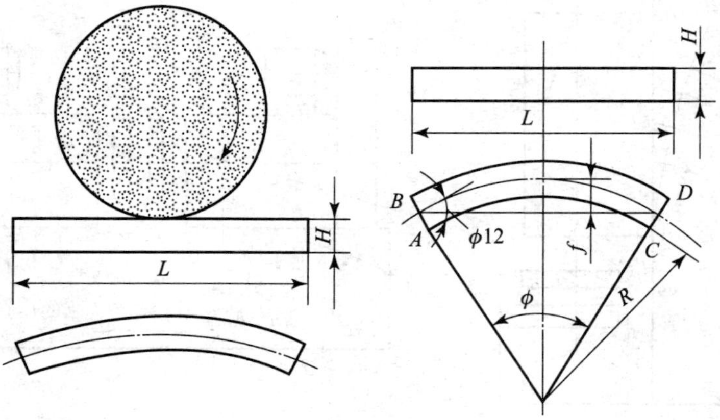

图6－25　薄板磨削时的弯曲变形

因热变形引起的工件凸起量f可作如下近似计算。

$$f = \frac{L}{2}\tan\frac{\phi}{4} \approx \frac{L}{8}\phi$$

且
$$(R+H)\phi - R\phi = \alpha\Delta tL, \phi = \frac{\alpha\Delta tL}{H}$$

所以
$$f \approx \frac{\alpha\Delta tL^2}{8H}$$

由上式可知，工件不均匀受热时，工件凸起量随工件长度的增加而急剧增加，工件厚度越薄，工件凸起量就越大。由于 L、H、α 均为常量，要减小变形误差，必须控制温差 Δt。

4. 刀具热变形引起的加工误差

刀具热变形主要是由切削热引起的。切削热传给刀具的热量虽不多，但由于刀具切削部分体积小而热容量小，切削部分仍产生很高的温升。如高速钢刀具车削时刃部的温度可高达700℃～800℃，而硬质合金刀刃部可达1 000℃以上。这样，不但刀具热伸长影响加工精度，而且刀具的硬度也会下降。

图6－26所示为车削时车刀的热伸长量与切削时间的关系。连续车削时，车刀的热变形情况如曲线 A，经过约10～20min，即可达到热平衡，车刀热变形影响很小；当车刀停止车削后，刀具冷却变形过程如曲线 B；当车削一批短小轴类工件时，加工时断时续（如装卸工件）间断切削，变形过程如曲线 C。因此，在开始切削阶段，其热变形显著；在热平衡后，对加工精度的影响则不明显。

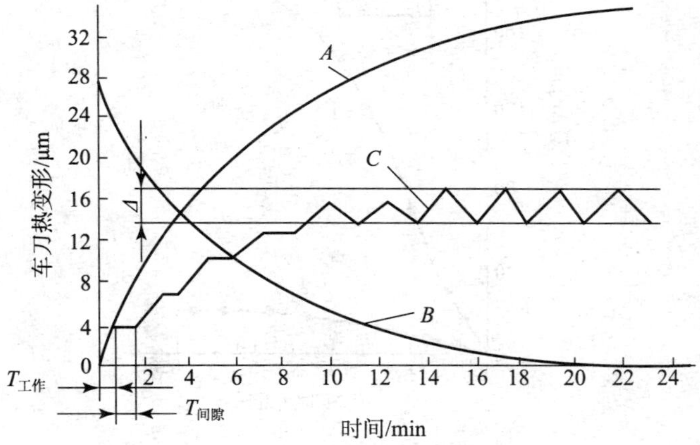

图6－26　车刀热变形曲线

5. 减少和控制工艺系统热变形的主要途径

（1）减少热源发热和隔离热源。

没有热源就没有热变形，这是减少工艺系统热变形的根本。具体措施如下。

①减少切削热或磨削热。通过控制切削用量，合理选择和使用刀具来减少切削热，零件精度要求高时，还应注意将粗加工和精加工分开进行。

②减少机床各运动副的摩擦热。从运动部件的结构和润滑等方面采取措施，改善特性以减少发热，如主轴部件采用静压轴承、低温动压轴承等，润滑方面采用低黏度润滑油、润滑脂，或循环冷却润滑、油雾润滑等措施，均有利于降低主轴轴承的温升。

③分离热源。凡能从机床分离出去的热源，如电动机、变速箱、液压系统、油箱等产生热源的部件尽可能地移出机床主机之外。对于不能分离的热源，如主轴轴承、丝杠螺母副、高速运动的导轨副等零部件，可从结构和润滑等方面改善其摩擦特性，减少发热。还可采用

隔热材料将发热部件和机床大件（如床身、立柱等）隔离开来。

（2）加强散热能力。

对发热量大的热源，既不便从机床内部移出，又不便隔热，则可采用有效的冷却措施，如增加散热面积或使用强制性的风冷、水冷、循环润滑等。

使用大流量切削液，或喷雾等方法冷却，可带走大量切削热或磨削热。在精密加工时，为增加冷却效果，控制切削液的温度是很必要的。如大型精密丝杠磨床采用恒温切削液淋浴工件，机床的空心母丝杠也通入恒温油，以降低工件与母丝杠的温差，提高加工精度的稳定性。

采用强制冷却来控制热变形的效果是很显著的。图 6-27 所示为一台坐标镗床的主轴箱用恒温喷油循环强制冷却的试验结果。曲线 1 为没有采用强制冷却时的试验结果，机床运转 6 小时后，主轴中心线到工作台的距离产生了 190μm 的热变形（垂直方向），且尚未达到热平衡。当采用强制冷却后，上述热变形减少到 15μm，如曲线 2，且工作不到 2 小时机床就已达到热平衡状态。

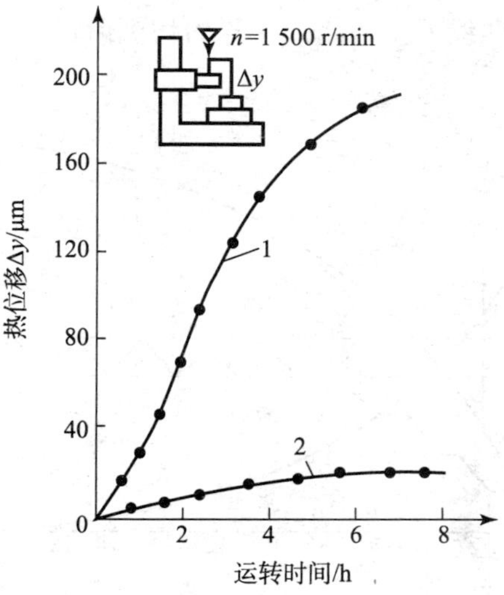

图 6-27　坐标镗床主轴箱强制冷却的试验曲线

目前，大型数控机床、加工中心机床普遍采用冷冻机对润滑油、切削液进行强制冷却，机床主轴轴承和齿轮箱中产生的热量可由恒温的切削液迅速带走。

（3）均衡温度场。

当机床零部件温升均匀时，机床本身就呈现一种热稳定状态，从而使机床产生不影响加工精度的均匀热变形。

图 6-28 所示为 M7150A 型平面磨床所采用的均衡温度场措施示意图。该机床床身较长，加工时工作台纵向运动速度比较高，所以床身上部温升高于下部，使床身导轨向上凸起。其改进措施是将油池搬出主机并做成一个单独的油箱。另外在床身下部开出“热补偿油沟”，使一部分带有余热的回油流经床身下部，使床身下部的温度提高，这样可使床身上下部分的温差降至 1℃～2℃，导轨的中凸量由原来的 0.026 5mm 降为 0.005 2mm。

（4）改进机床布局和结构设计。

①采用热对称结构。在变速箱中，将轴、轴承、传动齿轮等对称布置，可使箱壁温升均

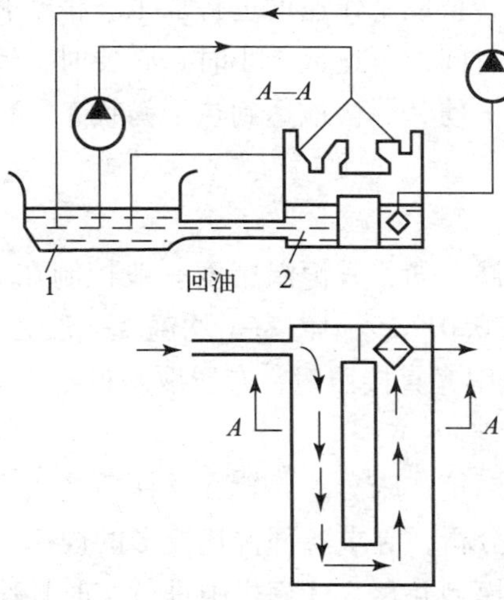

图 6－28　M7150A 型磨床的均衡温度场措施

1—油池；2—热补偿油沟

匀，箱体变形减小。

机床大件的结构和布局对机床的热态特性有很大影响。以加工中心机床为例，在热源影响下，单立柱结构会产生相当大的扭曲变形，而双立柱结构由于左右对称，仅产生垂直方向的热位移，很容易通过调整的方法予以补偿。因此，双立柱结构的机床主轴相对于工作台的热变形比单立柱结构小得多。

②合理选择机床零部件的安装基准。合理选择机床零部件的安装基准，使热变形尽量不在误差敏感方向。如图 6－29(a) 所示车床主轴箱在床身上的定位点 H 置于主轴轴线的下方，主轴箱产生热变形时，使主轴孔在 z 方向产生热位移，对加工精度影响较小。若采用如图 6－29(b) 所示的定位方式，主轴除了在 z 方向产生热位移以外，还在误差敏感方向——y 方向产生热位移。这直接影响了刀具与工件之间的正确位置，会造成较大的加工误差。

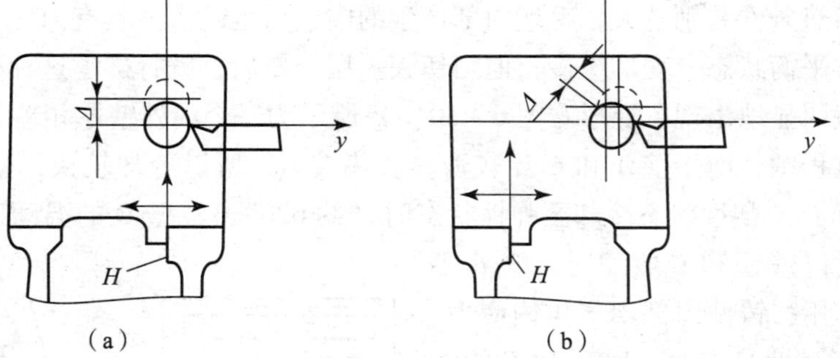

图 6－29　车床主轴箱定位面位置对热变形的影响

(5) 加速达到热平衡状态。

当工艺系统达到热平衡状态时，热变形趋于稳定，加工精度易于保证，因此，为了尽快使机床进入热平衡状态，可以在加工工件前，使机床做高速空运转，当机床在较短时间内达到热平衡之后，再将机床速度转换成工作速度进行加工。精密和超精密加工时，为使机床达到热平衡状态而做的高速空转时间，可达数十小时。必要时，还可以在机床的适当部位设置控制热源，人为地给机床加热，使其尽快地达到热平衡状态。精密机床加工时应尽量避免中途停车。

（6）控制环境温度。

精密机床一般应安装在恒温车间，其恒温精度一般控制在 ±1℃以内，精密级的机床为 ±0.5℃，超精密级的机床为 ±0.01℃。恒温室平均温度一般为20℃，冬季可取17℃，夏季取23℃。对精加工机床应避免阳光直接照射，布置取暖设备也应避免使机床受热不均匀。

（7）热位移补偿。

在对机床主要部件，如主油箱、床身、导轨、立柱等受热变形规律进行大量研究的基础上，可通过模拟试验和有限元分析，寻求各部件热变形的规律。在现代数控机床上，根据实验分析可建立热变形位移数字模型并存入计算机中进行实时补偿。热变形附加修正装置已在国外产品上作商品供货。我国北京机床研究所在热位移补偿研究中做了大量工作，并已将其成功用于二坐标精密数控电火花线切割机床。

五、工件内应力引起的误差

内应力是指外部载荷去除后，仍残存在工件内部的应力，又称残余应力。零件中的内应力往往处于一种很不稳定的相对平衡状态，在常温下特别是在外界某种因素的影响下很容易失去原有状态，使内应力重新分布，零件产生相应的变形，从而破坏了原有的精度。因此，必须采取措施消除内应力对零件加工精度的影响。

1. 工件内应力产生的原因

内应力是由于金属内部的相邻组织发生了不均匀的体积变化而产生的，体积变化的因素主要来自热加工或冷加工。

（1）毛坯制造和热处理过程中产生的内应力。

在铸、锻、焊及热处理过程中，由于零件壁厚不均匀，使得各部分的热胀冷缩不均匀，以及金相组织转变时的体积变化，使毛坯内部产生相当大的内应力。毛坯的结构越复杂、壁厚越不均匀、散热条件差别越大，毛坯内部产生的内应力也越大。具有内应力的毛坯，内应力暂时处于相对平衡状态，变形缓慢，但当切去一层金属后，就打破了这种平衡，内应力重新分布，工件就明显地出现了变形。图6－30(a) 所示为一个内外壁厚相差较大的铸件，在浇铸后的冷却过程中，由于壁 A 和 C 比较薄，散热较易，所以冷却较快；壁 B 较厚，冷却较慢。当壁 A 和 C 从塑性状态冷却至弹性状态时（约620℃），壁 B 的温度还比较高，仍处于塑性状态，所以壁 A 和 C 收缩时，壁 B 不起阻止变形的作用，铸件内部不产生内应力。但当壁 B 冷却到弹性状态时，壁 A 和 C 的温度已经降低很多，收缩速度变得很慢，而这时壁 B 收缩较快，就受到了壁 A 及 C 的阻碍。因此，壁 B 受到了拉应力，壁 A 及 C 受到了压应力，形成了相互平衡的状态。

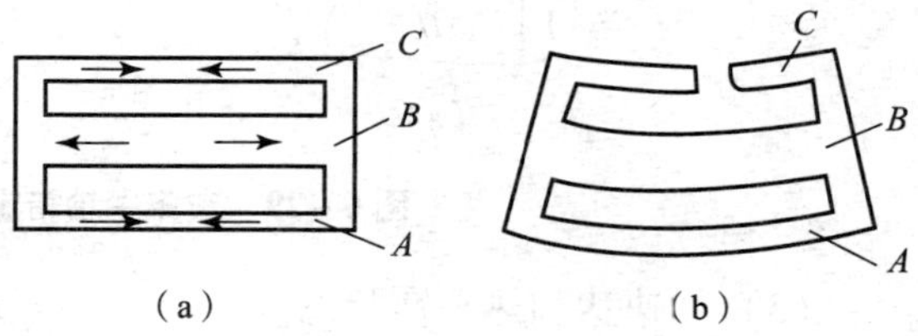

图6－30　铸件内应力引起的变形

如果在壁 C 上切开一个缺口，如图 6－30(b) 所示，则壁 C 的压应力消失。铸件在壁 B 和 A 的内应力作用下，壁 B 收缩，壁 A 膨胀，发生弯曲变形，直至内应力重新分布，达到新的平衡为止。推广到一般情况，各种铸件都难免产生由于冷却不均匀而形成的内应力。

（2）冷校直产生的内应力。

弯曲的工件（原来无内应力）要校直，常采用冷校直的工艺方法。此方法是在一些长棒料或细长零件弯曲的反方向施加外力 F，如图 6－31(a) 所示。在外力 F 的作用下，工件内部内应力的分布如图 6－31(b) 所示，在轴线以上产生压应力（用“－”表示），在轴线以下产生拉应力（用“+”表示）。在轴线和两条虚线之间是弹性变形区域，在虚线之外是塑性变形区域。当外力 F 去除后，外层的塑性变形区域阻止内部弹性变形的恢复，使内应力重新分布，如图 6－31(c) 所示。这时，冷校直虽能减小弯曲，但工件却处于不稳定状态，若再次加工，又将产生新的变形。因此，高精度丝杠的加工，不允许用冷校直的方法来减小弯曲变形，而是用多次人工时效来消除残余内应力。

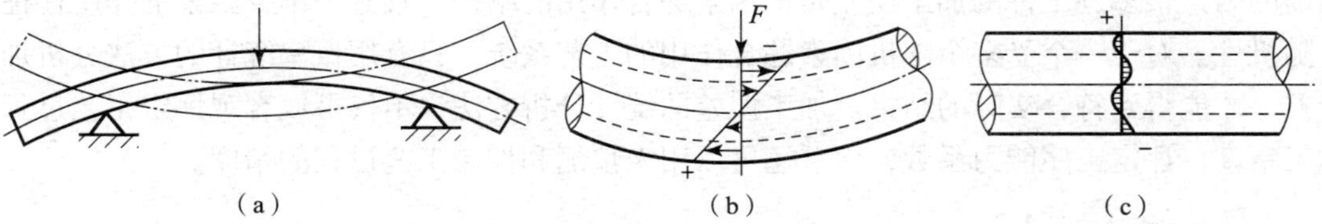

图 6－31　冷校直引起的内应力

（3）切削加工产生的内应力。

切削过程中产生的力和热，也会使被加工工件的表面层变形，产生内应力。这种内应力的分布情况由加工时的工艺因素决定。实践表明，具有内应力的工件，当在加工过程中切去表面一层金属后，所引起的内应力的重新分布和变形最为强烈。因此，粗加工后，应将被夹紧的工件松开使之有一定的时间让其内应力重新分布。

2. 减少内应力的措施

（1）合理设计零件结构。

在零件的结构设计中，应尽量简化结构，考虑壁厚均匀，减少尺寸和壁厚差，增大零件的刚度，以减少在铸、锻毛坯制造中产生的内应力。

（2）采取时效处理。

自然时效处理，主要是在毛坯制造之后，或粗加工后，精加工之前，让工件停留一段时间，利用温度的自然变化，经过多次热胀冷缩，使工件内部组织产生微观变化，从而达到减少或消除内应力的目的。这种过程一般需要半年至五年时间，因周期长，所以除特别精密件外，一般较少使用。

人工时效处理，这是目前使用最广的一种方法，分高温时效和低温时效。高温时效一般适用于毛坯件或工件粗加工后进行。低温时效一般适用于工件半精加工后进行。人工时效需要较大的投资，设备较大，能源消耗多。

振动时效是工件受到激振器的敲击，或工件在滚筒中回转互相撞击，使工件在一定的振动强度下，引起工件金属内部组织的转变，从而消除内应力。这种方法节省能源、简便、效率高，近年来发展很快，但有噪声污染。此方法适用于中小零件及有色金属件等。

（3）合理安排工艺。

机械加工时，应注意粗、精加工分开在不同的工序进行，使粗加工后有一定的间隔时间让内应力重新分布，以减少对精加工的影响。

切削时应注意减小切削力，如减小余量、减小背吃刀量，或进行多次走刀，以避免工件变形。粗、精加工在一个工序中完成时，应在粗加工后松开工件，让其有自由变形的可能，然后用较小的夹紧力夹紧工件后再进行精加工。

任务二　加工误差的统计分析

任务一中我们对影响加工精度的主要因素进行了分析研究，这对我们研究分析工艺过程产生误差的原因，提出控制加工精度的途径和方法，无疑是有指导意义的；但却不能仅凭上述单因素分析方法对工件的加工误差情况做出总体评价，这是因为在实际生产中，影响加工精度的因素很多，工件的加工误差是多因素综合作用的结果，且其中不少因素的作用往往带有随机性。对于一个受多个随机因素综合作用的工艺系统，只有用概率统计的方法分析加工误差，才能得到符合实际的结果。加工误差的统计分析方法，不仅可以客观评定工艺过程的加工精度，评定工序能力系数，而且还可以用来预测和控制工艺过程的精度。

一、概述

1. 系统性误差与随机性误差

按照加工误差的性质，加工误差可分为系统性误差和随机性误差。

（1）系统性误差。

系统性误差可分为常值性系统误差和变值性系统误差两种。在顺序加工一批工件时，加工误差的大小和方向皆不变，此误差称为常值性系统误差；例如原理误差，定尺寸刀具的制造误差等。在顺序加工一批工件时，按一定规律变化的加工误差，称为变值性系统误差，例如，当刀具处于正常磨损阶段车外圆时，由于车刀尺寸磨损所引起的误差。常值性系统误差与加工顺序无关，变值性系统误差与加工顺序有关。对于常值性系统误差，若能掌握其大小和方向，可以通过调整消除；对于变值性系统误差，若能掌握其大小和方向随时间变化的规律，也可通过采取自动补偿措施加以消除。

（2）随机性误差。

在顺序加工一批工件时，加工误差的大小和方向都是随机变化的，这些误差称为随机性误差。例如，由于加工余量不均匀、材料硬度不均匀等原因引起的加工误差，工件的装夹误差、测量误差和由于内应力重新分布引起的变形误差等均属随机性误差。实践中，可以通过分析随机性误差的统计规律，对工艺过程进行控制。

2. 机械制造中常见的误差分布规律

（1）正态分布［见图 6－32(a)］。

在机械加工中，若同时满足以下三个条件，工件的加工误差就服从正态分布。

①无变值性系统误差（或有但不显著）；

②各随机误差之间是相互独立的；

③在随机误差中没有一个是起主导作用的误差因素。

（2）平顶分布［见图 6－32(b)］。

在影响机械加工的诸多误差因素中，如果刀具尺寸磨损的影响显著，变值性系统误差占主导地位时，工件的尺寸误差将呈现平顶分布。平顶分布曲线可以看成是随着时间而平移的众多正态分布曲线组合的结果。

（3）双峰分布［见图 6－32(c)］。

若将两台机床所加工的同一种工件混在一起，由于两台机床的调整尺寸不尽相同，两台机床的精度状态也有差异，工件的尺寸误差将呈双峰分布。

（4）偏态分布［见图 6－32(d)］。

采用试切法车削工件外圆或镗内孔时，为避免产生不可修复的废品，操作者主观上有使轴径加工得宁大勿小、使孔径加工得宁小勿大的意向，按照这种加工方式加工得到的一批零件的加工误差呈偏态分布。

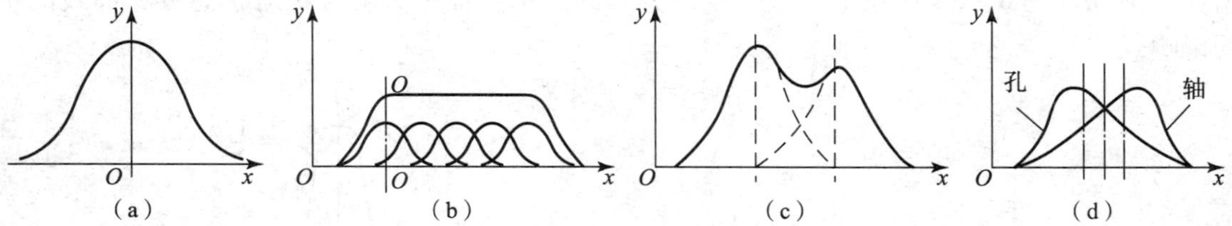

图 6－32　机械制造中常见的误差分布规律

(a) 正态分布；(b) 平顶分布；(c) 双峰分布；(d) 偏态分布

3. 正态分布概述

（1）正态分布的数学模型。

机械加工中，工件的尺寸误差是很多相互独立的随机性误差综合作用的结果，如果其中没有一个随机性误差是起决定作用的，则加工后工件的尺寸将呈正态分布，如图 6－33 所示，其概率密度

$$y(x) = \frac{1}{\sigma\sqrt{2\pi}}\exp\left[-\frac{(x-\bar{x})^2}{2\sigma^2}\right](-\infty < x < +\infty, \sigma > 0) \tag{6-8}$$

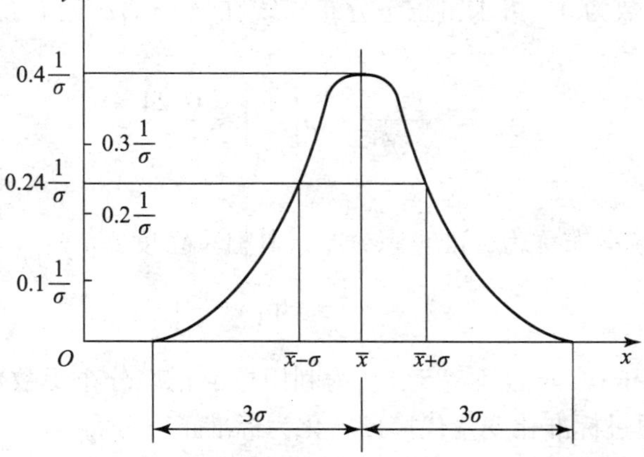

图 6－33　正态分布曲线及其特殊点

式中：$\bar{x}$——算数平均根；

σ——均方根偏差（标准差）。

$$\bar{x} = \frac{1}{n}\sum_{i=1}^{n} x_i \tag{6-9}$$

$$\sigma = \sqrt{\frac{1}{n}\sum_{i=1}^{n}(x_i - \bar{x})^2} \tag{6-10}$$

式中：x_i——工件尺寸；

n——工件总数。

图6－34是根据式(6－8）画出的概率密度分布曲线，$\bar{x}$值取决于机床调整尺寸和常值性系统误差，$\bar{x}$只影响曲线的位置，不影响曲线的形状；σ值取决于随机性误差和变值性系统误差，σ只影响曲线的形状，不影响曲线的位置；σ愈小，尺寸分布范围就愈小，加工精度就愈高。图6－34形象地描述了正态分布的两个特征参数$\bar{x}$与σ对正态分布曲线的不同影响。

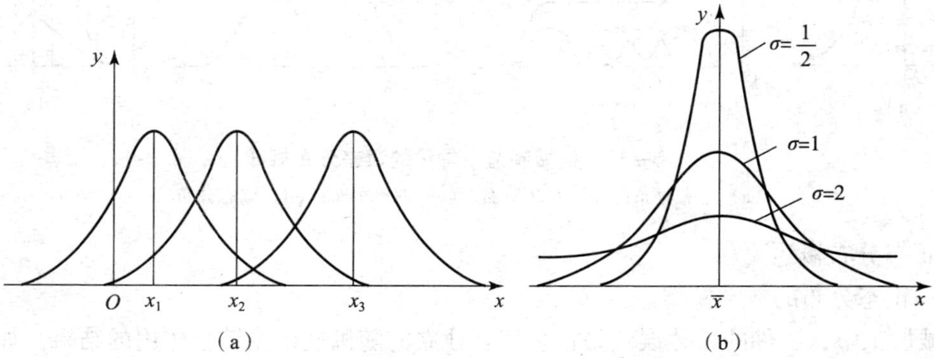

图6－34　$\bar{x}$、σ对分布曲线的影响

令y对x的一阶导数等于0，可求得$x=\bar{x}$处有最大值。

$$y_{\max} = \frac{1}{\sigma\sqrt{2\pi}} \tag{6-11}$$

令式(6－8）的二阶导数为0，可求得正态分布曲线在$x=\bar{x}\pm\sigma$处有拐点，拐点处的纵坐标值为

$$y_{\sigma} = \frac{1}{\sigma\sqrt{2\pi}}\exp\left[\frac{1}{2}\right] \approx \frac{0.24}{\sigma} \tag{6-12}$$

（2）标准正态分布。

$\bar{x}=0$、$\sigma=1$的正态分布称为标准正态分布，其概率密度

$$y(x) = \frac{1}{\sqrt{2\pi}}\exp\left[-\frac{x^2}{2}\right] \tag{6-13}$$

生产中，$\bar{x}$既不等于0，σ也不等于1。为利用标准正态分布函数数值来分析加工过程，需将非标准正态分布通过标准化变量代换，转化为标准正态分布。

令$z=(x-\bar{x})/\sigma$，上式可改写为

$$y(x) = \frac{1}{\sigma\sqrt{2\pi}}\exp\left[-\frac{(x-\bar{x})^2}{2\sigma^2}\right] = \frac{1}{\sigma\sqrt{2\pi}}\exp\left[-\frac{z^2}{2}\right] = \frac{1}{\sigma}y(z) \tag{6-14}$$

上式就是非标准正态分布概率密度函数与标准正态分布概率密度函数的转换关系式。图 6 - 35 给出了非标准正态分布概率密度函数转换为标准正态分布概率密度函数对应的关系。

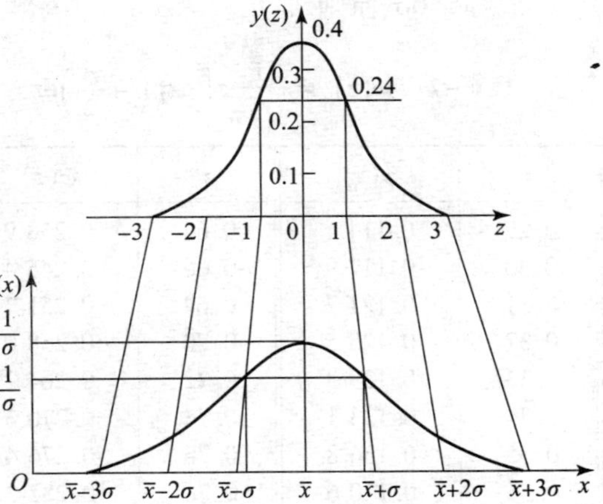

图 6 - 35　正态分布曲线的标准化

（3）工件尺寸落在某一尺寸区间内的概率。

工件加工尺寸落在（$x_1 \leqslant x \leqslant x_2$）内的概率为图 6 - 36 所示阴影部分的面积 $F(x)$。

$$F(x) = \int_{x_1}^{x_2} y(x)\,\mathrm{d}x = \int_{x_1}^{x_2} \frac{1}{\sigma\sqrt{2\pi}} \exp\left[-\frac{(x-\bar{x})^2}{2\sigma^2}\right]\mathrm{d}x \tag{6-15}$$

令 $z = (x-\bar{x})^2/\sigma$，则 $\mathrm{d}x = \sigma\mathrm{d}z$，代入上式得

$$F(x) = \varphi(z) = \int_{z_1}^{z_2} \frac{1}{\sigma\sqrt{2\pi}} \exp\left[-\frac{z^2}{2}\right]\sigma\mathrm{d}z = \frac{1}{\sqrt{2\pi}}\int_{z_1}^{z_2} \exp\left[-\frac{z^2}{2}\right]\mathrm{d}z \tag{6-16}$$

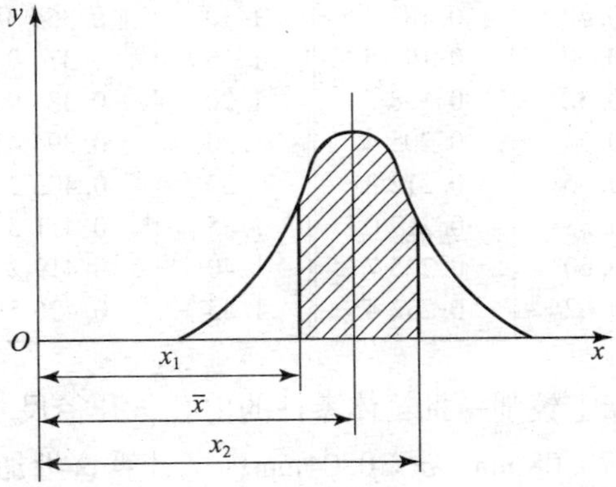

图 6 - 36　工件尺寸概率分布

上述分析表明，非标准正态分布概率密度函数的积分经标准化变换后，可用标准正态分布概率密度函数的积分表示。表 6 - 2 列出了标准化正态分布概率密度函数积分值。由表 6 - 2 可知

当 $z = (x-\bar{x})/\sigma = \pm 1$ 时，$2\varphi(1) = 2 \times 0.341\ 3 = 68.26\%$；

当 $z = (x-\bar{x})/\sigma = \pm 2$ 时，$2\varphi(2) = 2 \times 0.477\ 2 = 95.44\%$；

当 $z=(x-\bar{x})/\sigma=\pm3$ 时，$2\varphi(3)=2\times0.49865=99.73\%$。

计算结果表明，工件尺寸落在（$\bar{x}\pm3\sigma$）范围内的概率为 99.73%，而落在该范围以外的概率只占 0.27%，概率极小，可以认为正态分布的分散范围为（$\bar{x}\pm3\sigma$），这就是工程上经常用到的“$\pm3\sigma$ 原则”，或称“6σ 原则”。

表 6－2 $\varphi(z)=\frac{1}{\sqrt{2\pi}}z\int_0^z\exp\left(-\frac{z^2}{2}\right)dz$

z	$\varphi(z)$	z	$\varphi(z)$	z	$\varphi(z)$	z	$\varphi(z)$
0.01	0.004 0	0.29	0.114 1	0.64	0.238 9	1.50	0.433 2
0.02	0.008 0	0.30	0.117 9	0.66	0.245 4	1.55	0.439 4
0.03	0.012 0	0.31	0.121 7	0.68	0.251 7	1.60	0.445 2
0.04	0.016 0	0.32	0.125 5	0.70	0.258 0	1.65	0.450 2
0.05	0.019 9	0.33	0.129 3	0.72	0.264 2	1.70	0.455 4
0.06	0.023 9	0.34	0.133 1	0.74	0.270 3	1.75	0.459 9
0.07	0.027 9	0.35	0.136 8	0.76	0.276 4	1.80	0.464 1
0.08	0.031 9	0.36	0.140 6	0.78	0.282 3	1.85	0.467 8
0.09	0.035 9	0.37	0.144 3	0.80	0.288 1	1.90	0.471 3
0.10	0.039 8	0.38	0.148 0	0.82	0.293 9	1.95	0.474 4
0.11	0.043 8	0.39	0.151 7	0.84	0.299 5	2.00	0.477 2
0.12	0.047 8	0.40	0.155 4	0.86	0.305 1	2.10	0.482 1
0.13	0.051 7	0.41	0.159 1	0.88	0.310 6	2.20	0.486 1
0.14	0.055 7	0.42	0.162 8	0.90	0.315 9	2.30	0.489 3
0.15	0.059 6	0.43	0.164 1	0.92	0.321 2	2.40	0.491 8
0.16	0.063 6	0.44	0.170 0	0.94	0.326 4	2.50	0.493 8
0.17	0.067 5	0.45	0.173 6	0.96	0.331 5	2.60	0.495 3
0.18	0.071 4	0.46	0.177 2	0.98	0.336 5	2.70	0.496 5
0.19	0.075 3	0.47	0.180 8	1.00	0.341 3	2.80	0.497 4
0.20	0.079 3	0.48	0.184 4	1.05	0.353 1	2.90	0.498 1
0.21	0.083 2	0.49	0.187 9	1.10	0.364 3	3.00	0.498 65
0.22	0.087 1	0.50	0.191 5	1.15	0.374 9	3.20	0.499 31
0.23	0.091 0	0.52	0.198 5	1.20	0.384 9	3.40	0.499 66
0.24	0.094 8	0.54	0.205 4	1.25	0.394 4	3.60	0.499 841
0.25	0.098 7	0.56	0.212 3	1.30	0.403 2	3.80	0.499 928
0.26	0.102 3	0.58	0.219 0	1.35	0.411 5	4.00	0.499 968
0.27	0.106 4	0.60	0.225 7	1.40	0.419 2	4.50	0.499 997
0.28	0.110 3	0.62	0.232 4	1.45	0.426 5	5.00	0.499 999 97

【例 6－2】 在卧式镗床上镗削一批箱体零件的内孔，孔径尺寸要求为 $\phi70^{+0.2}_{0}$mm，已知孔径尺寸按正态分布，$\bar{x}=70.08$mm，$\sigma=0.04$mm，试计算这批加工件的合格品率和不合格品率。

解：作图 6－37，作标准化变换，令

$$z_{右}=(x-\bar{x})/\sigma=(70.2-70.08)/0.04=3$$

$$z_{左}=(x-\bar{x})/\sigma=(70.08-70.00)/0.04=2$$

查表 6－2 得 $\varphi(2)=0.4772$；$\varphi(3)=0.49865$。

偏大不合格品率 $P_{大}=0.5-\varphi(3)=0.5-0.49865=0.00135=0.135\%$，这些不合格品不可修复。

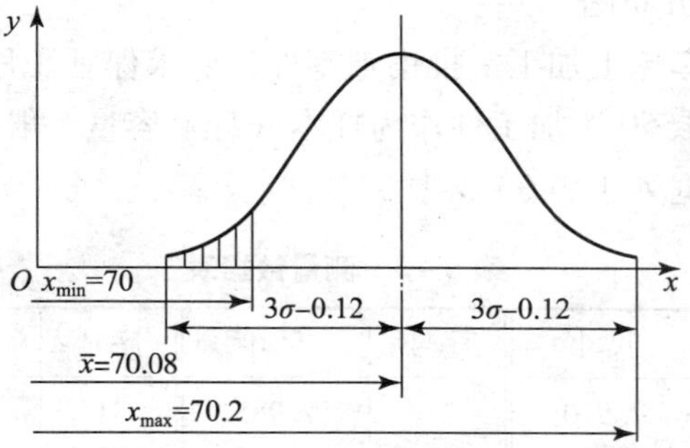

图 6－37　废品率计算图

偏小不合格品率 $P_{小}=0.5-\varphi(2)=0.5-0.4772=0.0228=2.28\%$，这些不合格品可修复。

合格品率 $P=1-0.135\%-2.28\%=97.585\%$。

二、加工误差的统计分析——工艺过程的分布图分析方法

1. 工艺过程的稳定性

工艺过程的稳定性是指工艺过程在时间历程上保持工件均值和标准差 σ 值稳定不变的性能。如果工艺过程中工件加工尺寸的瞬时分布中心（或工件尺寸均值）和标准差 σ 基本保持不变或变化不大，就认为工艺过程是稳定的；如果工艺过程中工件加工尺寸的瞬时分布中心（或工件尺寸均值）和标准差 σ 有显著变化，就认为工艺过程是不稳定的。图 6－38 中，瞬时分布中心由 O 变到 O_1 的过程，工艺过程是稳定的；瞬时分布中心由 O 变化至 O_1' 的过程，工艺过程是不稳定的，因为在此过程中，$\bar{x}$ 值发生了显著变化，σ 值也明显地增大了。

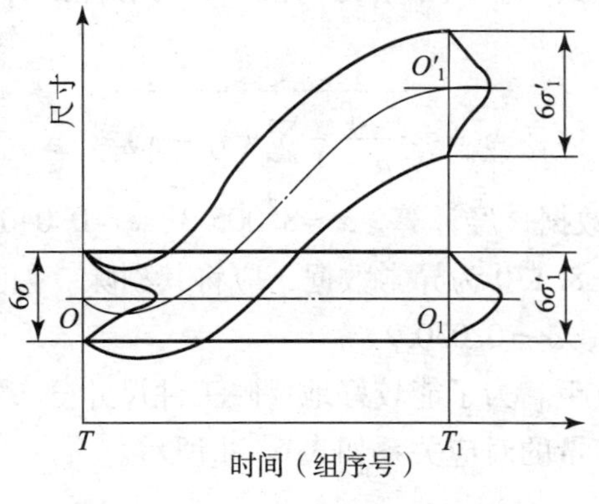

图 6－38　工艺过程稳定性分析图

2. 工艺过程分布图分析方法

通过工艺过程分布图分析，可以确定工艺系统的加工能力系数、机床调整精度系数和加工工件的合格率，并能分析产生废品的原因。

下面以销轴零件加工为例，介绍工艺过程分布图分析的内容及步骤。

（1）画工件尺寸实际分布图。

①采集样本。在自动车床上加工一批销轴零件，要求保证工序尺寸 $\phi8\pm0.09$mm。在销轴加工中，按顺序连续抽取50个加工件作为样本（样本容量一般取50～200件），并逐一测量其轴颈尺寸，将测量数据列于表6－3中。

表6－3　测量数据表　　（单位：mm）

序号	尺寸	序号	尺寸	序号	尺寸	序号	尺寸	序号	尺寸
1	7.920	11	7.970	21	7.985	31	7.945	41	8.024
2	7.970	12	7.982	22	7.992	32	8.000	42	8.028
3	7.980	13	7.991	23	8.000	33	8.012	43	7.965
4	7.990	14	7.998	24	8.010	34	8.024	44	7.980
5	7.995	15	8.007	25	8.022	35	8.045	45	7.988
6	8.005	16	8.040	26	8.040	36	7.960	46	7.995
7	8.018	17	8.080	27	7.957	37	7.975	47	8.004
8	8.030	18	8.130	28	7.975	38	7.994	48	8.027
9	8.068	19	7.965	29	7.985	39	8.002	49	8.055
10	8.142	20	7.972	30	7.992	40	8.015	50	8.017

②剔除异常数据。在测量数据中有时可能会有个别的异常数据，它们会影响数据的统计性质，在做统计分析之前应将它们从测量数据中剔除。异常数据都具偶然性，它们与测量数据均值之间的差值往往很大。

若工件测量数据服从正态分布，测量数据一般都应在 $\pm3\sigma$ 的范围内，其概率为99.73%，在此范围之外的数据其概率很小（0.27%），可视为不可能事件，一旦发生，则被视为异常数据予以剔除。如果出现

$$|x_i-\bar{x}|>3\sigma \tag{6-17}$$

的情况，x_i 就被认为是异常数据。式中 $\bar{x}$ 为均值，σ 为总体的标准差，当样本数 n 较小时，可用它的无偏估计量 s 替代。

$$s=\sqrt{\frac{1}{n-1}\sum_{i=1}^{n}(x_i-\bar{x})^2}$$

针对表6－3所示测量数据，经计算，$\bar{x}\approx8.005\,3$，$s\approx0.040\,4$，逐一按式（6－17）校核可知，$x_{10}=8.142$ 和 $x_{18}=8.130$ 为异常数据，应将其剔除。剔除异常数据后，分析样本数 $n=50-2=48$，$\bar{x}=7.999\,9$，$\sigma=0.030\,9$。

③确定尺寸分组数和组距。为了能较好地反映工件尺寸分布特征，尺寸分组数 k 应选择适当，尺寸分组数与样本容量的对应关系如表6－4所示。

表6－4　尺寸分组数 k 与样本容量 n 的关系

n	25～40	40～60	60～100	100	100～160	160～250	250～400	400～630	630～1 000
k	6	7	8	10	11	12	13	14	15

由 $n=48$，查表6－4，取 $k=7$，则组距

$$h=\frac{x_{max}-x_{min}}{k}=\frac{8.080-7.920}{7}=0.023\ (\text{mm})$$

④画工件尺寸实际分布图。根据分组数和组距，统计各组中尺寸的频数，列出频数分布表（见表6-5）。根据表中数据即可画出实际分布图，如图6-39所示。

表6-5　频数分布表

组号	尺寸间隔 Δx/mm	尺寸间隔中值 x_k/mm	频数 f_k
1	7.920～7.943	7.931 5	1
2	7.943～7.966	7.954 5	5
3	7.966～7.989	7.977 5	11
4	7.989～8.012	8.000 5	15
5	8.012～8.035	8.023 5	10
6	8.035～8.058	8.046 5	4
7	8.058～8.081	8.069 5	2

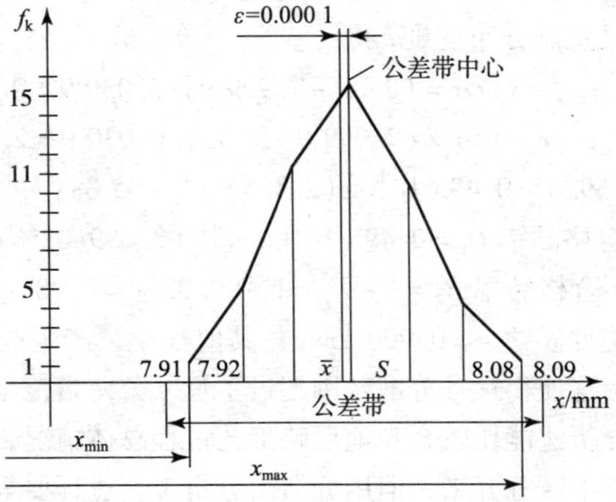

图6-39　实际分布图

（2）工艺过程的分布图分析。

①判断加工误差性质。如果样本工件服从正态分布，就可以认为工艺过程中变值性系统误差很小（或不显著），工件尺寸分散由随机性误差引起，这表明工艺过程处于受控状态中。如果样本工件尺寸不服从正态分布，可根据工件尺寸实际分布图分析是哪种变值性系统误差在显著地影响着工艺过程。如果工件尺寸的实际分布中心 $\bar{x}$ 与公差带中心有偏移 ε，这表明工艺过程中有常值性系统误差存在。针对图6-39所示实际分布图分析，$\bar{x}$ 比公差带中心尺寸小0.000 1mm，这可能是由于车刀位置稍稍调得靠近机床主轴中心了，它是常值性系统误差。

②确定工序能力系数和工序能力。工序能力系数 C_P 按下式计算：

$$C_P = \frac{T}{6\sigma} \tag{6-18}$$

式中，T 为工件公差。T 值一定时，σ 愈小，C_P 就愈大。工序能力共分五级，其工序能力系数 C_P 值详见表6-6。生产中工序能力等级不得低于二级。

表 6-6 工序能力等级

工序能力系数	工序能力等级	说明
$C_P > 1.67$	特级	工序能力过高，可以允许有异常波动
$1.67 \geqslant C_P > 1.33$	一级	工序能力足够，可以有一定的异常波动
$1.33 \geqslant C_P > 1.00$	二级	工序能力勉强，必须密切注意
$1.00 \geqslant C_P > 0.67$	三级	工序能力不足，可能出少量不合格品
$0.67 \geqslant C_P$	四级	工序能力很差，必须加以改进

本例中 $C_P = T/6\sigma = 0.18/(6 \times 0.030\ 9) = 0.97$，属于工艺能力不足的情况，可能出现少量不合格品。

③确定合格品率及不合格品率。不合格品率包括废品率和不可修复的不合格品率。由图 6-39 所列数据求标准正态分布变量 z 得：

$$z_{右} = (x_{max} - \bar{x})/\sigma = (8.08 - 7.999\ 9)/0.030\ 9 = 2.592;$$

$$z_{左} = (\bar{x} - x_{min})/\sigma = (7.999\ 9 - 7.92)/0.030\ 9 = 2.585。$$

查表 6-2 知：$\varphi(2.592) = 0.495\ 18$，$\varphi(2.585) = 0.495\ 08$；

$$合格品率\ P_1 = 0.495\ 18 + 0.495\ 08 = 99.02\%;$$

$$不合格品率\ P_2 = 1 - P_1 = 1 - 99.02\% = 0.98\%。$$

由于本工序常值系统性误差 $\varepsilon = 0.000\ 1$mm，其值很小，产生废品的主要原因是工艺系统内的随机性误差超量，这使得尺寸分散范围超过了尺寸公差带范围。

工艺过程的分布图分析法能比较客观地反映工艺过程总体情况，且能把工艺过程中存在的常值性系统误差从误差中区分开来，但用分布图分析工艺过程要等一批工件加工结束并逐一测量其尺寸作统计分析后，才能对工艺过程的运行状态作出分析，它不能在加工过程中及时提供控制精度的信息，它只适于在工艺过程较为稳定的场合应用。

3. 加工误差的统计分析——工艺过程的点图分析方法

对于一个不稳定的工艺过程，需要在工艺过程的进行中及时发现工件可能出现不合格品的趋向，以便及时调整工艺系统，使工艺过程能够继续进行。由于点图分析法能够反映质量指标随时间变化的情况，因此，它是进行质量控制统计的有效方法。这种方法既可以用于稳定的工艺过程，也可以用于不稳定的工艺过程。

（1）点图的基本形式。

点图分析法所采用的样本是顺序小样本，即每隔一定时间抽取样本容量 $n = 5 \sim 10$ 的小样本，计算小样本的算术平均值 $\bar{x}$ 和极差 R

$$\begin{cases} \bar{x} = \dfrac{1}{n}\sum_{i=1}^{n} x_i \\ R = x_{max} - x_{min} \end{cases} \tag{6-19}$$

式中，x_{max} 与 x_{min} 分别为某样本中个体的最大值与最小值。

点图的基本形式是由 $\bar{x}$ 点图和 R 点图组成的 $\bar{x}-R$ 图，如图 6-40 所示。$\bar{x}-R$ 图的横坐标是按时间先后采集的小样本的组序号，纵坐标则为小样本的均值 $\bar{x}$ 和极差 R。在 $\bar{x}$ 点图上有五根控制线，$\bar{\bar{x}}$ 是样本平均值的均值线，ES、EI 分别是加工工件公差带的上、下限，

UCL、LCL 分别是样本均值 $\bar{x}$ 的上、下控制限；在 R 点图上有三根控制线，$\bar{R}$ 是样本极差 R 的均值线，UCL、LCL 分别是样本极差的上、下控制限。

一个稳定的工艺过程，必须同时具有均值变化不显著和标准差变化不显著两种特征。$\bar{x}$ 点图是控制分布中心变化的，R 点图是控制分散范围变化的，综观这两个点图的变化趋势，才能对工艺过程的稳定性作出评价。一旦发现工艺过程有向不稳定方面转化的趋势，就应及时采取措施，使不稳定的趋势得到控制。

（2）$\bar{x}-R$ 图上、下控制限的确定。

确定 $\bar{x}-R$ 图上、下控制限，首先需要知道样本均值 $\bar{x}$ 和样本差 R 的分布规律。

由数理统计学的中心极限定理可以推论，即使总体不是正态分布的，若总体均值为 λ，方差为 σ^2，则样本均值 $\bar{x}$ 也是近似服从于均值为 λ、方差为 σ^2/n 的正态分布的，式中 n 为样本的个数，即有

$$\bar{x} \sim N(\lambda, \sigma^2/n)$$

样本均值 $\bar{x}$ 的分散范围为（$\lambda \pm 3\sigma/\sqrt{n}$）

数理统计学已经证明，样本极差 R 也近似服从正态分布，即有

$$R \sim N(\bar{R}, \sigma_R^2)$$

样本极差 R 的分散范围为（$\bar{R} \pm 3\sigma_R$）。

数理统计学还告诉我们，σ 的估计值 $\hat{\sigma} = a_n\bar{R}$，$\sigma_R = d\hat{\sigma}$，式中 a_n、d 为系数，其值参见表 6－7。

表 6－7　系数 d、a_n、A_2、D_1、D_2 值

n	d	a_n	A_2	D_1	D_2
4	0.880	0.486	0.73	2.28	0
5	0.864	0.430	0.58	2.11	0
6	0.848	0.395	0.48	2.00	0

$\bar{x}$ 点图上、下控制限可按下式求取

$$\text{UCL} = \bar{\bar{x}} + 3\frac{\hat{\sigma}}{\sqrt{n}} = \bar{\bar{x}} + 3\frac{a_n\bar{R}}{\sqrt{n}} = \bar{\bar{x}} + A_2\bar{R} \quad (6-20)$$

$$\text{LCL} = \bar{\bar{x}} - 3\frac{\hat{\sigma}}{\sqrt{n}} = \bar{\bar{x}} - 3\frac{a_n\bar{R}}{\sqrt{n}} = \bar{\bar{x}} - A_2\bar{R} \quad (6-21)$$

R 点图上、下控制限可按下式求取

$$\text{UCL} = \bar{R} + 3\sigma_R = \bar{R} + 3da_n\bar{R} = (1 + 3da_n)\bar{R} = D_1\bar{R} \quad (6-22)$$

$$\text{UCL} = \bar{R} - 3\sigma_R = \bar{R} - 3da_n\bar{R} = (1 - 3da_n)\bar{R} = D_2\bar{R} \quad (6-23)$$

式中系数 A_2、D_1、D_2 可由表 6－7 查得。

【例 6－3】 磨削发动机气门挺杆轴颈外圆，尺寸要求为 $\phi25_{-0.025}^{-0.013}$ mm，试为该工件加工制定 $\bar{x}-R$ 点图。

解：在磨削发动机气门挺杆轴颈外圆加工中，每隔一定时间抽取一个样本，样本容量为 5，共抽取 20 个样本，将每个样本的 $\bar{x}$、R 值列于表 6－8 中。

表 6－8 样本的 $\bar{x}$ 和 R 值数据表 （单位：mm）

序号	$\bar{x}$	R	序号	$\bar{x}$	R	序号	$\bar{x}$	R	序号	$\bar{x}$	R
1	24.976 5	0.006	6	24.979 5	0.008	11	24.982 5	0.009	16	24.979 5	0.008
2	24.977 5	0.008	7	24.982 5	0.008	12	24.980 5	0.009	17	24.981 0	0.009
3	24.979 5	0.008	8	24.980 5	0.005	13	24.984 5	0.006	18	24.985 0	0.005
4	24.978 5	0.007	9	24.978 5	0.007	14	24.982 0	0.005	19	24.984 5	0.005
5	24.979 0	0.005	10	24.981 5	0.007	15	24.983 5	0.008	20	24.982 5	0.007

计算样本均值

$$\bar{\bar{x}} = \frac{1}{q}\sum_{i=1}^{q}\bar{x}_i = \frac{499.62}{20}\text{mm} = 24.981\text{mm}$$

计算样本极差的均值

$$\bar{R} = \frac{1}{q}\sum_{i=1}^{q}\bar{R}_i = \frac{0.140}{20}\text{mm} = 0.007\text{mm}$$

$\bar{x}$ 图上的上、下控制限分别为：

$$\text{UCL} = \bar{\bar{x}} + A_2\bar{R} = (24.981 + 0.58 \times 0.007)\text{mm} = 24.985\text{mm}$$

$$\text{LCL} = \bar{\bar{x}} - A_2\bar{R} = (24.981 - 0.58 \times 0.007)\text{mm} = 24.977\text{mm}$$

R 图上的上、下控制限分别为：

$$\text{UCL} = D_1\bar{R} = (2.11 \times 0.007)\text{mm} = 0.014\ 8\text{mm}$$

$$\text{LCL} = D_2\bar{R} = (-0.11 \times 0.007)\text{mm} = -0.000\ 77\text{mm}$$

按上述计算结果作 $\bar{x}-R$ 点图，如图 6－40 所示。

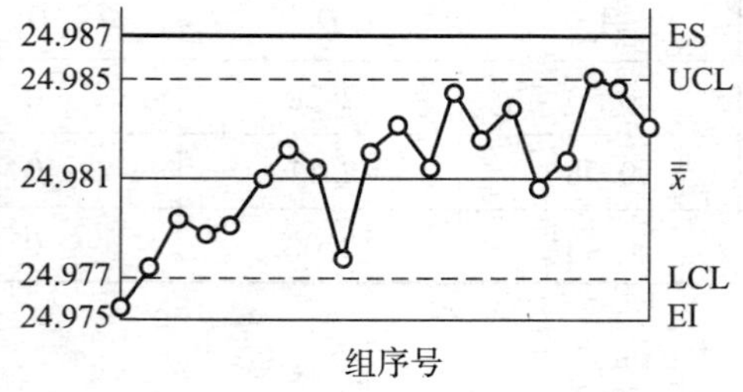

（a）

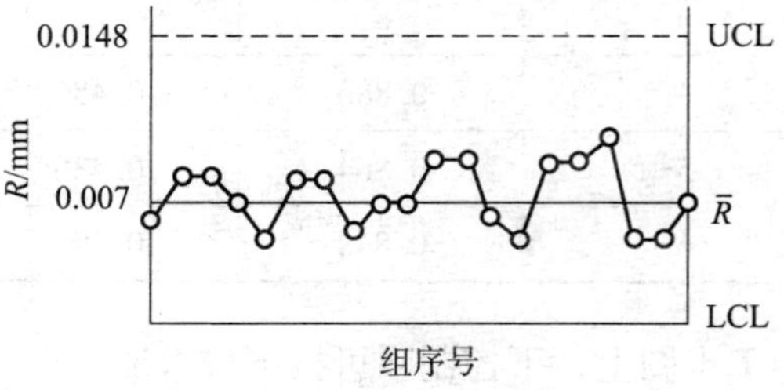

（b）

图 6－40 $\bar{x}-R$ 点图

（3）工艺过程的点图分析。

顺序加工一批工件，获得的尺寸总是参差不齐的，点图上的点子总是有波动的。若只有随机波动，表明工艺过程是稳定的，属于正常波动；若出现异常波动，表明工艺过程是不稳定的，就要及时寻找原因，采取措施。表 6－9 是根据数理统计学原理确定的正常波动与异常波动的标志。

表 6－9 正常波动与异常波动的标志

正常波动	异常波动
没有点子超出控制线	有点子超出控制线
大部分点子在中线上下波动，小部分在控制线附近	①点子密集在控制线附近 ②点子密集在中线上下附近

续表

正常波动	异常波动
点子没有明显的规律性	①连续 7 点以上出现在中线一侧 ②连续 11 点中有 10 点出现在中线一侧 ③连续 14 点中有 12 点以上出现在中线一侧 ④连续 17 点中有 14 点以上出现在中线一侧 ⑤连续 20 点中有 16 点以上出现在中线一侧 ⑥点子有上升或下降倾向 ⑦点子有周期性波动

用点图法分析工艺过程能对工艺过程的运行状态作出分析，在加工过程中能及时提供控制加工精度的信息，并能把变值性系统误差从误差中区分出来，常用它分析、控制工艺过程的加工精度。

将表 6－8 所列 $\bar{x}$、R 数值按顺序逐点标在图 6－40 中。按表 6－9 所给出的正常波动与异常波动的标志，分析图 6－40 所示磨削气门挺杆外圆过程的 $\bar{x}-R$ 点图可知，磨削过程尚处于稳定状态，但 $\bar{x}$ 点图上有连续六点出现在中线的上方一侧，且随后又有一点接近 $\bar{x}$ 的上控制限，值得注意。

任务三　机械加工表面质量

机械零件的加工质量，除加工精度外，表面质量也是极其重要的一个方面。加工表面质量，是指机器零件在加工后的表面层状态。一台机器在正常的使用过程中，由于其零件的工作性能逐渐变坏，以致不能继续使用，有时甚至会突然损坏，其原因除少数是因为设计不周而强度不够，或偶然事故引起超负荷以外，大多数是由于磨损或受到外界介质的腐蚀以及疲劳损坏。磨损、腐蚀和疲劳损坏，都是发生在零件的表面，或是从零件表面开始的。因此，加工表面质量将直接影响到零件的工作性能，尤其是它的可靠性和寿命。随着工业技术的飞速发展，对机器使用的要求越来越高，一些重要零件在高压、高速、高温等高要求条件下工作，其表面层的任何缺陷，不仅直接影响零件的工作性能，而且还可能引起应力集中和应力腐蚀等现象，从而进一步加速零件的失效。这一切，都与加工表面质量有很大关系，因而表面质量问题越来越受到各方面的重视。

一、表面质量的含义

任何机械加工所得的表面，实际上不可能是理想的光滑表面，总是存在一定的微观几何形状误差。另外，表面材料在加工时受切削力、切削热的影响，也会使原有的物理－机械性能发生变化。因此，加工表面质量应包括：

1. 加工表面粗糙度

指加工表面的较小间距和微小峰谷的微观几何形状误差。它主要是由于切削加工过程中的刀痕、切削分离时的塑性变形、刀具与被加工表面的摩擦、工艺系统的高频振动等原因造成的。

2. 表面层的物理－机械性能变化

表面层的材料在加工时，物理－机械性能变化主要有以下三个方面的内容。

（1）表面层的冷作硬化。工件在机械加工过程中，表面层金属产生强烈的塑性变化，使表层的强度和硬度都有所提高，这种现象被称为表面冷作硬化。

（2）表面层残余应力。在切削加工过程中，由于切削变形和切削热的影响，在加工表面会产生残余应力，如果残余应力超过材料的屈服强度，就会产生表面裂纹，表面的微观裂纹将给零件带来严重的隐患。

（3）表面层金相组织的变化。工件表面经磨削精加工时，磨削产生的高温，一般可达800℃～1 000℃，高的磨削温度会烧坏工作表面，使淬火钢件表面退火，引起表层金属发生相变，将大大降低表面层的物理－机械性能。

二、机械加工表面质量对机器使用性能的影响

1. 对耐磨性的影响

零件的耐磨性与摩擦副的材料、润滑条件和零件的表面加工质量等因素有关。特别是在前两个条件已确定的前提下，零件的表面加工质量就起着决定性的作用。

零件的磨损可分为三个阶段，如图 6－41 所示。第Ⅰ阶段称初期磨损阶段。由于摩擦副开始工作时，两个零件表面互相接触，一开始只是在两表面波峰接触，实际的接触面积只是名义接触面积的一小部分。当零件受力时，波峰接触部分将产生很大的压强，因此磨损非常显著。经过初期磨损后，实际接触面积增大，磨损变缓，进入磨损的第Ⅱ阶段，即正常磨损阶段。这一阶段零件的耐磨性最好，持续的时间也较长。最后，由于波峰被磨平，表面粗糙度参数值变得非常小，不利于润滑油的储存，且使接触表面之间的分子亲和力增大，甚至发生分子黏合，使摩擦阻力增大，从而进入磨损的第Ⅲ阶段，即急剧磨损阶段。

表面粗糙度对摩擦副的初期磨损影响很大，但也不是表面粗糙度参数值越小越耐磨。图 6－42 是表面粗糙度对初期磨损量影响的实验曲线。从图中看到，在一定工作条件下，摩擦副表面总是存在一个最佳表面粗糙度参数值，最佳表面粗糙度 Ra 值为 0.32μm～1.25μm。

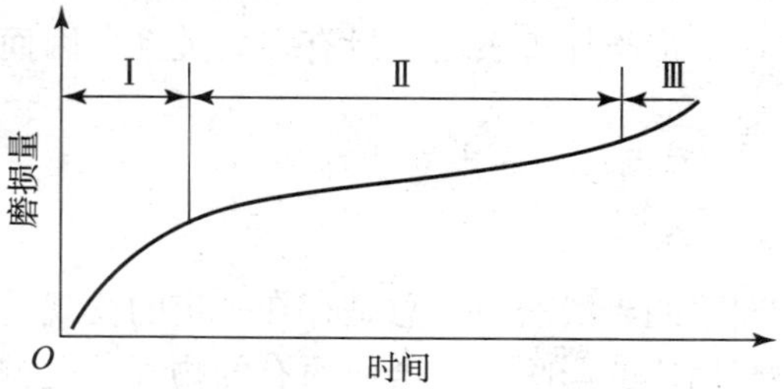

图 6－41　磨损过程的基本规律

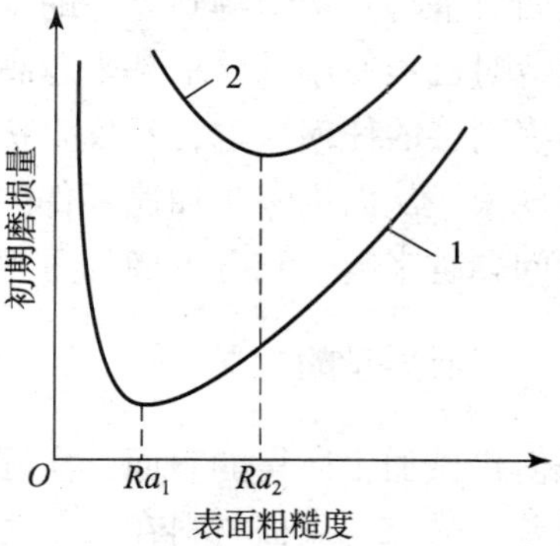

图 6－42　表面粗糙度与初期磨损量

表面纹理方向对耐磨性也有影响，这是因为它能影响金属表面的实际接触面积和润滑液的存留情况。轻载时，两表面的纹理方向与相对运动方向一致时，磨损最小；当两表面纹理方向与相对运动方向垂直时，磨损最大。但是在重载情况下，由于压强、分子亲和力和润滑液的储存等因素的变化，其规律与上述有所不同。

表面层的加工硬化，一般能提高耐磨性 0.5～1 倍。这是因为加工硬化提高了表面层的

强度，减少了表面进一步塑性变形和咬焊的可能。但过度的加工硬化会使金属组织疏松，甚至出现疲劳裂纹和产生剥落现象，从而使耐磨性下降。所以零件的表面硬化层必须控制在一定的范围之内。

2. 表面质量对零件疲劳强度的影响

零件在交变载荷的作用下，其表面微观不平的凹谷处和表面层的缺陷处容易引起应力集中而产生疲劳裂纹，造成零件的疲劳破坏。实验表明，减小零件表面粗糙度值可以使零件的疲劳强度有所提高。因此，对于一些承受交变载荷的重要零件，如曲轴的曲拐与轴颈交界处，精加工后常进行光整加工，以减小零件的表面粗糙度值，提高其疲劳强度。

加工硬化对零件的疲劳强度影响也很大。表面层的适度硬化可以在零件表面形成一个硬化层，它能阻碍表面层疲劳裂纹的出现，从而使零件疲劳强度提高。但零件表面层硬化程度过大，反而易于产生裂纹，故零件的硬化程度与硬化深度也应控制在一定的范围之内。

表面层的残余应力对零件疲劳强度也有很大影响，当表面层为残余压应力时，能延缓疲劳裂纹的扩展，提高零件的疲劳强度；当表面层为残余拉应力时，容易使零件表面产生裂纹而降低其疲劳强度。

3. 表面质量对零件耐腐蚀性的影响

零件的表面粗糙度在一定程度上影响零件的耐腐蚀性。零件表面越粗糙，越容易积聚腐蚀性物质，凹谷越深，渗透与腐蚀作用越强烈。因此，减小零件的表面粗糙度值，可以提高零件的耐腐蚀性能。

零件表面残余压应力使零件表面紧密，腐蚀性物质不易进入，可增强零件的耐腐蚀性，而表面残余拉应力则降低零件的耐腐蚀性。

4. 表面质量对配合性质及零件其他性能的影响

相配零件间的配合关系是用过盈量或间隙值来表示的。在间隙配合中，如果零件的配合表面粗糙，则会使配合件很快磨损而增大配合间隙，改变配合性质，降低配合精度；在过盈配合中，如果零件的配合表面粗糙，则装配后配合表面的凸峰被挤平，配合件间的有效过盈量减小，而这将降低配合件间连接强度，影响配合的可靠性。因此对有配合要求的表面，必须限定较小的表面粗糙度参数值。

零件的表面质量对零件的使用性能还有其他方面的影响。例如：对于液压缸和滑阀，较大的表面粗糙度值会影响其密封性；对于工作时滑动的零件，恰当的表面粗糙度值能提高运动的灵活性，减少发热和功率损失；零件表面层的残余应力会使加工好的零件因应力重新分布而变形，从而影响其尺寸和形状精度等。

三、影响表面粗糙度的因素

1. 切削加工影响表面粗糙度的因素

在加工表面留下了切削层残留面积，其形状是刀具几何形状的复映。减小进给量 v_f、主偏角、副偏角以及增大刀尖圆弧半径，均可减小残留面积的高度。此外，适当增大刀具的前角，以减小切削时的塑性变形的程度；合理选择润滑液和提高刀具刃磨质量，以减小切削时的塑性变形和抑制刀瘤、鳞刺的生成：也是减小表面粗糙度值的有效措施。

2. 工件材料的性质

加工塑性材料时，由于刀具对金属的挤压，材料产生了塑性变形，加之刀具迫使切屑与工件分离的撕裂作用，使表面粗糙度值加大。工件材料韧性愈好，金属的塑性变形愈大，加工表面就愈粗糙。加工脆性材料时，其切屑呈碎粒状，由于切屑的崩碎而在加工表面留下许多麻点，使表面粗糙度增大。

3. 磨削加工影响表面粗糙度的因素

如同切削加工时表面粗糙度的形成过程一样，磨削加工表面粗糙度的形成，也是由几何因素和表面金属的塑性变形来决定的。影响磨削表面粗糙的主要因素有：

（1）砂轮的粒度与硬度。砂轮硬度应适当，应使磨粒钝后会及时脱落，露出新的磨粒来继续切削，即具有良好的“自砺性”。砂轮的粒度愈细，即单位面积上的磨粒数愈多，则加工表面的刻痕愈细密，表面粗糙度愈低。但若粒度过细，则容易堵塞砂轮，使工件表面塑性变形增加，从而影响表面粗糙度的降低。

（2）砂轮的修整。砂轮应及时修整，以去除已钝化的磨粒，保证砂轮具有微刃性和等高性。用金刚石修整砂轮相当于在砂轮上“车削”外圆，纵向和横向的进给量愈小，修整出来的砂轮表面的微刃性和等高性就愈好，磨出工件表面的粗糙度也愈低。

（3）磨削速度、径向进给量、光磨次数、工件圆周进给速度与轴向进给量。减小磨削用量和提高砂轮速度，可以增加工件单位面积上的刻痕数，同时可降低因塑性变形造成的表面粗糙度。因为在高速磨削下，磨削表面来不及塑性变形，因而提高砂轮速度有利于降低表面粗糙度。增大磨削深度和提高工件速度会使塑性变形加剧，从而增大粗糙度。为了提高磨削效率，通常在开始磨削时采用较大的磨削深度，而在磨削后期采用小的磨削深度，或进行无进给磨削（光磨），以降低工件表面粗糙度。

（4）切削液。切削液对加工过程起冷却和润滑作用，能降低切削区的温度，减少刀刃与工件的摩擦，从而减少切削过程的作用。

（5）工件材质。工件材料的硬度、塑性、韧性和导热性能等，对表面粗糙度都有显著的影响。工件材料太硬时，磨粒易钝化；太软时，砂轮易堵塞；韧性大和导热性能差的材料，会使磨粒早期崩落，从而破坏微刃的等高性，因而均使表面粗糙度增大。

四、影响加工表面层物理－机械性能的因素

在切削加工中，工件由于受到切削力和切削热的作用，使表面层金属的物理－机械性能产生变化，最主要的变化是表面层金属显微硬度的变化、金相组织的变化和残余应力的产生。由于磨削加工时所产生的塑性变形和切削热比刀刃切削时更严重，因而磨削加工后加工表面层上述3项物理－机械性能的变化会很大。

1. 冷作硬化及其评定参数

（1）金属的冷作硬化。在机械加工过程中，因切削力作用产生的塑性变形，使晶格扭曲、畸变，晶粒间产生剪切滑移，晶粒被拉长和纤维化，甚至破碎，这些都会使表面层金属的硬度和强度提高，这种现象称为冷作硬化（或称为强化）。表面层金属强化的结果，会增大金属变形的阻力，减小金属的塑性，金属的物理性质也会发生变化。被冷作硬化的金属，处于高能位的不稳定状态，只要一有可能，金属的不稳定状态就要向比较稳定的状态转化，这种现象称为弱化。弱化作用的大小，取决于温度的高低、温度持续时间的长短和强化程度的大小。由于金属在机械加工过程中同时受到力和热的作用，因此加工后表层金属的最后性质，取决于强化和弱化综合作用的结果。评定冷作硬化的指标有3项：表层金属的显微硬度

HV、硬化层深度 h 和硬化程度 N。

（2）影响冷作硬化的主要因素。切削刃钝圆半径增大，对表层金属的挤压作用增强，塑性变形加剧，导致冷作硬化增强。刀具后刀面磨损增大，后刀面与被加工表面的摩擦加剧，塑性变形增大，导致冷作硬化增强。切削刃钝圆半径对加工硬化的影响切削速度增大，刀具与工件的作用时间缩短，使塑性变形扩展深度减小，冷硬层深度减小。切削速度增大后，切削热在工件表面层上的作用时间缩短了，这将使冷硬程度增加。进给量增大，切削力也增大，表层金属的塑性变形加剧，冷作硬化作用加强。工件材料的塑性愈大，冷作硬化现象就愈严重。

2. 表面层材料金相组织的变化

（1）磨削烧伤。当被磨工件表面层的温度达到相变温度以上时，表层金属发生金相组织的变化，使表层金属强度和硬度降低，并伴有残余应力产生，甚至出现微观裂纹，这种现象称为磨削烧伤。在磨削淬火钢时，可能产生 3 种烧伤。

①回火烧伤。如果磨削区的温度未超过淬火钢的相变温度，但已超过马氏体的转变温度，工件表层金属的回火马氏体组织将转变成硬度较低的回火组织（索氏体或托氏体），这种烧伤称为回火烧伤。

②淬火烧伤。如果磨削区温度超过了相变温度，再加上冷却液的急冷作用，表层金属发生二次淬火，使表层金属出现二次淬火马氏体组织，其硬度比原来的回火马氏体的高，在它的下层，因冷却较慢，出现了硬度比原先的回火马氏体低的回火组织（索氏体或托氏体），这种烧伤称为淬火烧伤。

③退火烧伤。如果削区温度超过了相变温度，而磨削区域又无冷却液进入，表层金属将产生退火组织，表面硬度将急剧下降，这种烧伤称为退火烧伤。

磨削热是造成磨削烧伤的根源，故改善磨削烧伤有两个途径：一是正确选择砂轮，合理选择切削用量，尽可能地减少磨削热的产生；二是改善冷却条件，尽量使产生的热量少传入工件。

（2）表面层残余应力。产生的原因：加工时在切削力作用下，已加工表面层受拉应力作用，产生伸长塑性变形，表面积趋向增大，此时里层处于弹性变形状态下。当切削力去除后，里层金属趋向复原，但受到已产生塑性变形的表面层的限制，恢复不到原状，因而在表面层产生残余压应力，里层则为拉应力与之相平衡。

（3）热塑性变形的影响。表面层在切削热的作用下产生热膨胀，此时基体温度较低，因此表面层热膨胀受基体的限制产生热压缩应力。当表面层的温度超过材料的弹性变形范围时，就会产生热塑性变形（在压应力作用下材料相对缩短）。当切削过程结束，温度下降至与基体温度一致时，因为表面层已产生热塑性变形，但受到基体的限制产生了残余拉应力，因而里层产生了相应的压应力。

（4）金相组织变化的影响。切削时产生的高温，会引起表面层的相变。由于不同的金相组织有不同的密度，表面层金相变化的结果造成了体积的变化。表面层体积膨胀时，因受到基体的限制，产生了压应力。反之，表面层体积缩小，则产生拉应力。各种金相组织中大马氏体比重最小，奥氏体比重最大，磨削淬火钢时若表面层产生回火现象，马氏体转化成索氏体或屈氏体（这两种组织均为扩散度很高的珠光体），因体积缩小，表面层产生残余拉应力，里层产生残余压应力。若表面层产生二次淬火现象，则表面层产生二次淬火马氏体，其体积比里层的回火组织大，因而表层产生压应力，里层产生拉应力。

（5）零件主要工作表面最终工序加工方法的选择。选择零件主要工作表面最终工序加工方法，须考虑该零件主要工作表面的具体工作条件和可能的破坏形式。在交变载荷作用下，机器零件表面上的局部微观裂纹，会因拉应力的作用而使原生裂纹扩大，最后导致零件断裂。从提高零件抵抗疲劳破坏的角度考虑，该表面最终工序应选择能在该表面产生残余压应力的加工方法。

（6）磨削裂纹的产生及防止。当表面层的残余拉应力超过材料的强度极限时，零件表面就会产生裂纹，有的磨削裂纹也可能不在工件的外表面，而是在表面层下成为肉眼难以发现的缺陷。裂纹的方向常与磨削方向垂直或成网状，裂纹的产生常与烧伤同时出现。磨削裂纹的产生与材料及热处理工序有很大的关系，磨削硬质合金时，由于其脆性大，抗拉强度低以及导热性差，所以特别容易产生裂纹。磨削含碳量高的淬火钢时，由于其晶界脆弱，也容易产生磨削裂纹。工件在淬火后如果存在残余应力，则即使在正常的磨削条件下也可能会出现裂纹。渗碳、渗氮时如果工艺不当，就会在表面层晶界面上析出脆性的碳化物、氮化物。

当磨削时，在热应力作用下就容易沿着这些组织发生脆性破坏，而出现网状裂纹。由于磨削热是产生残余拉应力的根本原因，因此防止产生裂纹的途径，也在于降低磨削热以及改善其散热条件，前面所述的减轻表面热损伤的措施，均有利于避免产生表面残余拉应力和裂纹。在磨削工序前后进行去除内应力的低温回火处理，亦能有效地减小表面层的拉应力，防止产生磨削裂纹。

复习与思考题

6-1　什么是主轴回转精度？为什么外圆磨床头夹中的顶尖不随工件一起回转，而车床主轴箱中的顶尖则是随工件一起回转的？

6-2　在镗床上镗孔时（刀具做旋转主运动，工件做进给运动），试分析加工表面产生椭圆形误差的原因。

6-3　为什么卧式车床床身导轨在水平面内的直线度要求高于垂直面内的直线度要求？

6-4　某车床导轨在水平面内的直线度误差为0.015/1 000mm，在垂直面内的直线度误差为0.025/1 000mm，欲在此车床上车削直径为ϕ60mm、长度为150mm的工件，试计算被加工工件由导轨几何误差引起的圆柱度误差。

6-5　在车床上精车一批直径为ϕ60mm、长为1 200mm的长轴外圆。已知：工件材料为45钢；切削用量为：$v_c=120$m/min，$a_p=0.4$mm，$f=0.2$mm/r；刀具材料为YT15。在刀具位置不重新调整的情况下加工50个工件后，试计算由刀具尺寸磨损引起的加工误差值。

6-6　在三台车床上分别加工三批工件的外圆表面，加工后经测量，三批工件分别产生了如图6-43所示的形状误差，试分析产生上述形状误差的主要原因。

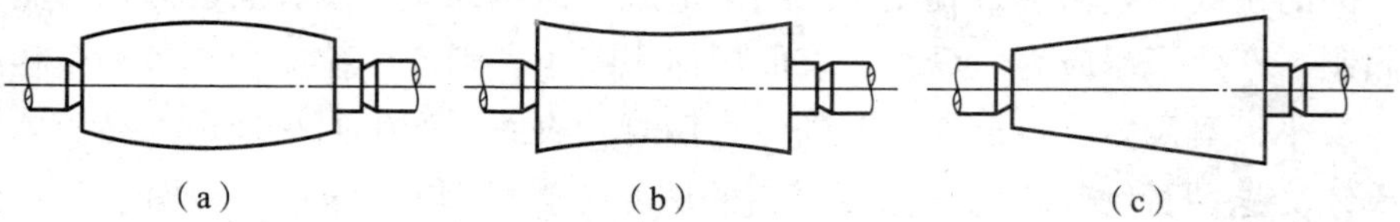

图6-43　习题6-6图

6-7　在外圆磨床上磨削图 6-44 所示轴类工件的外圆 ϕ，若机床几何精度良好，试分析磨外圆后 A—A 截面的形状误差，要求画出 A—A 截面的形状，并提出减小上述误差的措施。

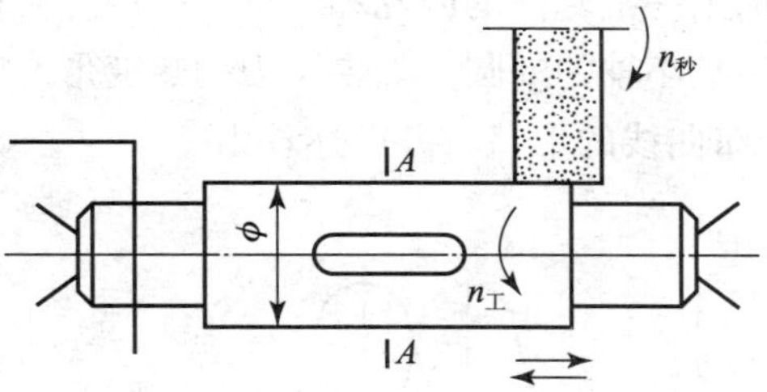

图 6-44　习题 6-7 图

6-8　已知某车床的部件刚度分别为：$k_{tj}=5\ 000$N/mm；$k_{dj}=23\ 330$N/mm，$k_{wz}=34\ 500$N/mm。今在该车床上采用前、后顶尖定位车一直径为 $\phi50_{-0.2}^{\ 0}$ mm 的光轴，其径向力 $F_p=3\ 000$N，假设刀具和工件的刚度都很大，试求：①车刀位于主轴箱端处工艺系统的变形量；②车刀处在距主轴箱 1/4 工件长度处工艺系统的变形量；③车刀处在工件中点处工艺系统的变形量；④车刀处在距主轴箱 3/4 工件长度处工艺系统变形量；⑤车刀处在尾架处工艺系统的变形量。完成计算后，再徒手画出该轴加工后的纵向截面的形状。

6-9　按图 6-45(a) 的装夹方式在外圆磨床上磨削薄壁套筒 A，卸下工件后发现工件呈鞍形，如图 6-45(b) 所示，试分析产生该形状误差的原因。

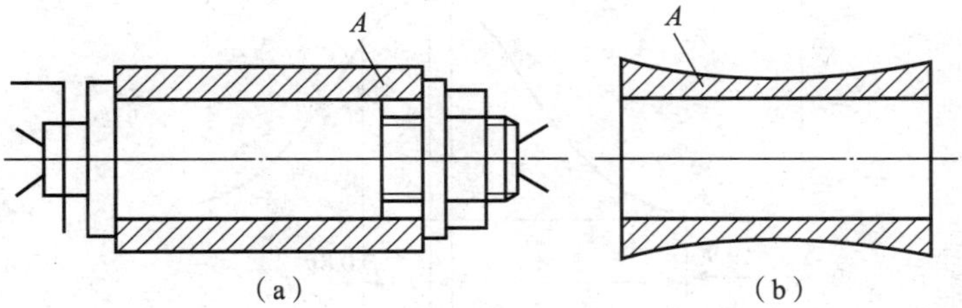

图 6-45　习题 6-9 图

6-10　在卧式铣床上按图 6-46 所示装夹方式用铣刀 A 铣键槽，经测量发现，工件右端处的槽深大于中间的槽深，试分析产生这一现象的原因。

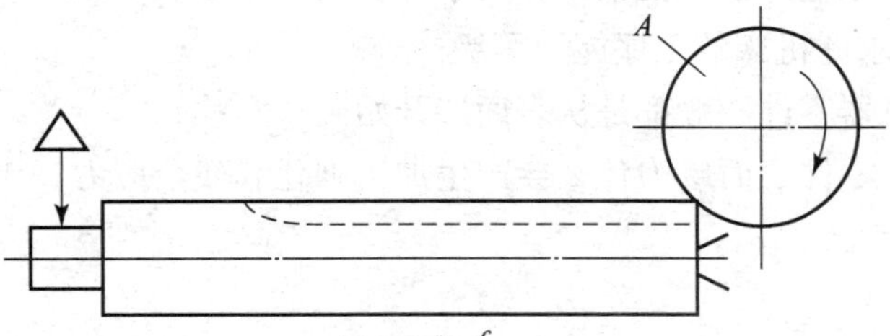

图 6-46　习题 6-10 图

6-11　何谓误差复映？误差复映系数的大小与哪些因素有关？

6-12　为什么提高工艺系统刚度首先要从提高薄弱环节的刚度入手才有效？试举一实

例说明。

6-13　如果卧式车床床身铸件顶部和底部残留有压应力，床身中间残留有拉应力，试用简图画出粗刨床身底面后床身底面的纵向截面形状，并分析其原因。

6-14　在转塔车床上加工一批套筒的内孔和外圆，问内外圆同轴度误差服从什么分布？

6-15　用调整法车削一批小轴的外圆，如果车刀的热变形影响显著，如图6-47所示。试画出这批工件尺寸误差分布曲线的形状，并简述理由。

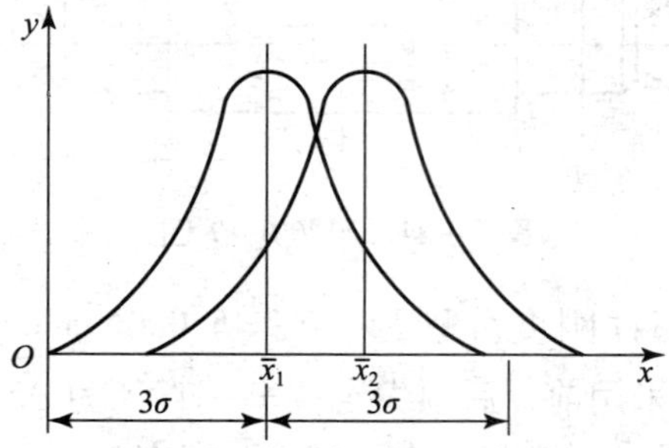

图6-47　习题6-15图

6-16　车一批外圆直径尺寸要求为 $\phi 20_{-0.1}^{0}$ mm 的轴。已知：外圆尺寸按正态分布，均方根偏差 σ = 0.025 mm，分布曲线中心比公差带中心大0.03mm，如图6-48所示。试计算这批加工轴的合格品率及不合格品率。

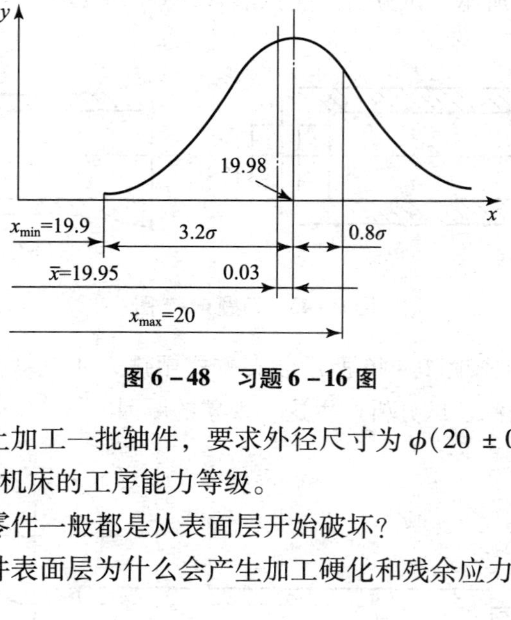

图6-48　习题6-16图

6-17　在自动车床上加工一批轴件，要求外径尺寸为 ϕ(20 ± 0.1) mm，已知均方根偏差 σ = 0.02 mm，试求此机床的工序能力等级。

6-18　为什么机器零件一般都是从表面层开始破坏？

6-19　加工后，零件表面层为什么会产生加工硬化和残余应力？

项目七　我国机械制造技术的发展趋势

随着科学技术的发展，现代工业对机械制造技术的要求也越来越高，这同时也推动了机械制造技术不断地向前发展。当前，面临激烈市场竞争的机械制造工业企业，要想增强自身的竞争力，企业制造的产品就必须做到以下几点。①设计、制造周期短，产品更新快；②产品质量高、价格廉；③及时交货、并提供良好的售后服务。为此，21 世纪的机械制造技术发展的总趋势可归结为以下几方面。

（1）向柔性化方向发展。柔性制造系统（FMB）、计算机集成制造系统（CIM）是一种高自动化程度的制造系统。

（2）向高速度方向发展。高速度切削可极大地提高加工效率，降低能源消耗，从而降低生产成本，但高速度切削必须要有加工设备、刀具材料、刀具涂层、刀具结构等方面技术的进步来配合。

（3）向高精度化方向发展。在科学技术发展的今天，产品精度的要求越来越高，精密加工和超精密加工已成必然。加工设备采用的是高精度的、通用可调的数控专用机床，高精度的、可调的组合夹具，以及高精度的刀具、量具。

（4）向绿色化方向发展。减少机械加工对环境的污染，是国民经济可持续发展的需要，也是机械制造工业面临的课题。目前，在数控机床上装有全防护装置，可防止冷却液和切屑飞溅，并具有回收冷却液和排屑的功能。另外，在一些先进的数控机床上，还采用新型冷却技术，通过废液、废气、废油再回收利用等措施减少对环境的影响。

任务一　柔性制造技术

“柔性”制造系统具备适应产品变化的能力，是主要用于多品种中小批量或变批量生产的制造自动化技术，是对各种不同形状加工对象进行有效的且程序化转化成品的各种技术的总称。柔性制造系统（Flexible Manufacturing System，简称 FMS）是由数控加工设备、物料运储装置和计算机控制系统等组成的自动化制造系统，它包括多个柔性制造单元，能根据制造任务或生产环境的变化进行调整，适用于多品种、中小批量生产。FMS 的组成框图如图 7－1 所示。

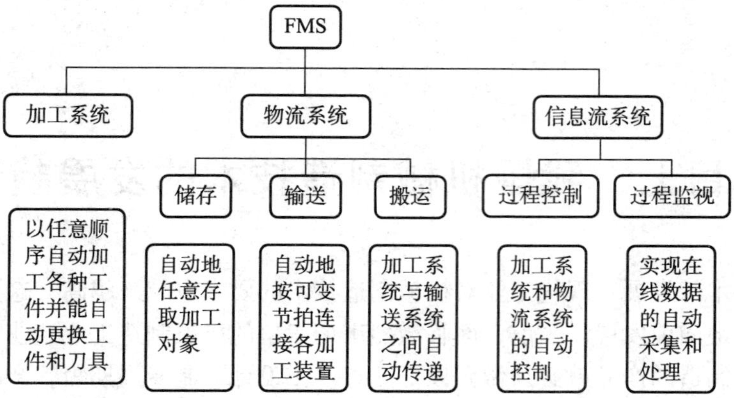

图 7-1　FMS 组成框图

任务二　计算机辅助工艺设计（Computer Aided Process Planning，简称 CAPP）

CAPP 是指利用计算机软硬件作为辅助工具，依据产品设计所给出的信息（原始数据、加工条件和加工要求），对产品的加工、装配等制造过程进行设计。它的基本功能有：检索标准工艺文件；选择加工方法；安排加工路线；选择机床、刀具、量具、夹具等；选择装夹方法和装夹编码；优化选择切削用量；计算加工时间和加工费用；确定工序尺寸和公差及选择毛坯；绘制工序图及编写工序卡。CAPP 的主要优点有：

（1）减少大量、烦琐的重复劳动，提高效率。

（2）利用典型工艺库，借鉴以往工艺模式，复制、粘贴和修改，快速生成新工艺，提高工艺继承性。

（3）有助于宝贵经验的积累和继承，实现信息共享。

（4）实现计算机决策，降低对工艺人员的素质要求。能使无丰富经验的工艺师设计出高质量的工艺规程。

（5）推动工艺设计标准化和最优化，提高文件质量。规范统一的工艺术语，提高工艺文件的正确性、有效性。

（6）有利于数据的统一、正确和完整。

（7）快速有效地提供汇总数据给供应、生产、财务、装备、设计、人力、销售等部门，与之信息共享、管理更新。

任务三　基于准时生产技术的生产管理模式（Just - in - time）

准时生产方式是起源于日本丰田汽车公司的一种生产管理方法。它的基本思想可用现在已广为流传的一句话来概括，即“只在需要的时候，按需要的量生产所需的产品”，这也是 Just - in - time（JIT）一词本来所要表达的含义。这种生产方式的核心是追求一种无库存的，或使库存达到最小的生产系统。相关人员为此开发了包括“看板”在内的一系列具体方法，并逐渐形成了一套独具特色的生产经营体系。准时生产方式在最初引起人们的注意时曾被称为“丰田生产方式”，后来随着这种生产方式被人们越来越广泛地认识、研究和应用，特别是引起西方国家的广泛注意以后，人们开始把它称为 JIT 生产方式。

1. 推行 JIT 生产管理模式的必要性

JIT 作业方式的主要特点是将生产作业计划仅下达给最终环节，利用看板及反工艺方向各环节下达生产指令，实现“拉动式”生产作业计划，这种管理模式在许多方面表现出较优越的功能。

一是实现了生产过程中各个环节之间直接制约的效果。在“推动式”计划方式下，各生产环节直接接受生产计划部门的生产指令，与前后环节无直接的制约关系。而 JIT 的“拉动式”计划方式，各环节的生产指令直接由后序下达，后序直接督促前序执行生产指令。如出现生产延迟，各自均应负延误生产的责任，这样就形成了环环相扣，环环拉动的链，有效地保证了生产进度。

二是实现了生产作业计划与现场控制的功能合并。在传统做法中，计划提前编制，实施中的变化情况需通过现场统计反馈到调度部门，再采取措施调整处理，造成计划与实施结果的偏离和控制措施的滞后。而“拉动式”方法中，生产指令由后工序直接向前工序下达，与生产实施的时间差距很小。每一环节在向前工序下达生产指令时，可根据本工序当前的在制品及进度情况进行调整，相当于将计划与控制功能合二为一。在制品与进度的最佳控制保证了资金占用最小、交货最准时、企业信誉最佳，是“拉动式”计划机制的最大优越性之一。

三是实现了各生产环节的双重控制。JIT 方式中，生产计划部门只将粗略生产计划下达至各生产环节，具体生产指令靠各环节反向下达——这样，每个生产环节一方面直接受后序督促，一方面又受生产计划管理部门的督促。生产计划管理部门与后续生产环节的双重控制使生产运行更加顺畅。

2. JIT 生产方式的实施条件

JIT 生产方式具有很丰富的内涵：在品种配置上，保证品种有效性，拒绝不需要的品种；在数量配置上，保证数量有效性，拒绝多余的数量；在时间配置上，保证所需时间，拒绝不按时的供应；在质量配置上，保证产品质量，拒绝次品和废品。

（1）完善的市场体系是有效实施 JIT 生产方式的宏观环境。JIT 生产方式需要比较发达的商品市场、劳动力市场、资本市场、信息市场等环境。特别是 JIT 生产方式的“少人化”需要完善的劳动力市场作为保证。中国在未来的发展过程中，随着“全面、协调、可持续发展新战略”的实施，将逐步消除经济增长中的不平衡、不协调现象，切实提高中国经济增长的质量和效益，保持经济的长期稳健快速增长，使中国社会主义市场经济体制逐步得到完善。

（2）完善的物料品质保证体系是企业实施 JIT 生产方式的硬性配套条件。JIT 生产方式要求供应商在需要的时间供应高质量的原材料。品质保证不仅能够让企业内部高效、高质、快速生产出产品，响应客户需要，更重要的是，能够有效监管、督促配套厂家的物料品质水准，保证其生产的产品符合生产要求，保证产品质量的“零缺陷”，减少因为材料质量不合格而导致的生产经营风险。

（3）支持 JIT 生产方式的现代信息技术。JIT 生产方式不仅要求组织之间、组织与顾客和供应商之间的信息交流效率更高，而且还要求组织内部的几种信息系统之间互相支持和协作。只有凭借计算机技术、网络技术和通信技术才能保证企业生产经营过程中的物流、资金流、信息流畅通无阻，才能对顾客做出快速的反应，才能有效地实施 JIT 生产方式。

（4）员工素质的不断提升既是推行 JIT 生产方式的突破口，又是 JIT 生产方式自始至终的工作内容。员工的知识和技能是 21 世纪竞争格局中优势的主要来源。在信息时代实物是辅助的，知识才是中心。企业不是从实物里，而是从人们所固有的知识、技术诀窍、知识产权和竞争能力中获取价值。实践证明，在实施 JIT 生产方式非常成功的企业中，构成这些企业的产品质量好、生产柔性大、整体效益好的主要基础是以优秀的“多面手”为代表的员工的存在。因此，企业要想有效实施 JIT 生产方式，首先应该对员工进行培训，应在整个组织内部树立 JIT 的理念，使员工成为训练有素、具有多种技艺的“多面手”；同时要研究国内外实施过 JIT 生产方式企业的成功经验与失败教训，按照 JIT 生产方式的要求大力推行生产的同步化和均衡化。

3. JIT 生产方式的基本思想和实施手段

（1）JIT 生产方式的目标。

JIT 生产方式的最终目标即企业的经营目的：获取最大利润。为了实现这个最终目的，“降低成本”就成为基本目标。在福特时代，降低成本主要是依靠单一品种的规模生产来实现的。但是在多品种中小批量生产的情况下，这一方法是行不通的。因此，JIT 生产方式力图通过“彻底消除浪费”来达到这一目标。所谓浪费，在 JIT 生产方式的起源地丰田汽车公司，被定义为“只使成本增加的生产诸因素”，也就是说，不会带来任何附加价值的诸因素。这其中，最主要的有生产过剩（即库存）所引起的浪费。因此，为了排除这些浪费，就相应地产生了适量生产、弹性配置作业人数以及保证质量这样三个子目标。

（2）JIT 生产方式的基本手段。

为了达到降低成本这一基本目标，对于上述基本目标的三个子目标，JIT 生产方式的基本手段也可以概括为以下三个方面。

①适时适量生产。

即“Just - in - time”一词本来所要表达的含义，“在需要的时候，按需要的量生产所需的产品”。对于企业来说，各种产品的产量必须能够灵活地适应市场需要量的变化。否则，由于生产过剩会引起人员、设备、库存费用等一系列的浪费。而避免这些浪费的手段，就是实施适时适量生产，只在市场需要的时候生产市场需要的产品。

②弹性配置作业人数。

在劳动费用越来越高的今天，降低劳动费用是降低成本的一个重要方面。达到这一目的的方法是“少人化”。所谓“少人化”，是指根据生产量的变动，弹性地增减各生产线的作业人数，以及尽量用较少的人力完成较多的生产。这里的关键在于能否将生产量减少了的生产线上的作业人员数减下来。这种“少人化”技术一反历来的生产系统中的“定员制”，是一种全新的人员配置方法。实现这种少人化的具体方法是实施独特的设备布置，以便能够在需求减少时，将作业所减少的工时集中起来，以整顿削减人员。但这从作业人员的角度来看，意味着标准作业中的作业内容、范围、作业组合以及作业顺序等的一系列变更。因此为了适应这种变更，作业人员必须是具有多种技能的“多面手”。

③质量保证。

历来认为，质量与成本之间是一种负相关系，即要提高质量，就得花人力、物力来加以保证。但在 JIT 生产方式中，却一反这一常识，通过将质量管理贯穿于每一工序之中来实现提高质量与降低成本的一致性，具体方法是“自动化”。这里所讲的“自动化”是指融入生产组织中的这样两种机制：第一，使设备或生产线能够自动检测不良产品，并且一旦发现异常或不良产品可以自动停止设备运行的机制。为此在设备上开发、安装了各种自动停止装置和加工状态检测装置；第二，生产第一线的设备操作工人发现产品或设备的问题时，有权自行停止生产的管理机制。依靠这样的机制，不良产品一出现马上就会被发现，防止了不良的重复出现或累积出现，从而避免了由此可能造成的大量浪费。而且，由于一旦发生异常生产线或设备就立即停止运行，所以也比较容易找到发生异常的原因，从而能够有针对性地采取措施，防止类似异常情况的再发生，杜绝类似不良产品的再产生。这里值得一提的是，通常的质量管理方法是在最后一道工序对产品进行检验，尽量不让生产线或加工中途停止，但在 JIT 生产方式中却认为这恰恰是使不良产品大量或重复出现的“元凶”。因为发现问题后不立即停止生产的话，问题得不到暴露，以后难免还会出现类似的问题，同时还会出现“缺陷”的叠加现象，增加最后检验的难度。而一旦发现问题就使其停止，并立即对其进行分析，改善，久而久之，生产中存在的问题就会越来越少，企业的生产素质就会逐渐增强。

（3）实现适时适量生产的基本手段。

①生产同步化。

为了实现适时适量生产，首先需要致力于生产的同步化。即工序间不设置仓库，前一工序的加工结束后，便使其立即转到下一工序去，装配线与机械加工几乎平行进行。在铸造、锻造、冲压等必须成批生产的工序，则通过尽量缩短作业更换时间来尽量缩小生产批量。生产的同步化通过“后工序领取”这样的方法来实现。即“后工序只在需要的时间到前工序领取所需的加工品；前工序中按照被领取的数量和品种进行生产”。这样，制造工序的最后一道即总装配线成为生产的出发点，生产计划只下达给总装配线，以装配为起点，在需要的时候，向前工序领取必要的加工品，而前工序提供该加工品后，为了补充生产被领走的量，必向更前道工序领取物料，从而把各个工序都连接起来，实现同步化生产。这样的同步化生产还需通过采取相应的设备配置方法以及人员配置方法来实现。即不能采取通常的按照车、铣、刨等工业专业化的组织形式，而应按照产品加工顺序来布置设备。这样也带来人员配置上的不同作法。

②生产均衡化。

生产均衡化是实现适时适量生产的前提条件。所谓生产的均衡化，是指总装配线在向前工序领取零部件时应均衡地使用各种零部件，生产各种产品。为此在制定生产计划时就必须加以考虑，然后将其体现于产品生产顺序计划之中。在制造阶段，均衡化通过专用设备通用化和制定标准作业来实现。所谓专用设备通用化，是指通过在专用设备上增加一些公夹具的方法来使之能够加工多种不同的产品。标准作业是指将作业节拍内一个作业人员所应担当的一系列作业内容标准化。

（4）实现适时适量生产的管理工具——看板。

在实现适时适量生产中具有极为重要意义的是作为其管理工具的看板。看板管理也可以说是 JIT 生产方式中最独特的部分，因此也有人将 JIT 生产方式称为“看板方式”。但是严格地讲，这种概念并不正确。因为，如前所述，JIT 生产方式的本质，是一种生产管理技术，而看板只不过是一种管理工具。

看板的主要机能是传递生产和运送的指令。在 JIT 生产方式中，生产的月度计划是集中制定的，同时传达到各个工厂以及协作企业。而与此相应的日生产指令只下达到最后一道工序或总装配线，对其他工序的生产指令则通过看板来实现。即后工序“在需要的时候”用看板向前工序去领取“所需的量”时，就等于向前工序发出了生产指令。由于生产是不可能 100% 地完全照计划进行的，月生产量的不均衡以及日生产计划的修改都可以通过看板来进行微调。看板就相当于工序之间、部门之间以及物流之间的联络神经而时时发挥着作用。

看板除了以上的生产管理机能以外，还有一大机能，即改善机能。通过看板，可以发现生产中存在的问题，从而立即采取改善对策。

复习与思考题

7-1　什么是柔性制造系统？

7-2　计算机辅助工艺设计（CAPP）的含义是什么？计算机辅助工艺设计的优点有哪些？

7-3　何为准时生产方式（JIT）？为什么说推行准时生产方式对生产管理模式是必要的？

参 考 文 献

［1］路甬祥．坚持科学发展，推进制造业的历史性跨越［A］.2007 年中国机械工程学会年会论文集［C］．北京：机械工业出版社，2007.

［2］朱高峰．新世纪如何提高和发展我国制造业［J］．中国制造业信息，2003，32（4）：4－8.

［3］王先逵，等．机械加工工艺手册［M］.2 版．北京：机械工业出版社，2007.

［4］薛源顺．机床夹具设计［M］．北京：机械工业出版社，1995.

［5］王光斗，王春福．机床夹具设计手册［M］．上海：上海科技出版社，2000.

［6］艾星，肖诗纲．切削用量简明手册［M］．北京：机械工业出版社，1994.

［7］张纪真．机械工艺制造标准［M］．北京：机械工业出版社，1997.

［8］于俊一，邹青．机械制造技术基础［M］.2 版．北京：机械工业出版社，2009.

［9］熊良山，严晓光，张福润．机械制造技术基础［M］．武汉：华中科技大学出版社，2007.

［10］尹成湖．机械制造技术基础［M］．北京：高等教育出版社，2008.

［11］刘有才，肖继德．机床夹具设计［M］．西安：西安电子科技大学出版社，2011.